Das Buch

Diese 1935 geschriebene Arbeit steht am Beginn der modernen Verhaltensforschung. Lorenz weist hier mit genialem Blick für die Zusammenhänge im Bereich des Lebendigen nach, welche entscheidende Rolle die angeborenen Verhaltensweisen im Dasein der Tiere und auch für den Menschen spielen: »Es ist meine Überzeugung, daß die Soziologen den Anteil des Instinktmäßigen an allen sozialen Reaktionen des Menschen ganz gewaltig unterschätzt haben. Es gehört zu den Eigenschaften instinktmäßiger Verhaltensweisen, daß sie mit zugeordneten Aspekten gekoppelt sind. Die mit sozialen Trieben gekoppelten Affekte des Menschen werden aber von ihm als etwas besonders Hohes und Edles empfunden. Es sei fern von mir, leugnen zu wollen, daß sie das wirklich sind, aber die durchaus berechtigte Hochwertung der den sozialen menschlichen Trieben zugeordneten Gefühle und Affekte benimmt vielen Wissenschaftlern die psychische Möglichkeit, dem Tiere auch etwas von diesem Höchsten und Edelsten zuzugestehen, andererseits dem Menschen instinktmäßiges Verhalten zuzuschreiben. Gerade das ist aber vonnöten, wenn wir unser eigenes soziales Verhalten verstehen lernen wollen.«

Der Autor

Prof. Dr. med. et phil. Konrad Lorenz, geb. 1903 in Wien, ehem. Direktor des Seewiesener Max-Planck-Instituts für Verhaltensphysiologie, ist einer der Begründer der Verhaltensforschung. Er veröffentlichte zahlreiche wissenschaftliche Einzeluntersuchungen, die bekannten populärwissenschaftlichen Bücher, sein Hauptwerk ›Das sogenannte Böse‹ (1965) und zuletzt ›Die acht Todsünden der zivilisierten Menschheit‹ (1973).

Konrad Lorenz:
Der Kumpan in der Umwelt des Vogels
Der Artgenosse als auslösendes Moment sozialer
Verhaltensweisen

Deutscher
Taschenbuch
Verlag

Diese Abhandlung erschien erstmals im *Journal für Ornithologie* 83 (1935) 2 und wurde aufgenommen in: Konrad Lorenz, *Über tierisches und menschliches Verhalten. Aus dem Werdegang der Verhaltenslehre.* Band 1. München (Piper) 1965.

Von Konrad Lorenz sind im Deutschen Taschenbuch Verlag erschienen:
Er redete mit dem Vieh, den Vögeln und den Fischen (173)
So kam der Mensch auf den Hund (329)
Vom Weltbild des Verhaltensforschers (499)

Juli 1973
Deutscher Taschenbuch Verlag GmbH & Co. KG,
München
© R. Piper & Co. Verlag, München 1965
Umschlaggestaltung: Celestino Piatti
Gesamtherstellung: C. H. Beck'sche Buchdruckerei,
Nördlingen
Printed in Germany · ISBN 3-423-04231-1

Inhalt

Vorwort 9
I. Einleitung. 11
II. Arbeitsmethoden und Prinzipielles 21
   1. Die Beobachtung 21
   2. Das Experiment 22
   3. Die Verwertung fremder Beobachtungen . . . 24
   4. Das Beobachtungsmaterial. 26
   5. Die prinzipielle Einstellung zum Instinktproblem 30
III. Die Prägung des Objektes arteigener Triebhandlungen. 39
IV. Das angeborene Schema des Kumpans. 50
V. Der Elternkumpan 58
   1. Das angeborene Schema des Elternkumpans . . 58
   2. Das persönliche Erkennen des Elternkumpans . 64
   3. Die Leistungen des Elternkumpans 71
   4. Die Trennbarkeit der Funktionskreise. 91
VI. Der Kindkumpan 92
   1. Das angeborene Schema des Kindkumpans. . . 93
   2. Das persönliche Erkennen des Kindkumpans . . 95
   3. Die Leistungen des Kindkumpans 97
   4. Die Trennbarkeit der Funktionskreise. 114
VII. Der Geschlechtskumpan. 114
   1. Das angeborene Schema des Geschlechtskumpans 115
   2. Das persönliche Erkennen des Geschlechtskumpans 117
   3. Die Leistungen des Geschlechtskumpans . . . 118
   4. Die Trennbarkeit der Funktionskreise. 152
VIII. Der soziale Kumpan 154
   1. Das angeborene Schema des sozialen Kumpans . 154
   2. Das individuelle Erkennen des sozialen Kumpans 155
   3. Die Leistungen des sozialen Kumpans. 156
   4. Die Trennbarkeit der Funktionskreise. 172
IX. Der Geschwisterkumpan 174
   1. Das angeborene Schema des Geschwisterkumpans 174
   2. Das individuelle Erkennen des Geschwisterkumpans 175
   3. Die Leistungen des Geschwisterkumpans . . . 177
   4. Die Trennbarkeit der Funktionskreise. 183

X. Zusammenfassung und Ergebnis 184
   A. Kurze Rekapitulation 184
        I. Kapitel. Die Begriffe des Kumpans und
               des Auslösers 184
       II. Kapitel. Die Prägung 187
       III. Kapitel. Das angeborene Schema des
                Kumpans 188
     IV.–VIII. Kapitel. Eltern-, Kind-, Geschwister-
                kumpan, sozialer Kumpan, Ge-
                schwisterkumpan 189
   B. Ergebnisse zum Instinktproblem 190
   C. Diskussionen 191
      a) Zum Instinktproblem 192
      b) Zur Paarungsbiologie 195
      c) Zur allgemeinen Soziologie 196
   D. Der Aufbau der Sozietät 196
Literaturverzeichnis 202
Register 205

Jakob von Uexküll zum 70. Geburtstag gewidmet

Vorwort zur Taschenbuchausgabe

Ich begrüße es aus mehreren Gründen, daß der Deutsche Taschenbuch Verlag meine alte Arbeit ›Der Kumpan in der Umwelt des Vogels‹ als Einzelveröffentlichung neu herausgibt. Die Arbeit enthält mehr Beobachtungstatsachen und weniger Theorie als irgendeine andere, die ich je geschrieben habe. Deshalb ist sie für jeden lesbar, der sich für Tiere und für genaue Schilderungen ihres Verhaltens interessiert.

Satirische Freunde haben mir im Scherze nachgesagt, daß ich im Grunde genommen *dieselbe* Arbeit immer wieder geschrieben hätte und daß die Verschiedenheit zwischen meinen zeitlich aufeinander folgenden wissenschaftlichen Abhandlungen eigentlich nur darin bestünde, daß ich in jeder der späteren eine andere Einzelheit aus der allerersten näher ausgeführt habe. Tatsächlich ist zwischen den Zeilen meiner ersten wissenschaftlichen Arbeit, ›Ethologie sozialer Corviden‹, schon so manche Fragestellung und so manche Hypothese angedeutet, die Gegenstand einer späteren Untersuchung wurde. Ähnliches gilt ganz besonders für meine 1935 erschienene Arbeit ›Der Kumpan in der Umwelt des Vogels‹. In dieser Schrift habe ich zum ersten Mal versucht, einige Ordnung in das Tatsachenmaterial zu bringen, das mir teils in eigener Beobachtung, teils aber auch in den Schriften Oskar Heinroths begegnet war.

Eine ganze Reihe von Begriffen, die sich später in der Verhaltensforschung bewährt haben, wie z. B. der des angeborenen Auslösemechanismus – damals angeborenes Schema genannt –, des Auslösers und der Prägung, wurden in dieser Arbeit zum ersten Male definiert. Auch wird in der ›Diskussion zum Instinktproblem‹ ein geistesgeschichtlicher Vorgang deutlich, der sich in der damaligen Zeit unter den Nervenphysiologen abspielte, die Revolution gegen das Erklärungsmonopol des Reflexes. Meine Ausführungen zeigen deutlich, wie konservativ ich damals an der Kettenreflexhypothese angeborener Bewegungsweisen festhielt, obwohl es mir schon dämmerte, daß die Erscheinungen der Schwellenerniedrigung, der Leerlaufreaktion und vor allem des Appetenzverhaltens von dieser Theorie nicht eingeordnet werden können.

In dem S. 192 Gesagten liegt implicite schon die Erkenntnis der Spontaneität der zentralnervösen Vorgänge, die den Instinktbewegungen zugrunde liegen.

Auch im übrigen sind die verhältnismäßig wenigen wirklich falschen Behauptungen, die in dieser Arbeit stehen, rückblickend oft recht verzeihlich. Ein Beispiel hierfür bilden die Aussagen, die über die Paarbildung gemacht werden. Alles, was dort über den Labyrinthfisch-Typus der Paarbildung gesagt wird (S. 126–128), ist völlig richtig, Genaueres darüber steht auch in meiner späteren Arbeit über die Paarbildung des Kolkraben. Dagegen ist es etwas irreführend, daß die Cichliden oder Chromiden, die namengebend für den Typus der Paarbildung ohne Rangordnung zwischen den Partnern angeführt werden, durchaus das Paarungsverhalten vom Labyrinthfisch-Typus zeigen, wie sich später bei näherer Untersuchung durch meine Schwiegertochter Beatrice Oehlert herausgestellt hat. Es scheint heute sogar zweifelhaft, ob es Paarbildung ohne Rangordnung überhaupt gibt.

Abgesehen von solchen relativ harmlosen Fehlern ist die Arbeit auch heute noch eine Fundgrube wissenschaftlich wertvoller Beobachtungen. Ich darf das deshalb sagen, weil ich selbst den ›Kumpan‹ als solche benütze, und viele meiner Freunde und Schüler taten es auch. Die Fülle der Einzelbeobachtungen, die darin enthalten sind, stellen den beständigsten Wert der Arbeit dar. Jedenfalls ist die Arbeit auch heute noch lesenswert, vor allem für jene, die sich über die Grundlagen der Ethologie und über den Weg informieren wollen, den ihre Entwicklung einst beschritten hat.

Seewiesen, im Frühjahr 1973   Konrad Lorenz

I. Einleitung

Das, was wir als einen Gegenstand zu bezeichnen pflegen, entsteht in unserer Umwelt dadurch, daß wir die verschiedenen, von einem und demselben Dinge ausgehenden Reize zusammenfassen und sie zusammengefaßt auf das betreffende »Ding« als die gemeinsame Reizquelle beziehen. Dazu gehört noch, daß wir die empfangenen Reize nach außen in den uns umgebenden Raum projizieren, in ihm lokalisieren. Wir empfinden das von der Linse unseres Auges auf unsere Netzhaut entworfene Bild der Sonne nicht eben dort auf der Netzhaut, nicht so als »Licht«, wie wir etwa das mit einer Glaslinse auf unsere Körperhaut entworfene Sonnenbild als »Wärme« auf der betreffenden Hautstelle empfinden würden. Vielmehr *sehen* wir die Sonne fern von unserem Körper am Himmel droben, wohin sie schon von unserer Wahrnehmung und nicht etwa erst durch einen Bewußtseinsvorgang lokalisiert wird.

Bei der Erfassung der Gegenstände unserer Umwelt sind wir also auf die Sinne angewiesen, deren Meldungen wir in dem uns umgebenden *Raum* zu lokalisieren vermögen. Nur so vermögen wir ja die unbedingte räumliche Zusammengehörigkeit der Einzelreize zu erfassen, die die dinghafte Einheitlichkeit des Gegenstandes ausmacht und die die Grundlage bildet zu der einfachen Uexküllschen Definition des Gegenstandes: »Ein Gegenstand ist das, was sich *zusammen bewegt*.«

Die den Reiz lokalisierenden Sinne sind bei uns Menschen vornehmlich der Tastsinn und der Gesichtssinn. Wir sprechen daher von einem Tastraum und einem Sehraum; schon beim Gehörsinn ist bei uns die Lokalisation weit weniger genau, so daß beim Menschen von einem »Hörraum« nur selten gesprochen wird. Es bleibe aber dahingestellt, ob dies bei allen Tieren ebenso ist. Eulen vermögen akustische Reize mindestens ebenso genau zu lokalisieren wie optische, Fledermäuse sogar unvergleichlich viel genauer. Es könnte sein, daß diese Tiere ebensogut einen Hörraum besitzen wie wir einen Sehraum.

Das *Zusammenfassen* der verschiedenen Sinnesgebieten zugeordneten Reize, die von einem Dinge ausgehen, zu einem einheitlichen Gegenstand ist eine Leistung, die sicher eng mit der Lokalisation dieser Reize an eine gemeinsame Ausgangsstelle im Raume zusammenhängt. Die Entwicklung des Gegenstandes aus der Summe der Reizdaten können wir an uns selbst beobachten, am besten dann, wenn sie durch irgendwelche Umstände verlangsamt vor sich geht. Wenn wir z. B. aus einer Narkose oder auch nur aus besonders tiefem Schlafe erwachen, so wirken häufig auch wohlbekannte Dinge auf uns nicht als Gegenstände. Wir sehen Lichter, hören Töne, aber es dauert eine gewisse, die Selbstbeobachtung ermöglichende Zeit, bis wir den Ausgangspunkt dieser Reize lokalisiert haben und sie damit zum dinghaften Gegenstand zusammenfließen lassen.

Eine besondere Leistung des Zentralnervensystems ist darin zu sehen, daß wir einen Gegenstand in verschiedenen Lagen, verschiedenen Entfernungen, verschiedenen Beleuchtungen usw. trotz der Verschiedenheit der unsere Sinnesorgane treffenden Reize innerhalb weiter Grenzen dieser Verschiedenheiten in gleichbleibender Größe, Gestalt und Farbe wahrnehmen. Wir sehen einen etwas weiter entfernten Menschen nicht kleiner als einen in nächster Nähe befindlichen, obwohl sein Bild auf unserer Netzhaut viel kleiner ausfällt. Wir sehen die Rechtwinkligkeit eines an der Wand hängenden Bildes, auch wenn wir schräg zu ihm aufblicken und es sich auf unserer Netzhaut als nicht rechtwinkliges Parallelogramm abbildet. Wir sehen ein weißes Papier auch bei einer herabgesetzten Beleuchtung als weiß, bei der die von ihm reflektierte Lichtmenge geringer ist als diejenige, die bei hellem Sonnenschein ein von uns schwarz gesehenes Papier zurückstrahlt. Wie diese den Schwankungen der Wahrnehmungsbedingungen bis zu einem hohen Grade trotzende Konstanz unserer Umweltdinge im einzelnen gewährleistet wird, gehört ins Gebiet der Wahrnehmungspsychologie. Hier genügt es, festzustellen, daß selbst bei höheren Tieren diese Konstanz der Dingeigenschaften im allgemeinen nur geringeren Veränderungen der den Rezeptoren des Tieres gebotenen Reize standhält als bei uns Menschen.

Da die Verschiedenheit der Lebensräume einzelner Tierformen eine große Verschiedenheit der Variationsbreiten der Wahrnehmungsbedingungen mit sich bringt, erscheint es verständlich, daß die Widerstandskraft tierischer Umweltdinge gegen diese Veränderungen von Art zu Art sehr verschieden groß ist. Oft ist die biologische Bedeutung solcher Verschiedenheiten ohne weiteres erkennbar. So zeigten Versuche von Bingham und Coburn, daß Hühner, die auf gewisse Signalformen dressiert waren, diese nicht wiedererkannten, wenn man sie ihnen verkehrt zeigte, während es für Krähen keinerlei Unterschied ausmachte, in welcher Lage im Raume die Dressurdinge dargeboten wurden. Für ein Flugtier, das wie die Krähe sehr häufig in kreisendem Fluge nach Nahrung ausspäht, ist es selbstverständlich eine Lebensnotwendigkeit, die Gegenstände, die sie auf der Erde unter sich wahrnimmt, unabhängig von ihrer augenblicklichen Flugrichtung und daher unabhängig von der Lage ihrer Netzhautbilder wiederzuerkennen.

Für den Menschen, der seinen Lebensraum und dessen Erscheinungen durch Einsicht in kausale Zusammenhänge zu beherrschen trachtet, ist das richtige Zusammenfassen der von den Dingen seiner Umgebung ausgehenden Reize zu Gegenständen seiner Umwelt die Grundlage aller Erkenntnis und höchste Lebensnotwendigkeit.

Für das Tier jedoch, insbesondere für das niedere Tier, das im wesentlichen durch triebmäßig ererbte Verhaltensweisen in seinen Lebensraum eingepaßt ist und bei dessen Reagieren auf die Reize der Umgebung die Einsicht überhaupt keine Rolle spielt, ist ein dinghaftes Erfassen der Umwelt keine unbedingte biologische Notwendigkeit. Es genügt, daß eine triebhaft festgelegte Reaktion, die arterhaltend einem bestimmten Dinge gegenüber zu erfolgen hat, durch *einen* der von diesem Dinge ausgehenden Reize ausgelöst wird, wofern das Ding durch diesen Reiz so eindeutig charakterisiert ist, daß ein irrtümliches Ansprechen der Reaktion auf andere, ähnliche Reize aussendende Dinge nicht eine die Arterhaltung schädigende Häufigkeit erlangt. Um letzteres unwahrscheinlicher zu machen, werden meist mehrere Reize zu einer immer noch recht einfachen Kombination von Reizdaten zusammengefaßt, auf die ein »angeborenes Schema« anspricht. Die Form eines solchen Auslöse-Schemas muß ein gewisses Mindestmaß genereller Unwahrscheinlichkeit besitzen, und zwar aus denselben Gründen, aus denen man dem Barte eines Schlüssels eine generell unwahrscheinliche Form gibt.

Es besteht ein wesentlicher Unterschied zwischen diesen *angeborenen* Schemata und jenen *erworbenen* Schemata, die das auslösende Moment von bedingten Reflexen und Dressurhandlungen darstellen. Während die ersteren von vornherein *möglichst einfach gefaßt* erscheinen, scheinen alle Tiere die letzteren *so komplex wie möglich* zu gestalten.

Wenn man bei Dressurversuchen das Tier nicht zwingt, gewisse Merkmale aus einer gebotenen Vielheit herauszugreifen, was man durch ständigen Wechsel aller übrigen Merkmale erzielen kann, so wird das Tier im allgemeinen auf die Gesamtheit, die »Komplexqualität« *aller* gebotenen Reize dressiert werden. »Nehmen Sie einen Hund«, schreibt Uexküll, »der mit dem Befehl ›auf Stuhl‹ auf einen bestimmten Stuhl dressiert ist, so kann es vorkommen, daß er nicht alle Sitzgelegenheiten als Stuhl anerkennt, sondern *nur diesen einen und nur an dieser Stelle*.« Was bei den vom Menschen beabsichtigten Dressuren der höchsten Säugetiere immer wieder unbeabsichtigterweise »vorkommen kann«, stellt bei den *Eigendressuren* geistig weniger hochstehender Tiere die Regel dar. Ein Tier, das sich selbst auf eine Merkmalkombination dressiert, die ihm ein oder mehrere Male einen Erfolg gebracht hat, kann ohne »Einsicht in Sachbezüge« selbstverständlich nicht wissen, welche unter diesen Merkmalen unwesentliche Zutaten sind und welche von ihnen mit dem erreichten Erfolg in ursächlichem Zusammenhang stehen. Daher ist es wohl biologisch sinnvoll, wenn das Tier *alle* Merkmale zu einer Komplexqualität vereinigt und als solche zum auslösenden Moment seiner Dressurhandlung wählt. Es wiederholt blind, ohne Wesentliches und Unwesentliches zu unterscheiden, das früher zum Erfolg führende Verhalten nur in einer in allen Einzelheiten gleichen Situation. Natürlich kann ein Tier auch auf *ein* Merkmal, z. B. das des »Dreieckigen«, dressiert werden, wenn nämlich unter ständigem Wechsel aller übrigen Merkmale dieses eine konstant bleibt. *Wo* aber *ohne* derartigen Zwang ein Herausgreifen von wesentlichen Merkmalen geleistet wird, haben wir meiner Meinung nach den Ansatz zu einer »Einsicht in Sachbezüge« vor uns.

Im Gegensatz zu diesen individuell andressierten auslösenden Schemata sind die angeborenen von vornherein in einen fertigen, artspezifischen Funktionsplan eingebaut, in welchem es von vornherein feststeht, welche Merkmale wesentlich sind. Daher entspricht es nur dem Prinzip der Sparsamkeit, wenn so wenige Merkmale wie irgend möglich in die auslösenden Schemata aufgenommen werden. Für den Seeigel, *Sphaerechinus*, genügt es, wenn seine ungemein hochspezialisierte kombinierte Flucht- und Abwehrreaktion gegen seinen Hauptfeind, den Seestern, *Asterias*, durch einen einzigen, spezifischen chemischen Reiz ausgelöst wird, der von diesem Seestern ausgeht. Ein solches Ausgelöstwerden einer motorisch hochkomplizierten und einem ganz bestimmten biologischen Vorgang angepaßten Verhaltensweise durch einen einzelnen Reiz, oder doch durch eine verhältnismäßig einfache Reizkombination, ist für die große Mehrzahl der angeborenen Reaktionen bezeichnend.

Man würde zunächst erwarten, daß von höheren Tieren, denen wir nach ihrem sonstigen Verhalten ein dinghaft-gegenständliches Erfassen der Umwelt unbedingt zuschreiben müssen, auch das Objekt aller triebhaften Verhaltensweisen dinghaft erfaßt würde. Insbesondere würde man dies dort für wahrscheinlich halten, wo ein Artgenosse das Objekt der Handlung darstellt. Merkwürdigerweise ist nun aber eine durch mehrere Funktionskreise durchgehende Dingidentität des Artgenossen in sehr vielen Fällen nicht nachzuweisen. Ich glaube eine Erklärung dafür geben zu dürfen, warum die subjektive Identität des Artgenossen als Objekt verschiedener Funktionskreise noch weniger eine biologische Notwendigkeit ist als diejenige anderer Triebobjekte.

Auch bei den höchsten Wirbeltieren wird häufig eine objektgerichtete triebhafte Handlungsfolge durch eine sehr kleine Auswahl der von ihrem Objekte ausgehenden Reize ausgelöst, nicht von seinem dinghaften Gesamtbild. Wenn mehrere Funktionskreise denselben Gegenstand zum Objekt haben, so kommt es vor, daß *jeder* dieser Kreise auf ganz andere der vom gleichen Objekte ausgehenden Reize anspricht. Das angeborene auslösende Schema einer Triebhandlung greift sozusagen aus der Fülle der von ihrem Objekt ausgehende Reize eine kleine Auswahl heraus, auf die es selektiv anspricht und damit die Handlung in Gang bringt. Die Einfachheit dieser angeborenen Auslöse-Schemata verschiedener Triebhandlungen kann zur Folge haben, daß zwei von ihnen kein einziges der sie zum Ansprechen bringenden Reizdaten gemein haben, obwohl sie auf dasselbe Objekt gemünzt sind. Normalerweise sendet das artgemäße Objekt alle zu beiden Schemata gehörenden Reize *gemeinsam* aus. Im Experiment jedoch kann man die Auslöse-Schemata, die eben wegen ihrer großen Einfachheit häufig auch durch *künstliche* Darbietung entsprechender Reizkombinationen zum Ansprechen zu bringen sind, durch zwei verschiedene Objekte auslösen und so eine Trennung der beiden auf *ein* Objekt gemünzten Funktionskreise erzielen. Umgekehrt kann aus denselben Gründen *ein* Objekt zwei gegensätzliche, biologisch nur mit zwei getrennten Objekten sinnvolle Reaktionen auslösen. Besonders häufig ist dies bei jenen Triebhandlungen, deren Objekt ein Artgenosse ist. So ist zum Beispiel bei verschiedenen Arten von Entenvögeln die Verteidigungsreaktion der Mutter auch durch den Hilferuf von nicht artgleichen Jungen auslösbar. Andere Betreuungsreaktionen sind dagegen in hohem Maße artspezifisch an ganz bestimmte Färbungs- und Zeichnungsmuster an Kopf und Rücken der Kinder gebunden. So ist es erklärlich, wenn eine Junge führende Stockente ein hilferufendes Türkenenten-Küken mit größtem Mute aus einer Gefahr rettet, es aber im nächsten Augenblick, wenn sie die Stockenten spezifische Kopf- und Rückenzeichnung vermißt, »unspezifisch behandelt«, d. h. als »fremdes Tier in der Nähe der eigenen Küken« angreift und tötet.

Die einheitliche Behandlung eines Artgenossen, wie wir sie unter natürlichen Umständen beim normalen Ablauf der Triebhandlungen zu sehen bekommen, muß also nicht notwendigerweise in einem inneren Zusammenhang der Reaktionen im handelnden Subjekt begründet sein. Sie wird vielmehr häufig durch den rein äußeren Umstand gesichert, daß das Objekt der Reaktionen, der Artgenosse, die zu verschiedenen Auslöse-Schemata gehörenden Reize vereint aussendet. Der Funktionsplan der arteigenen Triebhandlungen verlegt also das biologisch notwendige vereinheitlichende Moment in das Reize aussendende Objekt, anstatt in das handelnde Subjekt.

Nehmen wir den Fall an, daß zwei oder mehrere Triebhandlungen an dem gleichen Ding als Objekt zu erfolgen haben, wenn ihr biologischer Sinn gewahrt werden soll. Dann gibt es zwei Möglichkeiten, diese Einheitlichkeit der Objektbehandlung zu sichern. Die eine besteht darin, daß das Objekt dinghaft-gegenständlich erfaßt wird und in der Umwelt des Subjektes in allen Funktionskreisen als dasselbe auftritt. Die zweite Möglichkeit, mit der wir uns hier näher befassen müssen, liegt in der oben geschilderten Bindung der verschiedenen Triebhandlungen *vom Objekte* aus, ohne daß dieses zur erlebten Einheit in der Umwelt des Subjektes wird. Es ist klar, daß diese Art von Bindung von den Eigenschaften des betreffenden Objektes sehr abhängig ist.

Wenn das Triebobjekt ein beliebiger fremder Gegenstand der Umgebung ist, wie z. B. die naturgemäße Beute oder der Stoff zum Nestbau, so können die auf diesen Gegenstand ansprechenden Auslöse-Schemata sich nur an solche Merkmale halten, die dem passenden Objekt von vornherein gesetzmäßig zu eigen sind. Da die Zahl und auch die Eigenart dieser Merkmale oft nicht sehr groß ist, hat die biologisch notwendige (S. 13) generelle Unwahrscheinlichkeit der aus ihnen zusammensetzbaren angeborenen Auslöse-Schemata eine ziemlich eng gezogene obere Grenze, zumal offenbar die Komplikation, der Zeichenreichtum dieser Schemata, nicht über ein gewisses Maß gesteigert werden kann. Die Wahrscheinlichkeit zufälliger Fehlauslösung ist also nicht unter ein gewisses Maß zu drücken. Diese Beschränkung dessen, was die instinktmäßige Reaktion und ihr angeborenes Auslöse-Schema hier zu leisten vermögen, erhöht wohl den arterhaltenden Wert einer subjektiven Dingidentität des Objektes ganz wesentlich.

Ganz anders liegen die Dinge, wenn das gemeinsame Objekt zweier oder mehrerer Triebhandlungsfolgen ein Individuum der gleichen Art ist wie das handelnde Subjekt. Da der spezifische Körperbauplan einer Art und der spezifische Bauplan ihrer Triebhandlungen Teile eines einzigen, unzertrennlichen Funktionsplanes sind, so können in diesem Falle die auslösenden Schemata im Subjekt, parallel mit den ihnen entsprechenden Merkmalen des Objektes, zu einer beliebig hohen generellen Unwahrscheinlichkeit entwickelt werden, die Fehlauslösungen der Handlung praktisch ausschließt. Merkmale, die dem Individuum einer Tierart zukommen und auf welche bereitliegende Auslöse-Schemata von Artgenossen ansprechen und bestimmte Triebhandlungsketten in Gang bringen, habe ich andern Ortes kurz als *Auslöser* bezeichnet. Diese Merkmale können ebensowohl körperliche Organe als auch bestimmte auffallende Verhaltensweisen sein. Meist sind sie eine Vereinigung von beidem. Die Ausbildung aller Auslöser schließt einen Kompromiß zwischen zwei biologischen Forderungen: möglichster Einfachheit und möglichster genereller Unwahrscheinlichkeit. Ein Ausruf, den der Fernstehende beim Anblick des Rades eines Pfaues, des Prachtkleides eines Goldfasans, der bunten Rachenzeichnung eines jungen Kernbeißers oft hören läßt, ist: »Wie unwahrscheinlich!« Diese naiv-erstaunte Äußerung trifft tatsächlich den Nagel auf den Kopf. Der Rachen eines Kernbeißer-Nestlings z. B. ist darum so »unwahrscheinlich bunt«, weil er, im Verein mit der Triebhandlung des Sperrens, den Schlüssel zur arteigenen Fütterreaktion der Elterntiere darstellt. Die biologische Bedeutung seiner Buntheit liegt in der Verhinderung »irrtümlicher« Auslösung durch zufällig gleiche Reize anderen Ursprungs. Manchmal genügt die Unwahrscheinlichkeit eines solchen Auslösers nicht ganz: Gewisse afrikanische Astrilden haben als Nestjunge eine fast ebenso hochspezialisierte Rachenzeichnung wie der Kernbeißer. Trotzdem schmarotzt bei ihnen ein Brutparasit, der den Schlüssel »nachbildet«, indem seine Jungen fast genau dieselbe Kopf- und Rachenfärbung und -zeichnung haben wie junge Astrilden.

Es besteht die Möglichkeit, die Spezialisierung der auslösenden Merkmale am Objekt und die der bereitliegenden Auslöse-Schemata im Subjekt nahezu unbegrenzt weit zu treiben. Die einheitliche Behandlung eines Artgenossen, der Objekt verschiedener Triebhandlungen ist, kann dadurch ebensogut gesichert werden wie durch seine subjektive Einheitlichkeit in der Umwelt des diese Triebhandlungen ausführenden Artgenossen. Offenbar ist bei geistig so tiefstehenden Tieren, wie es die Vögel sind, eine noch so hohe Spezialisation von Auslöser und Ausgelöstem leichter zu erreichen als eine durch alle Funktionskreise durchgehende subjektive Identität des Triebobjektes.

Wir können uns nun einen Reim darauf machen, daß ein unbelebtes oder andersartiges Objekt arteigener Verhaltensweisen öfter als dinghafte Einheit behandelt wird als der Artgenosse. Noch einmal ganz grob ausgedrückt: Der zum Nestbau benutzte Stab besitzt nicht genügend viele auffallende Merkmale, um aus ihnen genügend viele und genügend unwahrscheinliche auslösende Schemata aufzubauen, wie sie zur Auslösung der vielen verschiedenen Handlungen gebraucht würden, die in ihrer Gesamtheit den Nestbau ausmachen. Daher wird seine Kenntnis in einer Trieb-Dressurverschränkung erworben, und er besitzt eine beträchtliche Konstanz in allen auf ihn bezüglichen Funktionskreisen. Das Nestjunge eines Vogels kann unbegrenzt komplizierte Merkmale an sich tragen, für die unbegrenzt viele Auslöse-Schemata im Elterntier bereitliegen: für die Fütterreaktion ein in bestimmter Weise gezeichneter Sperrrachen, für die Reaktion des Kot-Wegtragens ein besonderer, auffallend gefärbter Federkranz um den After, für die Reaktion des Huderns ein bestimmter Schrei, der bedeutet, daß das Junge friert.

Auslöser und triebmäßig angeborene Reaktion gewährleisten unter den Bedingungen des natürlichen Lebensraumes der Art eine einheitliche Behandlung des Artgenossen, obwohl er in der Umwelt des Vogels keine Einheit darstellt. Eine Einheit letzterer Art läßt sich vielleicht in den erlernten oder verstandesmäßigen, nicht triebhaften Verhaltensweisen höchster Tiere nachweisen. Die Identität geht aber verloren, sowie sich die physiologisch-triebhafte Einstellung des Subjektes zum Wahrgenommenen ändert. Bei uns Menschen kann die Reflexion bewirken, daß wir imstande sind, die eigene, triebhaft-affektive

Einstellung in das Gesamtverhalten einzukalkulieren und dadurch zu verhindern, daß sie nach außen projiziert wird und den Charakter der Umweltdinge verändert. Es kann auch vorkommen, daß trotz einer solchen reflexiv gewonnenen Einsicht die triebhafte Reaktion auf die rein subjektive Veränderung eines Umweltdinges motorisch zum Druchbruch kommt, z. B. daß wir einer Türe einen Tritt versetzen, an die wir im Finstern mit der Nase angerannt sind, obwohl wir es schon während der Aktion »besser wissen«. Wenn aber auch beim *Menschen* in solcher Art ein Umweltding gleichzeitig vom Standpunkte des Erlebnisaspektes konstant und vom Standpunkte objektiver Benehmenslehre labil erscheinen mag: beim *Tier*, auch beim höchsten, brauchen wir eine solche reflexiv bedingte Spaltung der rezeptorischen und der motorischen Vorgänge sicherlich niemals in Betracht zu ziehen.

Für die meisten Vögel können wir getrost annehmen, daß der Artgenosse in jedem Funktionskreise im Sinne Uexkülls, in dem er als gegenleistendes Objekt auftritt, in der Umwelt des Subjektes ein anderes Umweltding darstellt. Die eigenartige Rolle, die so der Artgenosse in der Umwelt der Vögel spielt, hat Jakob v. Uexküll treffend als die des »Kumpanes« bezeichnet. Wir verstehen ja unter Kumpan einen Mitmenschen, mit dem uns nur die Bande eines einzelnen Funktionskreises verbinden, die mit höheren seelischen Regungen wenig zu tun haben, etwa einen Zech- oder bestenfalls Jagdkumpan.

Der »Kumpan« in der Umwelt des Vogels erscheint nicht nur von dem Standpunkt der Umweltforschung aus interessant, den wir hier einnehmen werden, sondern auch speziell soziologisch so wichtig, daß er mir einer näheren Untersuchung nicht unwert erschien.

Ich verdanke der persönlichen Anregung Herrn Prof. Dr. Jakob v. Uexkülls den Mut, die Darstellung der hier vorliegenden ungemein verwickelten Verhältnisse wenigstens zu versuchen.

II. Arbeitsmethoden und Prinzipielles

1. Die Beobachtung

Das allen nachstehenden Untersuchungen zugrunde gelegte Tatsachenmaterial entstammt fast ausschließlich der Zufallsbeobachtung. Zum Zwecke allgemein biologischer und insbesondere ethologischer Untersuchungen hielt ich verschiedene Vogelarten in einer ihrem natürlichen Lebensraum möglichst entsprechenden Umgebung, zum großen Teile in völliger Freiheit. Im Vordergrunde meines Interesses standen dabei koloniebrütende Formen wie Dohle, Nachtreiher und Seidenreiher, deren Soziologie nach Möglichkeit zu erforschen ich mir zur Aufgabe gestellt hatte. Da die Struktur dieser Vogelsozietäten so gut wie ausschließlich aus dem Bauplan der Instinkte der betreffenden Arten zu erklären ist, so war dieser der zunächstliegende Gegenstand meiner Untersuchungen.

Wenn man trachtet, irgendeine Tierart in Gefangenschaft dazu zu bringen, ihren gesamten Lebenszyklus vor unseren Augen abzurollen, ihre sämtlichen Triebhandlungsketten ablaufen zu lassen, so bekommt man meist sowieso, besonders aus den sich ergebenden Unvollständigkeiten und als pathologisch zu wertenden Gefangenschaftserscheinungen, so viele Einblicke in das Funktionieren des Instinktsystemes der zu untersuchenden Art, daß das nun folgende Experimentieren kein blindes Würfeln mit Umgebungsfaktoren mehr zu sein braucht. Über die Methodik der Untersuchung der Instinktsysteme habe ich schon früher[1] berichtet. Anderseits ergeben sich im Laufe einer jahrelangen, ausschließlich solchen Zwecken dienenden Tierhaltung sehr viele unbeabsichtigte Nebenergebnisse, besonders dann, wenn die gleichzeitige Haltung mehrerer Arten dazu beiträgt, immer neue Situationen zu schaffen. So kamen häufig Antworthandlungen zur Beobachtung, die auf eine Einwirkung hin erfolgten, die nicht absichtlich von mir gesetzt war, die aber dadurch, daß sie als einzige Veränderung im gewohnten natürlichen Lebensraum auftrat, eindeutig die auslösende Ursache jenes Antwortverhaltens war. Ein solches Zufallsexperiment hat den Vorteil, daß es von einem wirklich unvoreingenommenen Beobachter registriert wird. Bei der feinen Differenziertheit

---

[1] Vgl. *Betrachtungen über das Erkennen der arteigenen Triebhandlungen der Vögel*. In: Journal für Ornithologie 80 (1932).

mancher tierischer Verhaltensweisen, insbesondere, wo es sich um Ausdrucksbewegungen und -laute handelt, ist es höchst wertvoll, wenn der Beobachter von jeder Hypothese nachweislich vollkommen frei ist.

Fast sämtliche hier verwerteten, das Kumpanproblem beleuchtenden Tatsachen entstammen solchen Beobachtungen und ungewollten Experimenten, die als Nebenergebnisse der erwähnten ethologischen Untersuchungen gebucht wurden. Sie sind nicht zielbewußt gesammelt, sondern von selbst im Laufe der Jahre zusammengekommen, und daraus erklärt sich auch ihre Lückenhaftigkeit, der durch nachträglich mit Hinblick auf die vorliegende Darstellung unternommene Versuche nur zum kleinsten Teil abgeholfen werden konnte.

Ich sehe jedoch weder in der Lückenhaftigkeit der Beobachtungen noch in ihrem weiten zeitlichen Auseinanderliegen ein Hindernis für ihre wissenschaftliche Verwertung, noch auch in der Tatsache, daß sie Nebenergebnisse von Untersuchungen sind, die eigentlich anderen Zwecken galten. Auch hoffe ich dadurch, daß ich schon jetzt mit meinen vielleicht unrichtigen Meinungen hervortrete, einschlägige Beobachtungen anderer Tierkenner zu erfahren.

2. Das Experiment

Wenn Eduard Claparède gegen die Beobachtung und zugunsten des Experimentes einwandte, daß erstere das Studium vom Zufall abhängig mache und unverhältnismäßig viel Zeit beanspruche, so ist dem entgegenzuhalten, daß das Experiment ohne Kenntnis der natürlichen Verhaltensweise in den meisten Fällen vollständig wertlos ist. Ich bin der Ansicht, daß man vergleichende Psychologie als eine *biologische* Wissenschaft betrachten und betreiben muß, auch dann, wenn dieser Standpunkt es mit sich bringt, daß man sehr viele, allgemein anerkannte tierpsychologische Arbeiten vorläufig ablehnen muß. Aber bevor nicht der Bauplan der Instinkte einer Tierart und dessen Funktionieren unter den natürlichen Lebensbedingungen, unter denen die Art diesen Bauplan ausgebildet hat, wenigstens im groben bekannt ist, sagen auch die rein auf den Intellekt gerichteten tierpsychologischen Versuche *über Lernfähigkeit und Intellekt der Tiere nichts aus*, da beim Verhalten der Tiere nie feststeht, was auf Rechnung von ererbten Triebhandlungen und was auf Rechnung des Lernens und des Intellektes zu setzen sei. Ohne genaueste Kenntnis des Instinktbauplanes eines Tieres weiß man gar nicht, *wie schwer das gestellte Problem für das Tier ist.* Es besteht immer die Möglichkeit, daß die untersuchte Art über eine ererbte und zufällig auf die Situation des Experimentes passende und in dieser Situation auch zur Auslösung kommende *Triebhandlung* verfügt. In diesem Falle könnte eine Verhaltensweise als Intelligenzleistung gebucht werden, die mit Intellekt überhaupt nichts zu tun hat.

So wird in Hempelmanns ›Tierpsychologie‹ und in Bierens de Haans Arbeit ›Der Stieglitz als Schöpfer‹[2] das eine Mal von Meisen, das andere Mal vom Stieglitz das im Experiment auftretende Festhalten der Nahrung mit dem Fuße beschrieben und in beiden Fällen mit dem Verhalten anderer Vögel, die das nicht tun, in einer Weise verglichen, die im Uneingeweihten unbedingt den Eindruck erwecken muß, es handle sich bei Meise und Stieglitz um ein gegenüber den mit ihnen verglichenen Arten hochwertigeres intellektuelles Verhalten. In keinem der beiden Fälle wird die Tatsache erwähnt, daß diese Bewegungskoordination den Meisen und dem Stieglitz instinktmäßig, reflexmäßig angeboren ist und genau ebensoviel mit Intellekt zu tun hat wie der Umstand, daß wir Menschen durch regelmäßiges Zwinkern mit den Augenlidern unsere Hornhaut vor verderblicher Austrocknung bewahren. Nur darin, daß der Stieglitz und die Meise ihre Triebhandlung in der neuen, nicht naturgemäßen Situation *anwenden* lernen, ist eine *Lernleistung* zu erblicken. Die starre Instinkthandlung läßt sich so gut wie ein unveränderliches Werkzeug unter Umständen zu neuen Zwecken verwenden. Zwischen dem einsichtigen Bau eines neuen Werkzeuges und dem dressurmäßigen Gebrauch eines ererbten ist ein Unterschied.

Aber nicht nur das natürliche, auf Erbtrieben beruhende Verhalten einer Tierart müssen wir kennen, *bevor* wir zum Experiment schreiten, sondern auch ganz allgemein müssen wir ihre Verhaltensweisen, auch die individuell veränderlichen, kennen, wenn wir eine bestimmte von ihnen näher untersuchen wollen. Um ein Beispiel herauszugreifen: Eine Fehlerquelle, die bei sehr vielen Labyrinth- und Vexierkasten-Versuchen überhaupt nicht berücksichtigt ist, liegt in der Tatsache, daß jede Panik die verstandesmäßigen Fähigkeiten gerade der höchsten Tiere auf nahe-

---

[2] Journal für Ornithologie 80 (1933).

zu Null herabsetzt. Wenn ich einen geistig hochstehenden und gerade deshalb leicht erregbaren Vogel beispielsweise bei einem Umwegversuch auch nur im leisesten in Furcht versetze, wird seine Verstandesleistung sofort weit hinter der eines viel dümmeren Tieres zurückbleiben, das auf dieselbe Veränderung der Umgebung nicht mit Furcht anspricht. Zahme und scheue Stücke derselben Art geben dann natürlich ganz verschiedene Ergebnisse. Das Resultat ist dann ebenso falsch, wie wenn man die Intelligenz von Homo sapiens danach beurteilen wollte, daß beim Wiener Ringtheaterbrand, 1881, die in Panik geratene Menschenmenge vor dem Umwegproblem versagte, das ihr durch den Umstand gestellt wurde, daß sich die Türen des Theaters nach innen, statt nach außen öffneten. Um solche Feinheiten in der Psychologie, bei sehr hochstehenden Tieren auch in der Individualpsychologie, beurteilen und um derartige Fehler aus den experimentell gewonnenen Resultaten ausmerzen zu können, ist aber eine *langdauernde Allgemeinbeobachtung unbedingt vonnöten, die dem Beginn der Versuche voranzugehen hat.* Wer zu einer solchen, zunächst auf gar kein bestimmtes Ziel gerichteten Beobachtung keine Zeit zu haben meint, lasse überhaupt die Hände von der Tierseelenkunde.

Wohl das einzige Teilgebiet der Psychologie, das beim Tierexperiment der Kenntnis der instinktmäßigen Verhaltensweisen des Versuchstieres entraten kann, ist die Psychologie der Wahrnehmung. Für sie ist eben die Reaktion auf den gebotenen Reiz an sich nebensächlich und nur insoweit wichtig, als sie eine charakteristische und objektiv feststellbare Antwort auf eine bestimmte Wahrnehmung darstellt.

3. Die Verwertung fremder Beobachtungen

Ein großer Nachteil der reinen Beobachtung im engsten Sinne, den wir hier ruhig eingestehen wollen, liegt in der Schwierigkeit ihrer Mitteilung an andere. Während das Experiment durch die Nachahmbarkeit der Versuchsbedingungen einen hohen Grad der Objektivität erreicht, trifft das für die reine Beobachtung nicht zu.

Die große Schwierigkeit bei der Untersuchung und Aufzeichnung der Verhaltensweisen höherer Tiere liegt darin, daß der Beobachter selbst ein Subjekt ist, das dem Objekt seiner Beobachtung zu ähnlich ist, als daß eine wirkliche Objektivität erreicht werden könnte. Der »objektivste« Beobachter höherer Tiere kann nicht umhin, sich immer wieder zu Analogieschlüssen zu den eigenen Seelenvorgängen hinreißen zu lassen. Schon unsere Sprache *zwingt* uns geradezu, »Erlebnis-Termini« anzuwenden, die unserem eigenen Innenleben entnommen sind, von »Schreck«-Stellungen, »Wut«-Äußerungen und dergleichen zu reden. Bei niederen und uns selbst systematisch fernstehenden Tieren ist es leichter, sich von solchem ungewollten Analogisieren freizuhalten; kein Beobachter hat je die Angriffsreaktion eines Termitenkriegers mit Wut, die Abwehrreaktion eines Seeigels mit Schreck in Zusammenhang gebracht.

Es wäre aber eine müßige Prinzipienreiterei, wollte man aus der Beschreibung von Verhaltensweisen höherer Tiere jeden in der Beschreibung menschlichen Innenlebens gebrauchten Ausdruck fernhalten. Nur müßte man diese Ausdrücke *immer nur im selben Sinne* gebrauchen. Die Ausdrücke, die die biologische Forschung zur Beschreibung psychischer Verhaltensweisen niederer Tiere *erst prägen* mußte, da sie der Umgangssprache fehlen, werden ganz allgemein im Sinne des Prägers des betreffenden Ausdruckes prioritätsgemäß immer nur im gleichen, eng begrenzten Sinne gebraucht. Die Ausdrücke jedoch, die zur Beschreibung des eigenen Innenlebens schon von vornherein in der Umgangssprache gegeben waren, haben ihre Vieldeutigkeit aus der Umgangssprache in die wissenschaftliche Literatur mitgenommen. Auch das Umgekehrte ist vorgekommen. Das Wort »Instinkt« hat seine wissenschaftliche Verwendbarkeit dadurch fast eingebüßt, daß es in die Umgangssprache Aufnahme fand.

Außerdem liegt eine Fehlerquelle bei der Benutzung von Beobachtungen anderer darin, daß der eine Ausdrücke aus dem menschlichen Seelenleben nur dort anwenden will, wo er wirklich Homologien sieht, der andere sie aber auch dort braucht, wo nur oberflächliche Analogien vorliegen. Wir mögen einmal bei der Beobachtung der Fluchtreaktion einer Garneele, die mit den Antennen an die Tentakel einer Aktinie kommt, sagen: »Jetzt ist sie erschrocken«, oder bei der Beobachtung eines heranreifenden jungen Vogelmännchens, das seinen Balzlaut noch nicht vollkommen herausbringt: »Nun will er was sagen und kann noch nicht.« Diese Aussagen stehen aber unter bewußten Anführungszeichen; sehr viele Beobachter, und zwar auch psychologisch geschulte, *schreiben* so etwas hin, ohne daß man entnehmen kann, ob es mit oder ohne Anführungszeichen gemeint sei.

Aber auch abgesehen von diesen rein sprachlichen Schwierigkeiten in der Übermittlung des Gesehenen liegt die größte Fehlerquelle bei der Verwertung fremder Beobachtungen darin, daß zwei, die auf das gleiche blicken, nicht Gleiches sehen, mit anderen Worten, daß jeder Mensch nur in seiner eigenen Umwelt lebt. Vor allem die Tatsache, daß ein Beobachter an einem bestimmten Tiere etwas *nicht* gesehen hat, berechtigt nie zu negativen Aussagen. Wenn ich nun im folgenden außer eigenen Beobachtungen nur solche von Forschern verwende, deren Standpunkt dem meinen ähnlich oder gleich ist, so geschieht dies nicht aus Engherzigkeit oder gar etwa, um Tatsachen zu verschweigen, die meinen Hypothesen widersprechen. Ich tue das nur, weil es nur in diesem Falle gelingt, zwischen den Zeilen zu lesen und eine der Selbstkritik ähnliche Kritik zu üben; weil es nur dann möglich ist, das Niedergelegte wirklich zu verstehen. Dazu ist es sehr nützlich, wenn man den Autor persönlich genau kennt. Wenn ich zum Beispiel irgendeine Beobachtung meines Freundes Horst Siewert lese, so weiß ich mit guter Annäherung an die Wirklichkeit, was das von ihm beobachtete Tier damals wirklich getan hat. Bei der Lektüre der in Lloyd Morgans Büchern niedergelegten Beobachtungen kann ich mir nur eine höchst unsichere Vorstellung hiervon machen. Damit ist natürlich gar nichts über den Wert der Beobachtungen verschiedener Autoren ausgesagt. Nur wäre es höchst irreführend, wollte man sie in gleicher Weise verwerten.

Aus diesen Gründen werde ich nachstehender Abhandlung außer eigenen Beobachtungen nur die verhältnismäßig sehr weniger Tierbeobachter zugrunde legen. Unter diesen sei besonders mein väterlicher Freund O. Heinroth genannt, mit dessen Ansichten und Auffassungen über Tierseelenkunde die meinigen, schon bevor ich ihn kennenlernte, so weitgehend übereinstimmten, daß die Frage, wieviel von seinem geistigen Eigentume ich mir angeeignet habe, nicht mehr zu klären ist, glücklicherweise aber auch nicht geklärt zu werden braucht. Jedenfalls sei mir verziehen, wenn ich hier manchmal seine Gedanken ohne besondere Anführung seines Namens darlegen sollte.

4. *Das Beobachtungsmaterial*

Das Material zu den im folgenden verwerteten Beobachtungen und teils beabsichtigten, teils unbeabsichtigten Versuchen lieferten mir folgende Vögel, die ich im Laufe der Jahre *freifliegend* gehalten habe. (Ich gebe auch die Zahl der untersuchten Individuen an, da ich großen Wert darauf lege, von jeder Art möglichst viele Individuen zu halten, um mich vor falschen Verallgemeinerungen zu bewahren. Natürlich habe ich, besonders von den Arten, die mit besonders hohen Zahlen verzeichnet sind, nicht alle Stücke gleichzeitig gehalten, vielmehr erstreckten sich die Haltungsversuche über viele Jahre.) 15 Seidenreiher, 32 Nachtreiher, 3 Rallenreiher, 6 Weiße und 3 Schwarze Störche, viele Stockenten, viele Hochbrutenten, viele Türkenenten in der Domestikationsform, 2 Brautenten, 2 Graugänse, 2 Mäuse- und 1 Wespenbussard, 1 Kaiseradler, 7 Kormorane, 9 Turmfalken, ungefähr 1 Dutzend Goldfasane, 1 Mantelmöwe, 2 Flußseeschwalben, 2 große Gelbhaubenkakadus, 1 Amazonenpapagei, 7 Mönchssittiche, 20 Kolkraben, 4 Nebelkrähen und 1 Rabenkrähe, 7 Elstern, weit über 100 Dohlen, 2 Eichelhäher, 2 Alpendohlen, 2 graue Kardinäle und 3 Gimpel. Die in engerer Gefangenschaft beobachteten Vögel aufzuzählen erübrigt sich wohl, da die an solchen gewonnenen Beobachtungen hier nur wenig Verwendung finden werden.

Es sei mir eine angenehme Pflicht, an dieser Stelle allen jenen zu danken, die mich durch Überlassung lebender Vögel unterstützt haben. Vor allem sei den Leitern der Zoologischen Gärten Wien-Schönbrunn und Berlin für unschätzbare Unterstützung auf das innigste gedankt. Ferner Herrn Dr. Ernst Schüz, Rossitten, Herrn Frommhold, Essen, Fräulein Sylvia und Oberst August von Spieß, Hermannstadt (Sibiu), welch letzteren ich das wahrhaft fürstliche Geschenk von 12 Seidenreihern danke.

Wie man sieht, spielen in der Auswahl des Materials die domestizierten Formen eine sehr geringe Rolle. Nur mit großer Vorsicht werden die an ihnen gemachten Beobachtungen verwertet werden. Das hat folgenden Grund: Nach unserem Dafürhalten sollte das Schwergewicht der Bedeutung der gesamten Tierseelenkunde vorläufig mehr auf die Erforschung des triebmäßig Angeborenen als auf diejenige der variablen Handlungsweisen, des Erlernten und des Verstandesmäßigen, gelegt werden, vor allem, wie schon dargetan, deshalb, weil man in Unkenntnis des triebmäßigen Verhaltens eines Tieres nie weiß, wie weit seine Lernleistung und seine Intelligenzleistung gehen. An der Wichtigkeit der Erforschung der ererbten Verhaltensweisen wird ja auch niemand zweifeln. Nun zeigt sich aber bei näherem Studium der Triebhandlungen domestizierter Tiere und bei genauem Vergleich mit den zugehörigen Wildformen, insbesondere bei Vögeln, daß die Domestikation im Gebiete der Erbtriebe ganz ähnliche *Ausfallmutationen erzeugt* wie auf körperlichem Gebiete. Der Versuch, an Haustieren Triebhandlungen zu studieren, mutet mich immer so ähnlich an, als wollte man an einem weißen Peking-Erpel Untersuchungen über Strukturfarben der Vogelfeder anstellen. Dabei wäre man im letzteren Falle noch insofern besser daran, weil man da die Ausfälle *sieht*, welchen Vorteil man bei der Untersuchung der Verhaltensweisen nicht genießt. Dabei muß man sich aber noch vor Augen halten, daß bei Vögeln noch der weitaus größte Teil des gesamten Verhaltens triebbedingt ist. Man kann natürlich mit einigem Geschick und biologischem Taktgefühl auch aus dem triebmäßigen Verhalten domestizierter Vögel in ähnlicher Weise dasjenige der Wildform rekonstruieren, wie man etwa aus den Färbungen verschiedener gescheckter Hausenten, die an *verschiedenen* Stellen ihres Körpers weiße Flecken haben, die Wildfärbung wieder berechnen kann. Besonders gut gelingt dies G. H. Brückner in seiner Arbeit ›Untersuchungen zur Tiersoziologie, insbesondere zur Auflösung der Familie‹,[3] die sich ausschließlich auf die Beobachtung von Haushühnern stützt. Er sagt zwar in seiner Einleitung: »Selbst wenn die primären sozialen Instinkte dieser Tiere abgebogen sein sollten, so hindert nichts, die jetzt bestehenden Verhältnisse zum Gegenstand einer Untersuchung zu machen.« Im übrigen bemüht er sich jedoch, und zwar mit dem besten Erfolg, abnorme Reaktionen nicht mit auszuwerten. Um aus seiner sonst ganz ausgezeichneten Arbeit einen Irrtum anzuführen, der typisch aus der Vernachlässigung der Art und Weise entspringt, in der Ausfallmutationen in Triebhandlungsketten erscheinen und »umhermendeln«, möchte ich folgende Angabe Brückners anführen: »Nicht alle Glucken führen gleich gut. Es gibt Glucken, die berühmt sind für ihre prächtige Art zu führen und die man sich zu diesem Zwecke ausleiht. Es gibt andere, die diese wichtige Aufgabe nur mangelhaft erledigen. Das ist Temperaments- und Persönlichkeitsfrage.« Dem ist entgegenzuhalten, daß man zwar vielleicht das stärkere oder schwächere mutative Ausfallen von arteigenen Triebhandlungen als Verschiedenheit der »Persönlichkeit« bezeichnen kann, sicher aber nicht als eine Verschiedenheit des Temperamentes. Jedenfalls ist festzustellen,

[3] Zeitschrift für Psychologie 128 (1933).

daß *jede* gesunde Wildhenne, sei es Bankiva oder Goldfasan, selbstverständlich *vollkommen* dem *Ideal* der Glucke entspricht. Ein Elterntier, das sich seiner Aufgabe nur mangelhaft entledigt, gibt es innerhalb der normalen Variationsbreite einer Wildform *nicht* oder höchstens als eine nur in einem Individuum auftretende Mutante, die verdammt ist, ohne Erben zu bleiben.

Die Variabilität der domestizierten Formen gehorcht eigenen Gesetzen, die sicherlich ganz andere sind als die der normalen Wildform. Welche Faktoren mögen es wohl sein, die in der Erbmasse einer Art, beispielsweise der Stockente, die hübsche und an genau bestimmten Einzelheiten so reiche Gefiederung durch Jahrtausende festgehalten haben, die aber in der Domestikation ausfallen, so daß innerhalb so kurzer Zeit ein solch regelloses Mutieren der Färbung einsetzte? Wir wissen es nicht, und wenn wir die Gesetzmäßigkeiten der Verhaltensweisen von Haustieren untersuchen, so untersuchen wir Gesetzmäßigkeiten, die von solchen gänzlich anderer Art überschnitten und zum großen Teil aufgehoben werden. Dadurch liegen die Dinge zwar nicht chaotisch, aber durch das Gegeneinander zweier gänzlich verschiedener Prinzipien, von denen noch dazu das eine hart an die Pathologie grenzt, ergibt sich eine solche Komplikation, daß die geringen Vorteile der Untersuchung von Haustieren, die ja zum größten Teile in der Bequemlichkeit der Beschaffung und Haltung gelegen sind, mehr als wettgemacht werden. Bevor wir Variationen studieren, müssen wir das Grundmotiv, das variiert wird, kennen. Wenn ich auch die Haushuhn-Arbeiten von D. Katz, Th. Schjelderup-Ebbe und in neuerer Zeit Brückner sehr bewundere und voll anerkenne, so wage ich doch mit voller Bestimmtheit die Behauptung, daß die allgemein wichtigen Ergebnisse dieser Arbeiten weit größer gewesen wären, wenn eine undomestizierte Form zum Versuchstier gewählt worden wäre, ich will einmal sagen, die Graugans statt des Haushuhns. Insbesondere gilt dies für die schon genannte Arbeit von Brückner über die Auflösung der Hühnerfamilie. Gerade die von Brückner beschriebene Form der Auflösung kommt nämlich *nur* der *domestizierten* Hühnerform zu. Nur die Haushenne jagt ihre Küken durch »Abhacken« von sich, denn nur die Haushenne beginnt mit neuem Legen, bevor die Küken sie freiwillig verlassen haben. In diesem Falle haben also die Küken noch die normalen Triebhandlungen der Wildform, die mit den durch die Züchtung auf ununterbrochenes Eierlegen verkürzten Brutpflegehandlungen der Henne nicht mehr harmonieren. Ein Wegbeißen der Jungen habe ich bei keiner einzigen undomestizierten Vogelform gesehen, wohl aber in verschiedenen Fällen, wo es im Schrifttum angegeben wird, nachweisen können, daß die Auflösung der Familie von den Jungen ausgeht. Genauso wie der Beginn der Elterntriebhandlungen dem derjenigen der Kinder entspricht und gemäß dem Bauplan des arteigenen Triebhandlungssystemes mit ihnen zusammenpaßt, hören sie auch harmonisch gleichzeitig auf, wenn nicht der Mensch aus dem Elterntier durch planmäßige Züchtung eine Eierlegmaschine gemacht hat. Wenn wir im Ablauf von Triebverschränkungen von Eltern und Kindern Reibungen sehen, liegt uns immer schon der Gedanke an Pathologisches nahe.

5. Die prinzipielle Einstellung zum Instinktproblem

Da die hier vertretenen Anschauungen und Hypothesen auf einer ganz bestimmten Einstellung zu den Fragen des Instinktproblems aufgebaut sind, erscheint es notwendig, diese prinzipielle Einstellung in Kürze darzutun.

Es ist eine unter Biologen weitverbreitete Anschauung, daß instinktmäßiges Verhalten sozusagen ein phylogenetischer Vorläufer jener variableren Verhaltensweisen sei, die wir als »erlernt« oder als »einsichtig« bezeichnen (W. Köhler). Lloyd Morgan beschreibt in seinem Buche ›Instinkt und Erfahrung‹,[4] wie erlerntes Verhalten in fließendem Übergange aus instinktmäßigem entstehen könne, indem die Erfahrung gegebene instinktive Grundlagen allmählich modifiziere und an bestimmte Ziele besser anpasse. Diese Anschauung Morgans wird von einer großen Zahl deutscher Tierpsychologen geteilt. Es ist eine undankbare Aufgabe, einer herrschenden Meinung entgegenzutreten, aber ich erachte es als Pflicht, sich nicht durch Autorität beeinflussen zu lassen.

Ich vertrete die Anschauung, daß die Instinkthandlung etwas fundamental anderes sei als alle anderen tierischen Verhaltensweisen, mögen diese nun einfache bedingte Reflexe, verwickelte Dressurhandlungen oder höchste, auf Einsicht beruhende Intelligenzleistungen sein. Ich vermag keine Trennungslinie zwischen reinen Instinkthandlungen und aus unbedingten Reflexen aufgebauten Reflexketten zu erblicken, wobei ich aber betonen

---

[4] Berlin 1930.

muß, daß ich auch für den reinen Reflex eine strikt mechanistische bahntheoretische Erklärung ablehne. Ich betrachte die Instinkthandlung als *unhomolog* zu allen erworbenen oder einsichtigen Verhaltensweisen, mag die funktionelle Analogie in einzelnen Fällen noch so weit gehen. Ich glaube auch nicht an die Existenz genetischer Übergänge zwischen beiden Verhaltenstypen.

Diese Anschauungen entwickelte ich ursprünglich vollkommen naiv, als eine Selbstverständlichkeit, die, wie ich meinte, jedem praktischen Tierkenner in die Augen springen müßte. In meiner damaligen Unbelesenheit legte ich sie meinen ersten Arbeiten als selbstverständlich zugrunde, ohne sie besonders zu betonen.

Ich bin mir vollkommen bewußt, daß diese vorläufig nur als Arbeitshypothese aufgestellten Behauptungen beim heutigen Stande unseres Wissens nicht bewiesen werden können. Bevor ich daher die Tatsachen anführe, die mit meiner Anschauung im Einklang stehen und sie als *wahrscheinlich* erscheinen lassen, will ich beweisen, daß die herrschende Anschauung über die Beeinflußbarkeit der Instinkthandlungen durch Erfahrung rein dogmatisch ist und daß ihr noch viel weniger beweisendes Tatsachenmaterial zugrunde liegt.

Als klassisches Beispiel für adaptive Modifikation einer instinktiven Grundlage durch Hinzukommen von Erfahrung führt Morgan das Fliegenlernen junger Schwalben an.

Ich habe ernste Einwände dagegen, den allmählichen Fortschritt im Fliegenkönnen eines Jungvogels als endgültigen Beweis einer Beeinflußbarkeit der Instinkthandlung durch hinzukommende Erfahrung gelten zu lassen.

Erstens wäre zu fordern, daß in allen Fällen, wo von einem *Lern*-Vorgang gesprochen wird, ein bloßer *Reifungsvorgang* mit Sicherheit ausgeschlossen werde. Genau wie ein heranreifendes Organ kann die sich entwickelnde Instinkthandlung eines Jungtieres in Tätigkeit treten, *bevor* ihre Reifungsvorgänge abgeschlossen sind. Die Entwicklung einer triebmäßigen Reaktion und der zu ihrer Ausführung nötigen Organe müssen nicht notwendigerweise zeitlich zusammenfallen. Wenn die Entwicklung der Handlung der des Organes vorauseilt, ist der Tatbestand leicht zu durchschauen: Die Küken aller Entenvögel haben unverhältnismäßig kleine und gänzlich unverwendbare Flügel. Trotzdem zeigen sie in ihrer Kampfreaktion, die schon in den ersten Lebenstagen auslösbar ist, genau dieselbe Koordination der Flügelbewegungen wie die erwachsenen Tiere ihrer Art, die mit stark gewinkeltem Handgelenk auf den Feind eindreschen. Dabei sind die Flügel der Küken so unproportioniert kurz, daß sie bei der triebmäßig ererbten, auf die Abmessungen des erwachsenen Vogels abgestimmten Kampfstellung den Gegner überhaupt nicht mit dem Flügel berühren können. Wenn, umgekehrt, die Entwicklung des Organes früher beendet ist als die des Instinktes, der zu seinem Gebrauch die Anleitung gibt, so sind die Zusammenhänge nicht so offensichtlich. Bei vielen Vögeln, so auch bei Schwalben, viel deutlicher bei Großvögeln wie Störchen, Adlern u. ä., sind die Flugwerkzeuge funktionsfähig, bevor die Koordination der Flugbewegungen vorhanden ist. Wenn dann das Heranreifen dieser Koordinationen im Begriffe ist, die vorausgeeilte Entwicklung des Organes einzuholen, so sieht das Benehmen des Jungtieres ganz so aus, als lernte es, während in Wirklichkeit ein innerer Reifungsvorgang auf genau festgelegter Bahn fortschreitet. Auf einige wenige, neben diesen Reifungsvorgängen stattfindende Lernvorgänge werden wir noch zurückkommen.

Der Amerikaner L. Carmichael hat Embryonen von Amphibien in schwachen Chloretonlösungen dauernd narkotisiert gehalten, was merkwürdigerweise ihre körperliche Entwicklung nicht hemmte, aber sämtliche Bewegungen vollständig unterdrückte. Als er sie in späten Entwicklungsstadien »erwachen« ließ, unterschieden sich ihre Schwimmbewegungen in nichts von denen normaler Kontrolltiere, die diese Bewegungen seit vielen Tagen »geübt« hatten. Wir können natürlich mit Jungvögeln dieses Experiment nicht nachmachen, aber einige Tatsachen scheinen darauf hinzudeuten, daß auch hier die Verhältnisse ähnlich liegen. So verlassen die Jungen der Ringeltaube, *Columba palumbus*, das Nest sehr früh, wenn die Schwungfedern noch recht kurz und noch im Blutkiel sind. Bei der Felsentaube, bei der als Höhlenbrüter die Jungen im Neste offenbar weit weniger gefährdet sind als bei dem vorher genannten offenbrütenden Verwandten, tritt das Ausfliegen aus dem Nest erst ein, wenn Schwingen und Steuerfedern vollkommen ausgewachsen und verhornt sind. Obwohl nun Felsentauben in diesem Stadium noch gar keine Übung im Fliegen haben, gleichweit entwickelte Ringeltauben aber schon seit vielen Tagen umherfliegen, sieht man nicht den geringsten Unterschied in der Flugfähigkeit beider.

Mein zweiter Einwand ist der, daß weder Morgan noch einer

der ihm folgenden Biologen die unleugbare Existenz einer Erscheinung berücksichtigten, die ich in einer früheren Arbeit[5] als »*Trieb-Dressurverschränkung*« bezeichnet habe. Es ist eine Eigentümlichkeit sehr vieler Verhaltensweisen der Vögel und anderer Tiere, daß in einer funktionell einheitlichen Handlungsfolge triebmäßig angeborene und individuell erworbene Glieder in gänzlich unvermittelter Weise aufeinanderfolgen. Die Vernachlässigung des eingeschalteten Dressurverhaltens muß notwendigerweise dazu führen, daß der rein triebmäßigen Handlung eine Veränderlichkeit zugeschrieben wird, die ihrem Wesen vollkommen fremd ist.

Eine Triebdressurverschränkung ist als eine Kette von vielen unbedingten Reflexen aufzufassen, zwischen denen ein bedingter Reflex eingeschaltet ist. Bei höherer Komplikation der Handlungsfolge können es auch mehrere sein. Besonders häufig *beginnt* eine derartige Verschränkung mit dem bedingten Reflex. Wie bei den einfachsten bedingten Reflexen, so ist auch bei verwickelten Triebdressurverschränkungen das Erworbene besonders häufig das *auslösende Moment der Reaktion* in Gestalt einer Gruppe von Merkmalen, die das reagierende Subjekt zu einem Schema vereinigt. Dieses *erworbene* auslösende Schema bringt dann durch sein Ansprechen die im übrigen rein reflexmäßige Handlungsfolge in Gang. O. Koehler bezeichnet die Nomenklatur Pawlows als eine »Verwässerung des Reflexbegriffes«. Ich möchte dieser Ansicht durchaus beistimmen und vorschlagen, statt des Ausdruckes »bedingter Reflex« das Wort Reflex-Dressurverschränkung einzuführen und so die Zweiheit und Verschiedenheit der Faktoren zum Ausdruck zu bringen.

Ein Beispiel einer Triebdressurverschränkung bildet die Reaktion des Aufspießens der Beute beim Neuntöter, *Lanius colluro*. Dem Jungvogel dieser Art ist nämlich nicht etwa die ganze Handlungsfolge des Aufspießens eines Beutestückes in allen ihren Beziehungen angeboren, vielmehr fehlt ihm zunächst die triebmäßige Kenntnis des *Dornes*, auf den die Beute gespießt werden soll. Die gesamte Bewegungskoordination des Aufspießens hingegen ist angeboren, ebenso die Kenntnis der Tatsache, daß das Aufspießen an einem festen Gegenstand zu erfolgen hat. Der jungaufgezogene Neuntöter beginnt bald mit einem Bissen im Schnabel die Bewegungen des Aufspießens auszuführen, zunächst aber wahllos an irgendeiner Stelle seines

[5] A. a. O.

Käfigs und selbst, wenn in diesem zum Aufspießen geeignete Dornen oder Nägel vorhanden sein sollten, ohne jede Berücksichtigung dieser Gebilde. Er fährt mit dem im Schnabel gehaltenen Fleischstückchen wischend an den Sitzstangen und Sprossen seines Käfigs auf und ab und vollführt von Zeit zu Zeit die eigentümlich ziehenden kleinen Ruckbewegungen, die zum eigentlichen Aufspießen im Bauplan der Triebhandlungskette vorgesehen sind. Diese Rucke erfolgen besonders dann, wenn der Vogel bei seinen Wischbewegungen auf Widerstand stößt. Diese zweckvolle Eigentümlichkeit bringt es mit sich, daß das ruckweise Ziehen dann sofort eintritt, wenn *rein zufällig* einmal der Bissen an einem Nagel oder Dorn hakt. In sehr kurzer Zeit *lernt* dann der Vogel die Dornen als Objekt seiner im übrigen rein angeborenen Triebhandlungskette kennen. Durch einen solchen, ausgesprochen einem *Lernen* gleichzusetzenden Vorgang werden nun in sehr vielen Fällen sozusagen Lücken in Triebhandlungsketten ausgefüllt, Stellen, an denen in Handlungsabläufe statt des betreffenden Gliedes des Ablaufes eine »Fähigkeit zum Erwerben« zwischen rein angeborene Glieder eingefügt ist.

Wenn wir bei verschiedenen Vogelarten jene Triebdressurverschränkungen miteinander vergleichen, denen analoge Funktionen zukommen, so finden wir häufig, daß bei der einen Art ein Glied dieser Handlungskette angeboren ist, bei der anderen das funktionell analoge Glied individuell erworben wird. Sehr deutlich ist dieses *vikariierende* Auftreten von etwas Angeborenem auf der einen Seite und einer Fähigkeit, die betreffende Verhaltensweise zu erlernen, auf der anderen beim Fliegen-»Lernen« junger Vögel. Da zeigt es sich, daß häufig bei der einen Art die Fähigkeit, Entfernungen richtig abzuschätzen und Landungspunkte zielsicher zu treffen, durchaus angeboren und ohne jede vorherige Übung sofort nach dem Verlassen des Nestes in größter Vollkommenheit vorhanden ist, während sie bei einer anderen in langdauerndem Lernen erworben werden muß. Oft ist dabei die Einwirkung eines biologischen Zwanges nachweisbar: Junge Rohrsänger, Wasserstare, aber auch manche Felsenvögel, bei denen allen das Verfehlen des Landungszieles von besonders schweren Folgen wäre, zeigen eine ganz besonders vollkommene angeborene Fähigkeit, das Landungsziel im Raum zu lokalisieren. Hingegen haben junge Kolkraben sowohl die Fähigkeit als auch bei ihrem sozusagen schrittweisen Verlassen des Nestes die Zeit, die entsprechenden Fähigkeiten individuell zu erwerben. Sehr wichtig ist bei vielen dieser Erwerbungsvorgänge jenes Verhalten, das wir mit K. Groos als *Spiel* bezeichnen. Wenn wir bei einer sich entwickelnden Verhaltensweise eines Jungtieres spielerische Betätigung beobachten können, so liegt uns stets die Vermutung nahe, daß in ihren Ablauf dressurvariable Glieder eingeschaltet seien.

Das deutlich *vikariierende* Auftreten von Instinkthandlung auf der einen Seite und erworbenen Verhaltensweisen auf der anderen läßt sie als *analoge Funktionen* im Sinne H. Werners erscheinen und macht das Vorhandensein von Übergängen zwischen beiden sehr unwahrscheinlich.

Zweifellos enthalten die Triebhandlungsketten geistig tiefstehender Tiere im allgemeinen weniger erworbene Glieder als diejenigen höherstehender Organismen. Wenn wir überhaupt die Frage aufwerfen sollen, in welcher Weise man sich das Verhalten beider im Laufe der Phylogenese vorzustellen hat, so möchte ich folgende Hypothese aufstellen: Instinktives Verhalten auf der einen, erlerntes und einsichtiges Verhalten auf der anderen Seite sind weder ontogenetisch noch phylogenetisch aufeinanderfolgende Stufen, sondern entsprechen zwei divergenten Entwicklungsrichtungen. Wo immer einer der beiden Verhaltenstypen eine besonders hohe Spezialisation erfahren hat, verdrängt er den anderen sehr weitgehend. In den Fällen, wo mit höherer Entwicklung von Lernfähigkeit und Einsicht die instinktmäßigen Verhaltensweisen schrittweise zurückgedrängt werden, halte ich einen allmählichen Übergang der ersteren in die letzteren für durchaus unbewiesen und glaube nicht an seine Möglichkeit. Ich meine, daß die starr triebmäßigen Glieder einer Handlungskette keineswegs mit höherer Entwicklung der Lernfähigkeit und des Intellektes plastischer und durch Erfahrung besser beeinflußbar werden. Vielmehr fallen sie, eins nach dem anderen, ganz aus und werden durch erworbene oder verstandesmäßige Verhaltensweisen ersetzt. Außerdem können bei Erhaltenbleiben der triebmäßigen Glieder neue, variable zwischen sie eingeschaltet werden. Wie alle phylogenetischen Hypothesen können wir auch diese nur durch Aufstellung von Typenreihen wahrscheinlich machen. *Daß* wir aber bei dem heutigen, ungemein niedrigen Stand unseres Wissens über die Instinkthandlungen höherer Tiere überhaupt imstande sind, Ansätze solcher Reihen aufzustellen, ist schon etwas. Für die Wahrscheinlichkeit der herrschenden Meinung von der allmählich stärker werdenden Beeinflussung der Instinkthandlung durch Erfahrung lassen sich keine derartigen Tatsachen erbringen. Als Versuch einer solchen Reihenbildung mögen die Versteckreaktionen zweier Rabenvögel nebeneinander gestellt werden. Die Dohle reagiert, wenn sie einen zu versteckenden Bissen im Schnabel hat, blind auf die von der Umgebung ausgehenden Reize und versteckt meist in dem tiefsten und finstersten der ihr gebotenen Winkel oder Löcher. Sie ist außerstande, durch Erfahrung zu lernen, daß der Sinn der Versteckreaktion verloren geht, wenn sie sich von anderen Dohlen beim Verstecken zusehen läßt. Auch kommt sie nie dahinter, daß gewisse Örtlichkeiten ihren menschlichen Freunden unzugänglich und dort versteckte gestohlene Wertgegenstände vor ihnen sicher sind. Der nahe verwandte, aber an Lernfähigkeit und Intellekt ungleich höher stehende Kolkrabe lernt schon in früher Jugend, daß Verstecken nur einen Sinn hat, wenn einem niemand zusieht, und ebenso, daß Menschen mangels der Fähigkeit zu fliegen, nicht überall hinkönnen. Bei ihm ist also das Wann und das Wo der Versteckhandlungen im Gegensatz zur Dohle nicht triebhaft festgelegt. In jeder anderen Hinsicht ist aber die Versteckreaktion des Raben ebenso starr wie die der Dohle. Die Bewegungskoordinationen selbst werden nie geändert, unterscheiden sich auch nicht von denen der Dohle. Experimentelle Veränderungen in den natürlichen Bedingungen des Handlungsablaufes zeigen auch beim Raben deutlich den vollkommenen Mangel an Zweckvorstellungen, der für die ererbten Triebhandlungen bezeichnend ist.

Ich vermute, daß wir bei genauer Untersuchung der Funktionspläne arteigener Triebhandlungen möglichst vieler und womöglich verwandter Arten viel bessere und deutlichere Reihenbildungen auffinden werden.

In der mehrfach zitierten früheren Arbeit habe ich die Instinktdefinition von H. Ziegler zu der meinen gemacht. Ich bin mir bewußt, daß diese auf Bahntheorie und Zentrenlehre aufgebaute Definition gewissen wichtigen ganzheitlichen Regulationserscheinungen nicht gerecht wird. Ich erinnere an die Versuche von A. Bethe, die eine weitgehende Regulationsfähigkeit der angeborenen Koordinationen der Gehbewegungen der verschiedensten Tiere nachweisen. Wenn ich damals die Starrheit der Triebhandlung so sehr betonte, so meinte ich ihre absolute Starrheit gegenüber den Einflüssen der Erfahrung und des Intellektes. Ich betone, daß gerade Bethes Versuche in klarer Weise zeigen, daß die Regulationsfähigkeit der Instinkte eine Form der Plastizität ist, die mit *Lernen* und *Erfahrung* nichts zu tun hat. Wo die Koordination der Gangbewegungen in den Versuchen Bethes einer Regulation überhaupt fähig war, war die letztere *sofort* nach dem Eingriff in vollkommener Weise fertig! Die Behauptung, daß Instinkthandlungen der Erfahrung gegenüber unveränderlich seien, wird durch die Ergebnisse Bethes eher wahrscheinlicher als unwahrscheinlicher gemacht. Sie fügen sich gut der kurzen Instinktdefinition Driechs: »Instinkt ist eine Reaktion, die von Anfang an vollendet ist.«

Die schwer zu beweisende negative Feststellung, daß die Triebhandlung durch Lernen unbeeinflußbar sei, ist natürlich keine Definition. Dennoch weiß ich nichts Besseres zu tun, als dieser einen negativen Aussage eine weitere hinzuzufügen, um so den Begriff dessen, was ich hier unter Triebhandlung oder Instinkthandlung verstehe, wenigstens etwas mehr einzuengen.

Eduard C. Tolman sagt in seinem ausgezeichneten Buche ›Purposive Behaviour in Animals and Men‹:[6] »Wo immer Lernfähigkeit in bezug auf ein bestimmtes Ziel auftritt (und wo, außer bei den allereinfachsten Tropismen und Reflexen, wäre dies nicht der Fall?), haben wir die objektive Erscheinung und Definition dessen, was man passenderweise als *Zweck* bezeichnet.« (Übers.)

Diese objektive Definition des Zweckes in der Terminologie der Benehmenslehre ist sehr wertvoll. Ich bin der Ansicht, daß man alle Arten *nichtinstinktiven* Verhaltens, sei es nun addressiert oder einsichtig, als »Zweckverhalten« zusammenfassen könnte. Die Instinkthandlungen jedoch ermangeln der zweckvollen Veränderlichkeit (»docility relative to some end«) in einer so in die Augen springenden Weise, daß diese »behaviouristische« Definition des Zweckes zu einer negativen Aussage über die Triebhandlung verwendet werden kann. Der Ansicht jedoch, daß »Lernfähigkeit in bezug auf ein bestimmtes Ziel« nur in den einfachsten Tropismen und Reflexen mangelt, muß ich aufs nachdrücklichste widersprechen. Es ist zu betonen, daß Ketten von Instinkthandlungen im allgemeinen um so starrer sind, je komplizierter sie sind. Die einfachen Umwendereaktionen eines Seesternes, eines Pantoffeltieres zeigen viel eher einige Plastizität als die Wabenbaureaktionen einer Biene. Uexküll hat einmal den Ausspruch getan: »Die Amöbe ist weniger Maschine als das Pferd.« Im gleichen Sinne können wir sagen, daß die hochspezialisierten Brutpflegehandlungen einer Hündin viel reiner

[6] New York 1932.

und einwandfreier ihre Reflexnatur offenbaren als der einfache, aber bedingte Speichel-»Reflex« eines Pawlowschen Hundes. Wir finden unter den höher spezialisierten Triebhandlungen ebensowohl bedingte wie unbedingte Reflexe. Man kann aber wohl sagen, daß bei den am höchsten spezialisierten Handlungsketten, wie wir sie etwa bei den staatenbildenden Insekten finden, unbedingte Reflexe überwiegen.

Bei den weniger verwickelten Triebhandlungen höherer Wirbeltiere finden wir kaum je längere rein triebmäßige Handlungsketten, sondern meist hochkomplizierte Triebdressurverschränkungen. Daß diese häufig der Analyse durch die wenigen uns zu Gebote stehenden Forschungsmethoden nicht zugänglich sind und kaum je restlos aufgelöst werden dürften, ist kein Grund, die begriffliche Trennung der erworbenen und der reflexmäßigen Anteile nicht streng durchzuführen.

Noch ein zweites von Tolman definiertes Charakteristikum des Zweckbenehmens können wir zur Einengung unseres Begriffes der Triebhandlung verwenden. Tolman schreibt: »Auslösende Reize allein sind nicht genug; es werden außerdem gewisse Unterstützungen benötigt. Tierisches Verhalten (›behaviour‹) kann nicht im leeren Raume verpuffen. Es benötigt eine ergänzende ›Unterstützung‹, etwas, das es aufrechterhält. Eine Ratte kann nicht ›einen Gang entlanglaufen‹ ohne einen wirklichen Fußboden, gegen den sie ihre Füße stemmt, wirkliche Wände, zwischen denen sie dahinsteuert.« (Übers.)

Man könnte kaum ein eindrucksvolleres Merkmal der Triebhandlung herausgreifen als ihre Eigentümlichkeit, bei Ausbleiben der artspezifischen Auslösung »im leeren Raum zu verpuffen«. Wenn unter den Bedingungen der Gefangenschaft eine Triebhandlung mangels des ihr adäquaten Reizes nie zur Auslösung kommt, so erniedrigt sich merkwürdigerweise die Schwelle dieses Reizes. Dies kann manchmal so weit gehen, daß die betreffende Triebhandlung schließlich *ohne* jeden nachweisbaren Reiz »losgeht«. Es ist, als würde die latent bleibende Verhaltensweise schließlich selbst zu einem inneren Reiz. Ich erinnere an das in meiner zitierten Arbeit beschriebene Beispiel des Stares, der die Handlungsfolgen der Fliegenjagd ohne Objekt vollständig durchführte. Man sollte meinen, daß das Vorhandensein von Fliegen die wichtigste und unerläßlichste »Verhaltensunterstützung« (behaviour support) im Sinne Tolmans für den Ablauf des Verhaltens bei der Fliegenjagd sei. Das wäre es auch, wenn beim Ablauf dieses Verhaltens irgendein dem Tiere gegebener »Zweck« vorhanden wäre. Der vollkommene Mangel eines solchen tritt auch hier zutage. Das Tier gehorcht keiner noch so dunklen Zweckvorstellung, sondern dem »blinden Plane« (Uexküll) seiner Triebhandlungen. Die Entwicklungshöhe und biologische Bedeutung dieses Plans hat so wenig mit den psychischen Fähigkeiten des Tieres zu tun wie die biologisch sinnvolle Gestaltung seines Körpers.

Diese hauptsächlich aus negativen Feststellungen aufgebaute Umgrenzung meines Begriffes der arteigenen Triebhandlung macht keinen Anspruch darauf, eine explizite Definition zu sein. Die hier festgelegten Anschauungen haben sich als Arbeitshypothesen bei der Analyse tierischen Verhaltens bereits bis zu einem gewissen Grade bewährt. Jedenfalls halten sie einer Kritik an Hand der bisher bekannten Tatsachen besser stand als die landläufigen Anschauungen von einem durch Erfahrung adaptiv modifizierbaren Instinkt. Wieweit sie weiterem Tatsachenmaterial gerecht werden, können wir bei unserem heutigen minimalen Wissen über das Instinktverhalten der höheren Tiere nicht voraussagen.

III. Die Prägung des Objektes arteigener Triebhandlungen

Das *Erworbene* in Triebdressurverschränkungen ist besonders häufig das *Objekt* der angeborenen Handlungen, wie ich in der schon zitierten Arbeit[1] an einigen Beispielen darzutun versuchte. Während nun im allgemeinen die Erwerbung dieses Objektes einer Dressur gleichkommt, findet bei einer bestimmten Gruppe von objektlos angeborenen Triebhandlungen ein grundsätzlich anderer Erwerbungsvorgang statt, der nach meiner Meinung mit Lernen nicht gleichgesetzt werden darf. Es handelt sich um die Erwerbung des Objektes *der auf die Artgenossen bezüglichen Triebhandlungen*.

Für den Fernerstehenden ist es meist sehr überraschend, ja unglaublich, daß ein Vogel Artgenossen nicht angeborenermaßen und rein »instinktiv« unter allen Umständen als solche erkennt und entsprechend auf sie reagiert. Dies tun aber nur sehr wenige Vögel. *Im Gegensatz zu allen in dieser Hinsicht unter-*

[1] A. a. O.

suchten Säugern erkennen isoliert jungaufgezogene Vögel der allermeisten Arten Artgenossen, mit denen man sie zusammenbringt, nicht als ihresgleichen, d. h. sie lassen die normalerweise auf die Artgenossen ansprechenden Verhaltensweisen durch Artgenossen nicht auslösen. Hingegen bringen Jungvögel der allermeisten Arten die auf den Artgenossen bezüglichen Triebhandlungen *dem Menschen gegenüber*, wenn sie, von ihresgleichen isoliert, in menschlicher Pflege groß geworden sind.

Dieses Verhalten wirkt auf den Beobachter so absonderlich, so »verrückt«, daß jeder Einzelbeobachter, der beim Aufziehen junger Vögel mit dieser Erscheinung bekannt wird, zunächst an einen *pathologischen* Vorgang denkt, den er als »Gefangenschaftspsychose« oder sonstwie erklärt. Erst wenn man diesem Verhalten wieder und wieder begegnet und bei durchaus gesunden Stücken der verschiedensten Vogelarten feststellen kann und auch sieht, daß es bei in völliger Freiheit groß gewordenen Tieren auftritt, kommt man langsam dahinter, daß es sich da um eine gesetzmäßige Reaktion handelt, daß den meisten Vogelarten *das Objekt der artgenossenbezüglichen Triebhandlungen nicht angeboren ist*. Es wird vielmehr dieses Objekt im Laufe des individuellen Lebens erworben, und zwar durch einen Vorgang, der so eigentümlich ist, daß wir ihn ausführlicher besprechen müssen.

Wenn wir das Ei eines Brachvogels, *Numenius*, oder einer Uferschnepfe, *Limosa*, im Brutofen zeitigen und das Junge gleich nach dem Ausschlüpfen in unsere Pflege nehmen, so zeigt sich, daß es von uns als Pflegeeltern nichts wissen will. Es flieht schon beim ersten Anblick des Menschen, und von den auf die Eltern gemünzten Triebhandlungen bekommen wir nichts zu sehen, außer möglicherweise bei fein abgestimmten Attrappenversuchen, wie sie leider bisher von niemandem angestellt wurden. Bei diesen beiden Arten sowie noch bei manchen Nestflüchtern, die in sehr fortgeschrittenem Entwicklungszustande das Ei verlassen, sind diese Triebhandlungen *nur* durch artgleiche Altvögel auszulösen. In die Terminologie der Umweltforschung übersetzt: Der Jungvogel besitzt ein angeborenes »Schema« des Elterntieres, es ist ihm das Bild des Elterntieres in so vielen Merkmalen angeboren, daß seine Kindestriebhandlungen nur »artspezifisch« auf den artgleichen Altvogel ansprechen. Wie viele Merkmale das sind, können wir nämlich manchmal ganz gut bestimmen, in Fällen, wo es bei *Nachahmung* dieser Zeichen dann doch gelingt, Kindestriebhandlungen auszulösen.

Wenn wir nun statt des Brachvogels eine wenige Tage alte Graugans in unsere Pflege nehmen, die bis dahin bei ihren Eltern herangewachsen ist, so machen wir mit ihr dieselben Erfahrungen wie mit jenem. Auch bei ihr lassen sich dann irgendwelche Kindestriebhandlungen durch den Menschen nicht auslösen. *Ganz anders jedoch, wenn man eine Graugans sofort nach dem Schlüpfen selbst in Pflege nimmt.* Dann sprechen sämtliche auf die Eltern gemünzten Triebhandlungen *sofort* auf den Menschen an. Ja, man kann junge Graugänse, die man im Brutofen *künstlich* erbrütet hat, nur unter Beachtung ganz bestimmter Vorsichtsmaßregeln dazu bringen, daß sie mit einer Junge führenden Graugansmutter mitlaufen. Sie dürfen nämlich zwischen Schlüpfen und dem Untergeschobenwerden unter die Gänsemutter den Menschen *nicht richtig zu sehen bekommen*, weil sonst ihr Nachfolgetrieb sofort auf den Menschen eingestellt ist. O. Heinroth hat dies in seiner Arbeit ›Beiträge zur Biologie, insbesondere Psychologie und Ethologie der Anatiden‹[2] sehr genau beschrieben: »Häufig mußte ich den Versuch machen, im Brutapparat geschlüpfte Gänschen an ein ganz kleine Junge führendes Paar heranzubringen, und hierbei stößt man auf mancherlei Schwierigkeiten, die aber für das ganze psychische und instinktive Verhalten unserer Vögel recht bezeichnend sind. Öffnet man den Deckel eines Brutofens, in dem soeben junge Enten die Eier verlassen haben und trocken geworden sind, so drücken sie sich zunächst regungslos, um dann, wenn man sie anfassen will, blitzschnell davonzuschießen. Dabei springen sie häufig auf die Erde und verkriechen sich eilig unter umherstehenden Gegenständen, so daß man oft seine liebe Not hat, der kleinen Dinger habhaft zu werden. Ganz anders junge Gänse. Ohne Furcht zu verraten, schauen sie den Menschen ruhig an, haben nichts dagegen, daß man sie anfaßt, und wenn man sich auch nur ganz kurze Zeit mit ihnen beschäftigt, wird man sie so leicht nicht wieder los: Sie piepen jämmerlich, wenn man sich entfernt, und laufen einem bald getreulich nach. Ich habe es erlebt, daß so ein Ding, wenige Stunden, nachdem ich es dem Brutapparat entnommen hatte, zufrieden war, wenn es sich unter dem Stuhle, auf dem ich saß, niedertun konnte! Trägt man ein solches Gänseküken nun zu einer Gänsefamilie, bei der sich gleichalte Junge befinden, so gestaltet sich die Sache gewöhnlich folgendermaßen: Der herankommende Mensch wird von Vater und Mutter

[2] Verhandlungen des V. Intern. Ornithologen-Kongresses, Berlin 1910.

mißtrauisch betrachtet, und beide versuchen, mit ihren Jungen möglichst rasch ins Wasser zu kommen. Geht man nun sehr schnell auf sie zu, daß die Jungen keine Zeit mehr zum Entfliehen haben, so setzen sich natürlich die Alten wütend zur Wehr. Geschwind befördert man nun das kleine Waisenkind dazwischen und entfernt sich eilig. In ihrer großen Aufregung halten die Eltern natürlich den kleinen Neuling zunächst für ihr eignes Kind und wollen es schon in dem Augenblick vor dem Menschen verteidigen, wo sie es in seiner Hand hören und sehen. Doch das schlimme Ende kommt nach. *Dem jungen Gänschen fällt es gar nicht ein, in den beiden Alten Artgenossen zu sehen.* Es rennt piepend davon, und wenn zufällig ein Mensch vorüberkommt, so schließt es sich diesem an: es hält eben die Menschen für seine Eltern.« Des weiteren führt Heinroth aus, daß die Unterschiebung eines Gänschens gelingt, wenn man es sofort nach dem Herausnehmen aus dem Brutofen in einen Sack steckt, so daß es den Menschen erst gar nicht zu sehen bekommt. Er ist mit Recht der Ansicht, daß die neugeborenen Graugänse das erste Wesen, das sie gleichzeitig mit dem Licht der Welt erblicken, »wirklich in der Absicht ansehen, sich das Bild genau einzuprägen, denn wie schon erwähnt, scheinen diese niedlichen wolligen Dinger ihre Eltern auch nicht rein triebhaft als Artgenossen zu erkennen«.

Dieses Verhalten der jungen Graugans habe ich deshalb so ausführlich behandelt, weil es ein geradezu klassisches Beispiel dafür ist, wie einem Jungvogel das zu seinen Kindestriebhandlungen gehörige Objekt, dessen Kenntnis ihm *nicht* instinktiv angeboren ist, durch einen *einmaligen* Eindruck aufgeprägt wird, für den er *nur in einer ganz bestimmten Periode seines Lebens empfänglich ist*. Wichtig ist ferner die Tatsache, daß die Graugans auf diesen Eindruck zu dieser Zeit der Empfänglichkeit offensichtlich »wartet«, das heißt, *den angeborenen Trieb hat, diese »Lücke« in ihrer Instinktausrüstung auszufüllen*. Außerdem ist zu betonen, daß die Gattung *Anser* ein Extrem darin darstellt, daß dem Neugeborenen so *wenige* Merkmale des Elternkumpanes angeboren sind: Außer einem triebhaften Ansprechen auf den arteigenen Warnton läßt sich eigentlich kein triebmäßiges Reagieren auf ein den Eltern zukommendes Merkmal nachweisen. Vor allem fehlt das so vielen kleinen Nestflüchtern eigene triebmäßige Ansprechen auf den Lockton der Eltern.

Der Vorgang dieses Einprägens des Objektes zu im übrigen angeborenen, auf einen Artgenossen gemünzten Triebhandlungen *unterscheidet sich wesentlich vom Erwerb des Objektes anderer Triebhandlungen*, deren auslösendes Schema nicht angeboren ist, sondern wie bei einem bedingten Reflex erworben wird. Während nämlich im letzteren Falle die Erwerbung des Objektes wohl immer einer Eigendressur, einem Lernvorgange gleichzusetzen ist, hat *der Vorgang der Objektprägung artgenossenbezüglicher Triebhandlungen eine Reihe von Zügen, die ihn von einem Lernen grundsätzlich unterscheiden.* Er besitzt auch in der Psychologie sämtlicher anderer Tiere, insbesondere der der Säugetiere, nicht seinesgleichen. Es sei jedoch an dieser Stelle auf gewisse Analogien zu pathologisch auftretenden Fixationen des Triebobjektes im *menschlichen* Seelenleben hingewiesen.

Was den Prägungsvorgang vom gewöhnlichen *Lernen* unterscheidet, sind folgende Umstände.

Erstens, daß der in Rede stehende Erwerb des Objektes angeborener Triebhandlungen nur zu einem eng umgrenzten Zeitabschnitt des individuellen Lebens stattfinden kann. Zum Zustandekommen der Einprägung des Objektes gehört also hier *ein ganz bestimmter physiologischer Entwicklungszustand* des Jungtieres.

Zweitens, daß die eingeprägte Kenntnis des Objektes der auf den Artgenossen bezüglichen Triebhandlungen *nach Verstreichen* der für die Art festgelegten physiologischen Prägungszeit sich *genauso verhält, als sei sie angeboren. Sie kann nämlich nicht vergessen werden!* Das Vergessenwerden ist aber, wie besonders C. Bühler betont, *ein wesentliches Merkmal alles Erlernten!* Natürlich ist es bei dem geringen Alter aller darüber angestellten Beobachtungen eigentlich noch nicht ganz angängig, die Unvergeßbarkeit dieser erworbenen Objekte endgültig festzustellen. Wir entnehmen die Berechtigung dazu der in vielen Fällen beobachteten Tatsache, daß Vögel, die vom Menschen aufgezogen und in ihren artgenossenbezüglichen Triebhandlungen auf diesen umgestellt werden, ihre Verhaltensweise auch dann nicht im geringsten ändern, wenn man sie jahrelang ohne menschlichen Umgang mit Artgenossen zusammenhält. Man kann sie dadurch ebensowenig dazu bringen, die Artgenossen für ihresgleichen zu halten, wie man einen altgefangenen Vogel veranlassen kann, im Menschen einen Artgenossen zu sehen. (Auf das scheinbar eine Ausnahme hiervon bildende Verhalten zu Ersatzobjekten will ich später eingehen.)

Diese beiden Tatsachen, erstens die Bestimmung des späteren Verhaltens zu einem bestimmten Zeitpunkt der Ontogenese durch eine

Beeinflussung von außen, und zwar von den Artgenossen her, zweitens die Irreversibilität dieses Bestimmungsvorganges, bringen die Entwicklungsvorgänge des Systems der triebmäßigen Verhaltensweisen in eine merkwürdige Analogie zu Vorgängen, die aus der körperlichen Entwicklungslehre bekannt sind.

Wenn wir zu einem gewissen Zeitpunkt der Entwicklung an einem Froschkeimling Zellmaterial aus dem in der späteren Bauchregion gelegenen Ektoderm, das normalerweise in der weiteren Entwicklung des Keimes ein Stück Bauchhaut geliefert hätte, in der Region der späteren Neuralrinne in die Oberfläche einpflanzen, so entwickelt es sich situationsgemäß zu einem Stück Rückenmark. Die Zellen werden also von dem Organisationsprinzip ihrer Umgebung beeinflußt, was Spemann als »Induktion« bezeichnet. Die Möglichkeit einer Induktion von der Umgebung her zwingt uns, zwischen »prospektiver Potenz« und »prospektiver Bedeutung« einer Zelle zu unterscheiden. Die in Spemanns Versuch verpflanzten Ektodermzellen des Froschkeimes hatten die prospektive Bedeutung eines Stückes Bauchhaut; ohne das Eingreifen des Forschers hätten sie *nur* zu einer solchen werden können. Gleichzeitig hatten sie aber auch noch die normalerweise latent bleibende Fähigkeit, sich zu einem Stück Rückenmark zu entwickeln. Ihre prospektive Potenz war also weiter als ihre prospektive Bedeutung. Wenn wir aber einen ähnlichen Versuch zu einem späteren Zeitpunkt der Entwicklung wiederholen oder etwa die bereits zum Rückenmark determinierten Bauchektodermzellen an ihren Herkunftsort *rückverpflanzen*, zeigt sich die prospektive Potenz mit der prospektiven Bedeutung identisch: wenn wir diese zweite Verpflanzung vornehmen, wird das, was ohne sie zum Rückenmark geworden wäre, auch an der ihm jetzt angewiesenen Stelle dasselbe, und unser Transplantationsversuch erzeugt ein Monstrum. Seine prospektive Bedeutung wird also durch den Einfluß der Umgebung, durch Induktion, festgelegt, »determiniert«. Das Zellenmaterial »weiß« also auch nicht ererbtermaßen, was aus ihm wird, es wird ihm vielmehr durch seinen Ort, durch seine Umgebung sein endgültiger Organcharakter aufgeprägt. Nach Vollendung dieser zu einer bestimmten Entwicklungsphase stattfindenden Determination kann das Gewebe nicht mehr »vergessen«, wozu es bestimmt wurde. Das in die Bauchhaut rückverpflanzte präsumptive Rückenmark kann nicht mehr zur Bauchhaut »rückdeterminiert« werden! Es gibt aber auch Tiere, wie z. B. die Tunikaten, bei denen schon im Zweizellenstadium des Keimes jede der beiden Zellen vollkommen zu ihrem späteren Verhalten determiniert ist, wo nahezu gar keine Induktion stattfindet, wo eine Zelle des künstlich zerschnürten Zweizellenstadiums buchstäblich einen halben Organismus liefert, wo einzelne Zellkomplexe späterer Entwicklungsstufen isoliert immer nur dieselben Organe oder Organteile ergeben, die sie im Zusammenhange mit ihren Schwesterzellen ergeben hätten. Diese Zellen werden also nicht von ihrer Umgebung beeinflußt, sondern jede einzelne Zelle eines solchen Keimes »weiß« ererbtermaßen genau, was sie zu tun hat, und durch das Mosaik der so genau aufeinander eingestellten Verhaltensweisen der Teile kommt ein einheitlicher Organismus zustande, ohne daß die Teile einander weiter beeinflussen. Man bezeichnet daher auch solche Keime als »Mosaikkeime« im Gegensatz zu den früher beschriebenen »Regulativkeimen«.

Man könnte nun sehr gut von Mosaiktypen und Regulativtypen der Instinktsysteme sprechen; man könnte auch recht gut bei den Triebhandlungen, deren Objekt dem Tier nicht ererbtermaßen bekannt ist, sondern durch die Umgebung, vor allem durch die Artgenossen geprägt wird, von einer *induktiven Determination* sprechen. Der Leistungsplan des Instinktsystemes eines Tieres und der Leistungsplan seines Baues haben sehr viel Analoges.

Wenn eine junge Dohle von etwa vierzehn Tagen ihre Kindestriebhandlungen gegen ihre Eltern, also gegen Dohlen richtet, so haben diese für den Jungvogel die prospektive Bedeutung der Eltern, der Artgenossen. Doch besitzen die arteigenen, artgenossenbezüglichen Triebhandlungen zu dieser Zeit noch eine viel weiter prospektive Potenz der Objektwahl. Das bereits als solches funktionierende Objekt, die Eltern, können bei der Jungdohle also noch verdrängt werden. Aus dem Neste genommen, ist sie zunächst gegen den Menschen schüchtern und drückt sich vor ihm. Sie kennt also sehr wohl schon den Anblick ihrer Eltern. Trotzdem läßt sich der Elternkumpan, das Objekt der Kindestriebhandlungen, noch in anderem Sinne umdeterminieren. Nach wenigen Stunden sperrt die Dohle gegen den Menschen, nach etwa zwanzig Tagen ist sie flügge und richtet nun ihren Nachfliegetrieb auf den Menschen und ist nun in ihren Kindestrieben nicht mehr »auf Dohle« rückdeterminierbar. Im gleichen Alter ist die bei ihren Eltern verbliebene Jungdohle auch nicht mehr auf den Menschen umzuprägen. Prospektive Bedeutung und prospektive Potenz des Objektes fallen nun zusammen.

Wir müssen also in der Zeit der Entwicklung der objektlos ererbten Triebhandlungen zwei Abschnitte unterscheiden. Einen anfänglichen, meist sehr kurzen, während dessen der Vogel das Objekt zur ererbten Handlung sucht, und einen zweiten längeren, während dessen er zwar schon ein Objekt gefunden hat, auf das seine Triebe ansprechen, eine »Umdetermination« aber noch möglich ist. Bei manchen Vögeln, wie bei den erwähnten Nestflüchtern, bei denen ein einmaliger Eindruck determinierend wirkt, ist der zweite Abschnitt extrem kurz. Es ist bei ihnen sozusagen die ganze geistige Entwicklung, die die Nesthocker während ihrer langen Nestzeit durchmachen, auf die wenigen Stunden zusammengedrängt, die auch der Nestflüchter im Neste verbleibt.

Die kürzeste und im kürzesten Abstand auf das Verlassen des Eies folgende Zeit der Prägbarkeit der ohne Kenntnis des Objektes angeborenen Kindestriebhandlungen finden wir, wie bereits angedeutet, bei den Nestflüchtern der verschiedensten Gruppen. Von Stockente, Jagdfasan und Rebhuhn kann ich aus eigener Erfahrung versichern, daß die Jungvögel, die nur wenige Stunden hindurch ihrer Mutter nachgelaufen sind, ihren Nachfolgetrieb nicht mehr auf den Menschen übertragen können. Man kann diese Arten daher nur dann gut aufziehen, wenn man sie künstlich erbrütet, sonst löst der Mensch in ihnen so heftige Fluchtreaktionen aus, daß die Jungvögel darüber leicht das Fressen vergessen und eingehen. Ich halte es für sehr möglich, daß ein *einmaliges* Ausgelöstwerden der Nachfolgereaktion die Prägung auf das Aussehen der Mutter vollziehen kann. Besonders glaube ich das vom Rebhuhn, denn ich habe von Bauern ausgemähte Rebhuhnküken aufzuziehen versucht, die noch nicht dauernd stehen konnten, sondern sich noch nach jedem durchlaufenen Stückchen auf die Fersen setzen mußten. Dieses mir wohlbekannte Stadium dauert nur einige Stunden nach dem Trockenwerden, und die Henne führt ihre Kinder während dieser Zeit nur wenige Meter weit. Trotzdem gingen diese Rebhühnchen ein, da sie sich sofort drückten oder flohen, sowie man sie zum Füttern ins Helle setzte. Sie fraßen erst, als sie bereits zu geschwächt zum Weiterleben waren. Erbrütet man hingegen Rebhühner künstlich, so sind sie sofort zahm gegen den Pfleger und leicht aufzuziehen.

Der Zeitpunkt der induktiven Determination, der Prägung des Objektes der ererbten, auf den Artgenossen gemünzten Triebhandlungen, ist nun in den meisten Fällen durchaus nicht so leicht zu ermitteln wie bei den Kindestrieben der Graugans oder eines Rebhuhnes, und zwar aus zwei Gründen.

Erstens kann die Feststellung dieses Zeitpunktes dadurch erschwert sein, daß durch eine größere Zahl von angeborenen Merkmalen die Prägung auf das artgemäße Objekt erleichtert, die auf ein anderes erschwert wird. Das angeborene positive Reagieren des Jungvogels auf solche Merkmale bringt es mit sich, daß der bisher auf ein nicht artgemäßes Objekt reagierende Jungvogel noch zu einer Zeit auf den Artgenossen umgestellt werden kann, zu der der umgekehrte Vorgang nicht mehr möglich ist. Dadurch, daß beispielsweise ein junger Goldfasan auf den Lockton der Goldfasanhenne triebmäßig anspricht, d. h. ausgesprochen auf die Schallquelle zuläuft (was eben die kleine Graugans gerade *nicht* tut!), ist die Möglichkeit gegeben, den menschengewöhnten Fasan in einem Entwicklungszustand an die Henne rückzugewöhnen, in dem die »Transplantation« von Fasanhenne auf Mensch nicht mehr gelingt. Interessant wären da Versuche mit wirklich gut zur Nachahmung von Vogellauten begabten Menschen, zu denen ich unglücklicherweise ganz und gar nicht gehöre.

Eine zweite Erschwerung für die genaue Ermittlung des Zeitpunktes der Prägung liegt darin, daß die Zeit der Objektprägung einer Triebhandlung zuweilen die einer anderen Triebhandlung zeitlich überschneidet. Dieses merkwürdige Verhalten scheint bei Nesthockern nicht selten zu sein. Insbesondere bei Sperlingsvögeln habe ich beobachtet, daß Stücke, die man verhältnismäßig spät in Pflege nimmt, wohl noch mit ihren Kindestriebhandlungen auf den Menschen ansprechen, aber späterhin ihre ebenfalls objektlos ererbten geschlechtlichen Triebe gegen Artgenossen richten. Besonders fiel mir dies auf, als ich einmal gleichalte Jungdohlen hatte, von denen drei als nackte Junge, die sechs anderen erst knapp vor dem Ausfliegen in meine Hände gekommen waren. Solange die Dohlen gegen mich sperrten, waren alle gleich zahm gegen mich. Nach dem Erlöschen der Kindestriebhandlungen aber wurden die spät gefangenen Stücke sehr rasch scheu gegen mich, während die drei anderen mich anzubalzen begannen. Es scheint danach, als ob bei der Dohle die Objektprägung der geschlechtlichen Triebe *vor* der endgültigen Determination der Kindestriebhandlungen stattfände. Ganz abgeschlossen scheint sie nicht zu sein, da ich in einigen Fällen zu dieser Zeit eine Umprägung »auf Dohle« verzeichnen konnte, was später niemals stattfand.

Die Einstellung verschiedener, auf den Artgenossen bezüglichen Leistungskreise auf das zugehörige Objekt findet zu verschiedenen Zeitpunkten im Laufe der Entwicklung des Individuums statt. Dies ist hier für uns sehr wichtig: Es ist einer der Gründe dafür, daß unter den Bedingungen der Gefangenschaft, im gewollten oder ungewollten Versuch, die verschiedenen Leistungskreise auf verschiedene Objekte eingestellt werden können. So besaß ich eine ganz allein aufgezogene junge Dohle, die mit allen artgenossenbezüglichen Verhaltensweisen auf den Menschen umgestellt war, mit Ausnahme von zwei Funktionskreisen: den Reaktionen des Mitfliegens in der Schar und denen des Fütterns und Betreuens artgleicher Jungvögel. Die ersteren waren in der Zeit des Erwachens des Herdentriebes auf Nebelkrähen geprägt worden, die diese Dohle als erste fliegende Rabenvögel kennenlernte. Sie flog auch dann noch dauernd mit den freilebenden Nebelkrähen, als der von ihr bewohnte Bodenraum außer ihr noch einer ganzen Schar weiterer Dohlen zum Aufenthalt diente. Als Flugkumpane kamen diese für sie nicht in Betracht. Jeden Morgen, nachdem ich die Vögel freigelassen hatte, schraubte sich diese Dohle hoch in die Luft und begab sich auf die Suche nach ihren Krähen-Flugkumpanen, die sie stets zielbewußt zu finden wußte. Zur Zeit der Jungenaufzucht jedoch adoptierte sie sehr plötzlich eine eben flügge Jungdohle, die sie in vollkommen artgemäßer Weise führte und fütterte. Es ist eigentlich selbstverständlich, daß das Objekt der Pflegetriebhandlungen angeboren sein *muß*. Es kann ja gar nicht vorher durch Prägung erworben werden, da doch die eigenen kleinen Jungen die ersten sind, die der Vogel zu sehen bekommt. In der Umwelt dieser Dohle trat also der Mensch als Eltern- und als Geschlechtskumpan, die Nebelkrähe als Flugkumpan und die junge Dohle als Kindkumpan ein!

Da die Prägung, die den artgenossenbezüglichen Triebhandlungen des Jungvogels das Objekt zu weisen hat, häufig nur durch den Einfluß von Eltern und Geschwistern zustande kommt und trotzdem das Verhalten des Jungvogels zu *allen* Artgenossen bestimmen muß, so müssen wie in dem angeborenen, so auch hier in dem *geprägten* Schema des Artgenossen nur *überindividuelle*, artkennzeichnende Merkmale aus dem Bilde der Eltern und Geschwister herausgegriffen und für immer eingeprägt werden. Daß dies bei dem normalen artgemäßen Prägungsvorgang gelingt, ist schon wunderbar genug; höchst merkwürdig ist es aber, daß der vom Menschen aufgezogene und »auf Mensch« umgestellte Vogel seine artgenossenbezüglichen Triebhandlungen nicht gegen *einen* Menschen, sondern gegen die Art Homo sapiens richtet. So richtet eine Dohle, der ein Mensch den Elternkumpan ersetzte und die vollständig »Menschenvogel« geworden ist, ihre erwachenden geschlechtlichen Triebe nicht etwa gegen den früheren Elternkumpan, sondern vielmehr mit der vollkommenen Unberechenbarkeit des Sich-Verliebens ganz plötzlich gegen *irgend*einen verhältnismäßig fremden Menschen, gleich welchen Geschlechts, *ganz sicher aber gegen einen Menschen*. Es scheint sogar, als ob der frühere Elternkumpan als »Gatte« nicht in Erwägung käme. Woran aber bestimmt so ein Vogel unsere Artgenossen als »Menschen«? Hier harren noch eine ganze Reihe hochinteressanter Fragen der Beantwortung!

Im Anschluß müssen wir noch kurz besprechen, von *welchen* Artgenossen die Reize ausgehen, die eine induktive Festlegung des Objektes einer Triebhandlungskette bewirken.

In Fällen, wo die Objektprägung der Ausführung der Triebhandlung zeitlich weit vorausgeht, muß selbstverständlich die Prägung durch einen Artgenossen induziert werden, der in einem anderen Funktionskreis zu dem Vogel in Beziehungen steht als in demjenigen, für den er die Objektprägung induziert. So geht bei Dohlen wohl sicher die Prägung der geschlechtlichen Triebhandlungen vom Elternkumpan aus, wenigstens werden Jungdohlen in ihrem geschlechtlichen Verhalten auch dann auf den Menschen umgestellt, wenn sie zusammen mit vielen Geschwisterkumpanen aufgezogen werden, woferne nur der Mensch sich so viel mit ihnen abgibt, daß er als vollwertiger Elternkumpan eintritt. Bei Heinroth zeigten sich noch viele andere Vögel, die mit mehreren Geschwistern zusammen heranwuchsen, geschlechtlich auf den Menschen umgestellt, so Uhu, Kolkrabe, Rebhuhn u. a. m.

Andererseits gibt es Formen, bei denen die *Geschwister* das spätere geschlechtliche Verhalten bestimmen. Die S. 56 erwähnten, von mir sehr ausführlich bemutterten Stockenten erwiesen sich als geschlechtlich völlig normal, während ein mit ihnen aufgezogener Türkenerpel geschlechtlich »auf Stockente« geprägt war. Da diese artlich gemischte Geschwistergemeinschaft bis ins nächste Frühjahr hinein zusammenblieb, vermag ich auf die Frage nach dem »Wann« der Prägung keine Angaben zu machen, beabsichtige jedoch in nächster Zeit genaue Versuche zu ihrer Klärung anzustellen, und zwar ebenfalls mit den leicht züchtbaren Gattungen *Cairina* und *Anas*.

Von ihresgleichen ganz isoliert aufgezogene Vögel schlagen häufig in allen ihren Trieben auf den Menschen um, auch dort, wo die Objektprägung normalerweise vom Geschwisterkumpan ausgeht. Da der Mensch, wie später zu besprechen, nie als Geschwisterkumpan eintritt, scheint der Prägungsvorgang nicht unbedingt an einen bestimmten Kumpan gebunden zu sein.

IV. Das angeborene Schema des Kumpans

Wir haben im ersten Kapitel S. 12 festgestellt, daß die angeborenen auslösenden Schemata vieler objektgerichteter Triebhandlungen oft keinerlei Zusammenhang miteinander zeigen, da jedes von ihnen auf andere Merkmale des Objektes anspricht und von dem Ansprechen der übrigen durchaus unabhängig ist. Wir konnten zeigen, daß diese Unabhängigkeit bei jenen Triebhandlungen besonders groß ist, deren Objekt der *Artgenosse* bildet.

Durch die Prägung erwirbt der Vogel ein anders geartetes Schema des artgleichen Tieres, das sich ebenso wie ein durch Lernen erworbenes Schema von den angeborenen Auslöse-Schemata arteigener Triebhandlungen durch großen Reichtum an Merkmalen auszeichnet.

Angeborenes Schema und erworbenes Schema eines Artgenossen bilden unter natürlichen Umständen eine funktionelle Einheit. Nur unter den Bedingungen des Experimentes lassen sich die Triebhandlungen, die auf einen Artgenossen gerichtet sind, auf verschiedene Objekte verteilen. Im Freileben der Art ist es das geprägte Kumpanschema, das die durch angeborene Schemata auslösbaren Triebhandlungen, die unbedingte Reflexe darstellen, zu einheitlicher Funktion zusammenfaßt. Die Komplexgestalt des erworbenen Kumpanschemas fügt sich zwischen die einzelnen, voneinander unabhängigen Auslöse-Schemata einzelner Triebhandlungen ein, wie ein Ausnähbild für Kinder sich zwischen die vorgestochenen Löcher einfügt, die an sich keine Beziehung zueinander haben und nur durch einen Funktionsplan zusammengefaßt werden, dessen Ganzheitlichkeit von einer andern Seite her bestimmt wird. Von einem einheitlichen, angeborenen Schema eines Kumpans dürfen wir nur unter der Voraussetzung reden, daß ein artgemäßer Prägungsvorgang die unabhängig voneinander ererbten Zeichen des Kumpans zu einem Schema zusammenfügt. Umgekehrt ist aber das geprägte Kumpanschema in seiner Entstehung von dem angeborenen abhängig. Stets ist es ja das Ansprechen einer oder mehrerer Triebhandlungen mit angeborenem Auslöse-Schema, das den Prägungsvorgang auf ein bestimmtes Objekt richtet. Ich erinnere an die jungen Rebhühner, bei denen ein einmaliges Ansprechen der Nachfolgereaktion, deren Auslöser der triebmäßig erkannte Führungston der Mutter ist, die Prägung auf die Komplexqualität des Mutterkumpans endgültig festlegt. Die angeborenen Teilschemata geben sozusagen einen Rahmen von unabhängig voneinander im leeren Raum fixierten Punkten, zwischen die das zu prägende Schema irgendwie »hineingepreßt wird«, wie Uexküll sich ausdrückt.

Wie Instinkthandlung und erworbene Handlung, so bilden auch angeborenes und erworbenes Schema eine funktionelle Einheit, deren Komponenten sich unvermittelt und subjektiv beziehungslos aneinanderfügen und von Art zu Art vikariieren können. Dieses Vikariieren kann bei verschiedenen Formen von Vögeln so weit gehen, daß bei der einen das geprägte, bei der anderen Art das angeborene Schema des Artgenossen bis zum Verschwinden in den Hintergrund gedrängt wird.

Im ersteren Falle bilden die angeborenen Triebhandlungen ein »Mosaik«, das nur in der S. 16 geschilderten Weise durch die Auslöser des Objektes zu einheitlicher Wirkung gebracht wird. In diesem Grenzfall bildet der Artgenosse in dem Funktionskreis jeder einzelnen Triebhandlung, der ein besonderes Auslöse-Schema zukommt, ein anderes Umweltding, einen anderen Kumpan. Wir dürfen also bei solchen Vögeln genaugenommen gar nicht von z. B. »Elternkumpan« reden, wie wir es im folgenden tun wollen, da das Elterntier in der Umwelt des Jungvogels einmal als »Fütterkumpan«, einmal als »Wärmekumpan«, »Führerkumpan« usw. stets als etwas Neues auftritt. Einen solchen extremen »Mosaiktypus« der auf den Artgenossen gerichteten Verhaltensweisen stellt der S. 40 geschilderte junge Brachvogel dar.

Wo hingegen das blinde Reagieren auf artspezifische Auslöser nicht so ausschlaggebend ist, wo das geprägte, überhaupt das erworbene Schema eines Artgenossen mehr in den Vordergrund tritt, ist zweifellos in der Umwelt des Tieres der Artgenosse viel einheitlicher. Besonders gilt das dort, wo das persönliche Erkennen eines bestimmten individuellen Kumpans eine Rolle spielt. Wenn bei den Graugänsen Geschwister Jahre hindurch befreundet bleiben, obwohl sie sich so gut wie nie verheiraten, wenn bei anderen Entenvögeln die Kinder zu den Eltern jahrelang in freundschaftlichen Beziehungen bleiben und, auch wenn sie selbst schon Junge gehabt haben, im Herbste wieder alte Familienbeziehungen aufnehmen, entspricht das Umweltbild des Artgenossen wiederum nicht genau dem Begriffe des »Kumpans«, diesmal aber aus entgegengesetzten Gründen.

Es ist erstaunlich, daß wir hier innerhalb einer Klasse von Wirbeltieren auf der einen Seite ein Verhalten finden, das sich an das starre Triebverhalten niederer Wirbelloser eng anschließt, andererseits aber ein solches, das an die entsprechenden Verhaltensweisen des Menschen anklingt. Gerade das macht die Beobachtung der Vögel wertvoll.

Der extreme »Mosaiktypus« des Brachvogels und der extreme »Regulativtypus« der Graugans stellen seltene Grenzfälle dar, zwischen denen es alle denkbaren Zwischenstufen des Vikariierens von angeborenem und erworbenem Artgenossenschema gibt. Bei nicht artgemäßer Prägung ergeben sich in solchen Fällen oft sehr lehrreiche Unstimmigkeiten im Verhalten der Tiere zum Kumpan. Auch dort, wo das erworbene Kumpanschema eine große Rolle spielt, verhindert dies nicht, daß angeborene Auslöse-Schemata ansprechen. Dadurch kommt ein widerspruchsvolles Verhalten des Tieres zustande, das in seinem gänzlichen Mangel an Folgerichtigkeit sehr deutlich zeigt, in welcher Weise durch die unnormale Prägung der arteigene Funktionsplan von angeborenem und erworbenem Kumpanschema gestört wurde. Eine Dohle, die in allen Verhaltensweisen mit erworbenem Objekt auf den Menschen eingestellt ist, dem menschlichen Pfleger freundlich, anderen Dohlen feindlich gesinnt ist, reagiert dennoch mit der arteigenen Verteidigungsreaktion, wenn der Pfleger eine der anderen Dohlen ergreift. Umgekehrt kann auch das Fehlen eines arteigenen Auslösers an einem erworbenen, nicht artgemäßen Kumpan eine ähnliche Störung der Folgerichtigkeit des Verhaltens erzeugen. Eine weiße Störchin war in der Schönbrunner Menagerie mit einem Schwarzstorchmännchen verheiratet und baute mit ihm alljährlich ein Nest. Die Begrüßungszeremonien beim Betreten des Nestes sind bei beiden Arten etwas verschieden, beim

Weißstorch erfolgen sie unter dem bekannten Klappern, beim Schwarzstorch unter eigentümlichen Zischlauten. Diese Ungleichheit hatte zur Folge, daß das in Rede stehende, seit Jahren verheiratete Paar immer wieder bei der Begrüßungszeremonie mißtrauisch und ängstlich wurde. Besonders die Weißstörchin schien oft drauf und dran, über den Gatten herzufallen, wenn er durchaus nicht klappern wollte. Ähnliche Unstimmigkeiten beschreibt Heinroth von einem Mischpaar aus Felsen- und Ringeltaube.

Es wäre falsch, für Arten, die wie die Graugans sehr wenige Zeichen des Elternkumpans angeborenermaßen kennen, die Behauptung aufzustellen, daß sie gar kein angeborenes Schema hätten. Nur ist bei solchen Formen das Schema wegen der *geringen Zahl* der Zeichen *ungeheuer weit*. Für die neugeborene Graugans, die noch kein Objekt für ihren Nachfolgetrieb besitzt, kann ja auch nicht *irgendein* Gegenstand zum Führerkumpan werden, vielmehr muß dieser Gegenstand gewisse Eigenschaften besitzen, die zur Auslösung des Nachfolgens notwendig sind. Vor allem muß er sich bewegen. Leben braucht er nicht gerade, denn es sind Fälle bekannt geworden, wo ganz junge Graugänse sich an *Boote* anzuschließen versuchten. Auch eine bestimmte Größe des Kumpans ist also offenbar kein »Zeichen«, das im angeborenen Schema enthalten ist.

Man müßte Versuche darüber anstellen, innerhalb welcher Grenzen die Größe des Gegenstandes schwanken kann, der so den Nachfolgetrieb der jungen Graugans auslöst, und auch die Wirkung verschiedener Formenverhältnisse untersuchen.

Ein in diesem Sinne interessantes und von dem eben beschriebenen Verhalten der jungen Graugänse doch recht abweichendes Verhalten zeigte ein Wellensittich, *Melopsittacus*, mit dem ich im Frühjahr 1933 Versuche anstellte. Das Tier wurde im Alter von einer Woche dem Neste entnommen und isoliert aufgezogen. Es befand sich dabei bis zum Flüggewerden in einem undurchsichtigen Behälter, so daß es die ihn pflegenden Menschen möglichst wenig zu sehen bekam. Nach dem Flüggewerden wurde es in einem Käfig untergebracht, in dem an einem federnden Stiel eine weißblaue Zelluloidkugel so angebracht war, daß sie schon beim gewöhnlichen Umherklettern und -fliegen des Vogels in leichte Bewegung geriet. Diese Versuchsanordnung hatte ich nicht frei erfunden, sondern ich hatte einige Zeit vorher bei dem Wiener Wellensittichzüchter Grasl einen allein aufgezogenen, sprechenden Wellensittich kennengelernt, der eine an der

Decke seines Käfigs angebrachte Wellensittich-Attrappe anbalzte. Da ich überzeugt war, daß das angeborene Kumpanschema des Sittichs viel zu zeichenarm sei, um eine derartige genaue Nachahmung eines Artgenossen wirklich nötig zu machen, wählte ich zum ersten Versuch als Grenzfall eines einfachsten Gegenstandes die Zelluloidkugel. Meine Absicht, die geselligen Triebhandlungen des Sittichs auf die Kugel zu übertragen, gelang ohne weiteres. Schon sehr bald hielt sich der Vogel dauernd in der Nähe der schwingenden Kugel auf, setzte sich nur dicht neben ihr zur Ruhe und vollführte dann auch an ihr die Triebhandlungen der »sozialen Hautpflege««, die wir im gegenseitigen Gefiederkrauen aller Papageien zu sehen haben. Er vollführte mit großer Genauigkeit die Bewegungskoordinationen des Putzens kleiner Federn, obwohl die Kugel natürlich keine solchen hatte. Andererseits aber bot er der Kugel, nachdem er sie eine Weile so gekraut hatte, mit der bekannten Bewegung des zum Krauen auffordernden Papageien den Nakken dar, und manchmal gelang es ihm geradezu, sich von der noch schwingenden Kugel tatsächlich im Nacken krauen zu lassen.

Eine Beobachtung spricht dafür, daß das *räumliche* Schema des Artgenossen dem Sittich doch in mehr Einzelheiten angeboren ist als der Graugans: der Vogel behandelte die Kugel in jeder Hinsicht, als sei sie der *Kopf* eines Artgenossen. Alle Aufmerksamkeiten, die er ihr erwies, waren solche, die sich im normalen Triebablauf von *Melopsittacus* auf den Kopf des Artgenossen beziehen. Befestigte man die Kugel nahe am Gitter des Käfigs, so daß es dem Vogel freistand, sich in beliebigem Höhenverhältnis zur Kugel an diese anzuklammern, so tat er dies stets so, daß er sie genau in Kopfhöhe vor sich hatte. Befestigte man sie über einem waagerechten Sitzholz, das die Sitzhöhe des Vogels festlegte, so, daß er sie unter Kopfhöhe vor sich hatte, so wußte er nichts Rechtes mit ihr anzufangen und zeigte deutlich »Verlegenheitsaffekt«. Löste man die Kugel von ihrer Befestigung und warf sie einfach auf den Boden des Käfigs, so reagierte der Vogel mit Verstummen und dauerndem gedrückten Stillesitzen, ganz wie Wellensittiche auf den Tod ihres einzigen artgleichen Käfiggenossen zu reagieren pflegen.

Die einzige nicht auf den Kopf, sondern auf den Körper des Artgenossen gerichtete Triebhandlung, die ich an diesem Wellensittich beobachten konnte, waren folgende: Balzende Wellensittichmännchen pflegen, während sie unter aufgeregtem Schwatzen vor ihrem Weibchen auf- und abtrippeln, mit dem einen Fuß nach dem Körper, meist nach der Bürzelgegend, des Weibchens zu greifen. Als mein Sittich etwas älter war und seine Kugel nun auch anzubalzen begann, sah ich diese Verhaltensweise besonders dann, wenn ich die die Kugel haltende Feder so anordnete, daß die Kugel an ihrem nach oben gerichteten Ende pendelte. Wenn der Sittich dann die Kugel umkoste, so trat er häufig mit dem Fuße nach der sie haltenden Federspule, wie ich glaube mit derselben Bewegung, die ich oben von den normalen Wellensittichmännchen geschildert habe. Bei anderer Anordnung der Haltevorrichtung trat er gelegentlich unter der Kugel durch ins Leere! Leider starb der Vogel vor Erreichen der Geschlechtsreife.

Danach scheint das angeborene Schema des Artgenossen beim Wellensittich eine räumliche Gliederung in Kopf und Rumpf zu besitzen, eine Gliederung, die dem angeborenen Schema des Mutterkumpans bei der jungen Graugans abgeht.[1] Es hat das seinen Grund wohl darin, daß der erwachsene Sittich eben auf getrennte Körperteile des Kumpans gerichtete Triebhandlungen besitzt, während wir bei der jungen Graugans eine solche Differenzierung vermissen.

Das angeborene Schema des »Flugkumpans« der Dohle ist schon enger als das des Elternkumpans der Graugans oder des sozialen Kumpans des Sittichs: In ihm sind das Fliegenkönnen, die Schwärze, vielleicht auch die allgemeine Form eines Rabenvogels und noch anderes als Zeichen vorhanden. In dieses Schema, das ja für die arterhaltende Funktion der Triebhandlungen eigentlich eine Dohle kennzeichnen »soll«, kann durch Prägung von weiteren Zeichen eine Nebelkrähe »hineingepreßt« werden, wie Uexküll sich ausdrückt. Ein Mensch kann *dieses* Schema nicht ausfüllen, weil ihm zu viele seiner Zeichen abgehen. Das Fehlen *einzelner* im angeborenen Schema gegebener Zeichen verhindert nämlich, wie wir sehen werden, nicht immer die Ausfüllung des Schemas durch ein nicht genau hineinpassendes geprägtes Objekt. Besonders klar wird das Zusammenspiel von angeborenem Schema und Prägung in solchen Fällen, wo nur so wenige, aber doch charakteristische Zeichen des Kumpans angeboren sind, daß man die ihnen entsprechenden Reize im Versuch künstlich setzen kann.

[1] Portielje hat durch sinnreiche Attrappenversuche gezeigt, daß die Verteidigungsreaktion der großen Rohrdommel, *Botaurus stellaris*, die sich stets gegen das Gesicht des Feindes richtet, diese Orientierung nur aus der Gegebenheit »kleinerer Kreis über größerem Körper« entnimmt. Der Vogel hat also ein in »Kopf« und »Rumpf« gegliedertes angeborenes Schema des Raubtieres!

Wenn man kleine Stockenten aus dem Ei aufzieht und sich bemüht, möglichst viele ihrer Kindestriebhandlungen auszulösen, so bekommt man den Eindruck, daß dies nicht so richtig gelingt. Heinroth sagt über künstlich erbrütete Stockentenküken: »Hat man mehrere, so ist ihr Geselligkeits- und Anschlußbedürfnis hinlänglich befriedigt; sie vermissen die führende Alte kaum und schließen sich auch nicht an den Menschen an. Eigentlich scheu sind sie dann nicht, fressen natürlich aus der Hand, lassen sich aber ungern anfassen, denn sie wahren immer eine gewisse Selbständigkeit. Stockenten- und Graugansküken sind demnach in ihrem Verhalten dem Menschen gegenüber die größten Gegensätze, die man sich innerhalb einer Gruppe vorstellen kann.« Meine Erfahrungen deckten sich zunächst mit den angeführten von Heinroth vollkommen. Auch ich hatte die Erfahrung gemacht, daß Stockenten und auch die wildformnahen Rassen der Hausente, wie die sogenannten Hochbrutenten, die mehr als zur Hälfte Wildblut in den Adern haben, eine artfremde Amme, sei es nun der Mensch oder ein Ammenvogel, nicht annehmen. Die Küken schwerer Hausenten übertragen ihre Kindestriebe, vor allem also den Nachfolgetrieb, sehr leicht auf den Menschen oder auf die ihn ersetzende Mutter, die Haushenne. Dieses Verlorengehen der Spezifität der Reizbeantwortung ist aber eine Domestikationserscheinung, die wir bei den verschiedensten Haustieren finden. Leider werden dann sehr oft aus diesen durchaus uncharakteristischen und verschwommenen Instinkten von Haustieren in ganz unzulässiger Weise auf »den Instinkt« Rückschlüsse gezogen. Stockentenküken, die im Besitze ihres vollen Instinktschatzes sind, sprechen nicht einmal auf gattungsverschiedene Enten-Ammen mit ihren Kindestriebhandlungen an. So verlieren sie beispielsweise, wenn man sie von einer Türkenente, *Cairina moschata*, erbrüten läßt, diese Pflegemutter schon, solange diese noch auf dem Nest sitzt, indem sie einfach von ihr fortlaufen. Dabei ist *Cairina* mit *Anas* ohne weiteres kreuzbar! Nun gehen aber allem Anscheine nach junge Stockenten ohne weiteres mit einer Hausenten-Amme, mag diese gefärbt sein wie sie will, so daß also ihr optisches Bild von dem einer Stockentenmutter mindestens ebensoweit abweicht wie das einer *Cairina*. Was sie aber mit der Wildente gemein hat, das sind die Verkehrsformen, die sich im Laufe der Domestizierung so gut wie nicht geändert haben, und vor allem die Locktöne. Während die *Cairina*mutter nur ein ganz leises heiseres Quaken hat und zudem noch fast immer schweigt, läßt die Stock- und Hausentenmutter beim Führen ihrer Jungen ihre Stimme fast ununterbrochen ertönen. Nach diesen Erfahrungen mit der Vertretung des Stockenten-Mutterkumpans durch den Menschen, die Türkenenten und die Hausenten, wollte es mir scheinen, als sei der angeborene Mutterton das ausschlaggebende Merkmal, das den Stockentenkindern an den Ersatzmüttern mit Ausnahme der Hausente abgehe. Da man nun den Führungston der Stockentenmutter ganz gut nachahmen kann, beschloß ich, den Nachweis durch das Experiment zu versuchen. Ich nahm also im Frühsommer 1933 drei unter einer Hochbrutente geschlüpfte Stockentenküken und sechs gleichaltrige, von ihrer Mutter, einer reinblütigen Stockente, erbrütete Kreuzungsküken von Stockente und Hochbrutente sofort nach dem Schlüpfen an mich. Schon während des Trockenwerdens beschäftigte ich mich wiederholt mit ihnen und quakte ihnen meine Führungston-Nachahmung vor, und die darauffolgenden Tage, die glücklicherweise die Pfingstfeiertage waren, beschäftigte ich mich ausschließlich mit Quaken. Der Erfolg dieses im wahrsten Sinne des Wortes selbstverleugnenden Versuches blieb nicht aus. Schon als ich die Küken zum ersten Male auf einer Wiese frei aussetzte und dort verließ und mich ständig quakend von ihnen entfernte, begannen sie sofort mit dem »Pfeifen des Verlassenseins«, das in irgendeiner Form fast allen Nestflüchtern eigen ist. Genau wie die richtige Entenmutter ging ich auf das Pfeifen hin zu den Entlein zurück und wiederholte das langsame Weggehen unter neuerlichem Quaken, und jetzt setzte sich der ganze Zug prompt in Bewegung und kam dicht aufgeschlossen hinter mir her. Von da ab folgten mir die Enten fast genauso eifrig und sicher nach, wie sie es bei ihrer richtigen Mutter getan hätten. Daß aber für die junge Stockente der Mutterton das wesentliche Merkmal des Mutterkumpans ist und daß sie sich das Aussehen des Kumpans individuell einprägt, wird durch den Fortgang des Versuches wahrscheinlich gemacht. Zunächst durfte ich nämlich nicht zu quaken aufhören, sonst begannen die Kinder nach einiger Zeit mit dem Pfeifen des Verlassenseins. Erst als sie älter wurden, war ich auch dann der Mutterkumpan, wenn ich schwieg.

Man kann also in Einzelfällen herausschälen, welche Eigenschaft der Mutterkumpan unbedingt haben muß und welche seiner Eigenschaften der Jungvogel sich erst im Laufe seines Jugendlebens einprägt.

V. Der Elternkumpan

Da gerade die Kindestriebhandlungen mancher Vögel die besten Beispiele für Objektprägung und das angeborene Schema abgeben, haben wir über das Verhalten der Jungvögel zum Elterntier einiges schon erwähnen müssen, worauf wir im vorliegenden Kapitel zurückgreifen werden. Es verbleibt uns auch noch zu betrachten, welche Leistungen dem Elternkumpan in den Funktionskreisen des Jungvogels bei den einzelnen Vogelarten zukommen, wie er sich in der Umwelt des Jungvogels widerspiegelt.

1. Das angeborene Schema des Elternkumpans

Die Merkmalgruppen des gleichartigen Elterntieres, deren Kenntnis dem Jungvogel angeboren ist, beziehungsweise auf die er mit spezifischen Antworthandlungen anspricht, sind von Art zu Art sehr verschieden viele an der Zahl. Dadurch wird eben, wie wir gesehen haben, das angeborene Schema des Elternkumpans bei der einen Art allgemeiner, bei der andern Art enger und spezieller »gefaßt« erscheinen. Diese Verschiedenheiten treten häufig innerhalb einer und derselben Vogelgruppe in recht unberechenbarer Weise auf; wenn wir aber die ganze Klasse betrachten, so können wir doch eine allgemeingültige, wenn auch scheinbar selbstverständliche Regel aufstellen, nämlich, daß das angeborene Schema des Elternkumpans um so einfacher ist, auf je früherem Entwicklungszustand der Vogel das Ei verläßt. Es ist klar, daß bei einem neugeborenen Sperlingsvogel, der mit verschlossenen Augen und Ohren das Ei verläßt, schon allein die mangelhafte Funktion der Sinnesorgane ein reicheres Schema ausschließt, während umgekehrt die lange Nestzeit solcher Tiere Gelegenheit gibt, vieles in Muße durch Prägung zu erwerben. Im Gegensatz dazu hat ein frischgeschlüpfter Regenpfeifer Sinnesorgane, deren Funktion ihm das Ansprechen auf hochkomplizierte angeborene Schemata gestattet, während die geistige Entwicklung, die bei einem Nesthocker Wochen und Monate beansprucht, bei ihm auf Stunden zusammengedrängt ist. Daß letzteres kein Hindernis dafür ist, Merkmale des Elternkumpans durch Prägung sich zu eigen zu machen, zeigt die Graugans, immerhin aber spielt im allgemeinen die Prägung bei den Nesthockern eine größere Rolle als bei den Nestflüchtern. Deshalb wollen wir uns hier bei der Besprechung der verschiedenen den Jungvögeln angeborenen Elternschemata nicht an das zoologische System halten, sondern die wenigen Vogelformen, über deren Verhalten diesbezüglich überhaupt etwas bekannt ist, nach dem Entwicklungszustand anordnen, in dem ihre Jungen das Ei verlassen. Wir wollen mit den in ihrem Nesthockertum hochspezialisierten Sperlingsvögeln beginnen.

Der neugeborene Sperlingsvogel ist ein sehr hilfloses Wesen. Von seinen Sinnen funktioniert nachweisbar das Gehör, der statische Sinn und der Wärmesinn. Daß mit diesen drei Sinnesleistungen nur ein sehr einfaches Schema des Elternkumpans aufgenommen werden kann, ist klar.

Das größte Unterscheidungsvermögen für verschiedene Reize liegt zweifellos auf dem Gebiet des Gehöres. Wenn sich auch meist die einzige Antworthandlung der Jungvögel, das Sperren, auch durch andere Gehörreize auslösen läßt als durch die Stimme der Eltern oder durch ihre Nachahmung, so läßt sich doch nachweisen, daß bei dem Lockruf der Eltern geringere, und zwar sehr viel geringere Reizintensitäten genügen, um das Sperren auszulösen. Ich habe das an frischgeschlüpften und im elterlichen Neste belassenen Jungdohlen im Frühjahr 1933 nachweisen können, da der Fütterton der alten Dohlen leicht nachahmbar ist. Heinroth beobachtete an noch blinden jungen Kolkraben im Alter von etwa 9 Tagen dasselbe. Sie wurden durch tiefe Töne, wie sie der Stimme der Rabeneltern entsprachen, mehr zum Sperren angeregt als durch hohe. Auch hier war die Reaktion nicht spezifisch, d. h. sie sprach bei höherer Reizintensität auch auf die nicht artgemäßen Reize sehr wohl an, nur eben schwerer als auf den adäquaten, vom Elterntier ausgehenden Reiz.

Recht bezeichnend sind die Reaktionen, die wir bei manchen ganz jungen Sperlingsvögeln auf Erschütterungsreize hin beobachten können. Es zeigt sich da eine interessante Einstellung auf den artentsprechenden Nestort. Jungvögel von Höhlenbrütern, deren Wiege normalerweise vollkommen feststeht, wie z. B. die eigentlichen Meisen, *erschrecken*, wenn man versehentlich an das Kunstnest stößt, in dem man sie aufzieht, und hören zu sperren auf, falls sie gerade dabei waren. Umgekehrt wirkt bei Arten, deren Nest artgemäß auf schwanken Zweigen steht oder an solchen hängt, jede Erschütterung, soferne sie nicht über ein gewisses Maß hinausgeht, als Auslösung des Sperr-Reflexes. Besonders gilt dies nach den Beobachtungen von Steinfatt[1] für die Jungen der Beutelmeise.

Schließlich kann man manchmal feststellen, daß die Jungen zu sperren beginnen, wenn die wärmende Mutter sich so leise vom Neste entfernt hat, daß dadurch kein Reiz gesetzt wurde. Da dann die Jungen erst nach einiger Zeit unruhig werden und schließlich zu sperren anfangen, so liegt mir der Gedanke nahe, daß in diesem Falle der Kältereiz die auslösende Ursache darstellt. Dazu muß gesagt werden, daß junge Sperlingsvögel merkwürdigerweise *keine* Auslösehandlung besitzen, die den Elternvogel zum Wärmen anregt. Wenn man noch ganz junge und vollständig nackte Sperlingsvögel ungenügend erwärmt, so merken sie diese mit einem »Einschleichen des Reizes« allmählich einsetzende *dauernde* Unterkühlung augenscheinlich nicht. Sie beginnen nicht zu jammern, wie unterkühlte junge Reiher, Raubvögel und wohl alle Nestflüchter es tun, vielmehr werden sie, ganz wie zu kalt gehaltene tropische Reptilien, in allen Bewegungen langsamer, sperren aber mit zeitlupenartigen Bewegungen selbst dann noch, wenn sie sich schon ganz kalt anfühlen. Auch lassen sie sich durch neuerliche Erwärmung wieder zum Leben erwecken, wenn sie bereits lange Zeit in vollständiger Kältestarre verbracht haben, wie ich anläßlich des Versagens einer Wärmevorrichtung bei jungen Haussperlingen feststellen konnte. Die dauernde Wärmefunktion des Elterntieres scheint also bei diesen fast poikilothermen Jungvögeln keinerlei Antwort auszulösen. Vielleicht bedeutet aber für sie der Kältereiz, der sie trifft, wenn die dauernd hudernde Mutter sich *plötzlich* vom Neste erhebt, ein Zeichen des Elternkumpans, da dieser Reiz natürlich jeder Fütterung vorausgeht.

Daß sich aus den wenigen Zeichen, die durch die besprochenen Sinnesqualitäten überhaupt zu geben sind, keine sehr hochentwickelten und bezeichnenden angeborenen Schemata aufbauen lassen, ist selbstverständlich; anders liegen aber die Verhältnisse dort, wo der *Gesichtssinn* eine Rolle zu spielen beginnt, wie bei etwas herangewachsenen Sperlingsvögeln oder bei jungen Reihern und anderen, die zwar Nesthocker sind, aber im Besitze eines funktionierenden Gesichtssinnes das Ei verlassen. Auch auf dem Gebiete des Gesichtssinns ist nicht das allgemeine Bild des Elternkumpans angeboren, sondern, wie auf

---

[1] Mündliche Mitteilung 1933.

dem der anderen Sinne, nur ein verhältnismäßig einfaches, aus wenigen Zeichen bestehendes Schema.

Nicht alles »Angeborene« muß sofort nach dem Schlüpfen in Erscheinung treten. Ein Beispiel dafür ist beim Nachtreiher die durchaus triebmäßige Reaktion auf die arteigene Begrüßungszeremonie. Auf diese will ich als gutes Beispiel eines »Auslösers« (S. 16) hier näher eingehen. Wie bei vielen Auslösetriebhandlungen, die neben anderen auch einen optischen Reiz setzen, sind auch hier *körperliche Signalorgane* für die Auslösehandlung vorhanden. Bei *Nycticorax* besteht dieses Organ aus einem Schopf stark verlängerter, schwarzer und aufrichtbarer Kopffedern, aus denen drei ebenfalls aufricht- und außerdem noch seitlich spreizbare schneeweiße Nackenfedern herausragen. Der Ausdruck »Schmuckfedern« ist für diese Gebilde durchaus irreführend, da sie nicht zum Schmucke dienen, sondern vielmehr dazu, bei einem Artgenossen eine ganz bestimmte arteigene Reaktion hervorzurufen. Bei der Begrüßungshandlung wird nun der Schnabel abwärts gehalten und der Kopf mit der gesträubten schwarzen Haube und den drei weißen, oben aus dieser emporragenden Federn dem zu Begrüßenden entgegengestreckt. Von vorne gesehen, wirkt die schwarze Scheibe mit den drei scharfen, nach oben divergierenden weißen Strichen tatsächlich wie ein Signal. Die triebhafte Reaktion, die durch dieses arteigene Signal ausgelöst wird, ist nicht eine Handlung, sondern eine Hemmung; es wird nämlich die bei Reihern sehr starke *Abwehrreaktion*, die sonst durch jede Annäherung eines Artgenossen ausgelöst wird, *unter Hemmung gesetzt*. Es ist ungemein bezeichnend für die Gruppe der Reiher, daß bei ihr besondere körperliche Organe ausgebildet werden mußten, um es den zusammengehörigen Vögeln eines Nestes zu ermöglichen, die gegenseitigen Abwehrreaktionen zu unterdrücken. Beobachtete doch J. Verwey am Fischreiher, *Ardea cinerea*, daß werbende Männchen, die schon tagelang in ihren Nestern stehend nach einem Weibchen gerufen hatten, bei dessen endlicher Ankunft ihre reflexmäßige Abwehrreaktion nicht unterdrücken konnten und nach der »ersehnten« Braut stießen. Interessant für die besprochene Abwehrhemmungs-Zeremonie von *Nycticorax* ist die Tatsache, daß ein südamerikanischer Verwandter, *Cochlearius*, der trotz seines abweichenden, an *Balaeniceps* erinnernden Schnabelbaues ein echter Nachtreiher ist, die gleiche Triebhandlung *mit einem anderen Signalorgan* hat. Ihm fehlen nämlich die drei weißen Schmuckfedern; dafür ist das schwarze Gefieder des ganzen Kopfes stärker verlängert und seitlich spreizbar. Bei dieser Art wird also dem zu besänftigenden Artgenossen nicht eine schwarze Scheibe mit drei weißen Linien, sondern ein großes schwarzes, auf dem kleinsten Winkel stehendes, spitzwinkliges Dreieck präsentiert. *Die Zeremonie ist also älter als das zu ihr gehörige Signalorgan.*

Die Reaktion auf diese arteigene Auslösetriebhandlung ist natürlich angeboren, tritt aber erst einige Zeit nach dem Ausschlüpfen der jungen Nachtreiher in Tätigkeit, und zwar interessanterweise einige Tage nach dem Erwachen der Abwehrreaktion. Zunächst bekommen die Jungvögel ihre Eltern normalerweise *nicht zu sehen*; denn solange die Kinder noch ganz klein und sehr wärmebedürftig sind, brüten die alten Nachtreiher auf ihnen genauso fest weiter wie vorher auf den Eiern. Dabei lösen sich Mann und Frau in der gleichen Weise ab, und die Ablösung geschieht wie bei Tauben und anderen Vögeln meist in der Weise, daß der ablösende Gatte sich zu dem brütenden ins Nest setzt und ihn langsam von den Eiern oder Jungen verdrängt, so daß man diese letzten bei dem ganzen Vorgang nicht zu sehen bekommt. Natürlich sehen sie ihrerseits die Eltern auch nicht. An einem meiner freibrütenden Nachtreiherpaare verlief nun die Ablösung deshalb oft nicht regelmäßig, weil das Nest sehr nahe am Fütterungsplatz lag. Der eben diensthabende Brüter ließ sich dadurch oft verleiten, während der Fütterung rasch für einen Augenblick das Nest zu verlassen und sich einen Fisch zu holen. Wenn er dann auf das nicht in artgemäßer Weise bedeckte Nest zurückkehrte, nahmen die kleinen Jungen regelmäßig die Abwehrstellung ein und stießen auch nach ihm, was ihn allerdings wenig kümmerte. Für den noch zu bebrütenden jungen Nachtreiher ist eben der Elternkumpan nicht ein Tier, das angeflogen kommt, sondern eines, das dauernd brütet, denn von dem Wechsel merkt er ja wohl nichts. Es kommt auch »normalerweise« nicht vor, daß ein Elterntier auf den unbedeckten Horst zufliegt.

Bei etwas älteren jungen Nachtreihern tritt dann die Reaktion auf die Begrüßungszeremonie der Eltern ziemlich gleichzeitig damit auf, daß nun auch der Jungvogel dem Elterntier gegenüber selbst diese Triebhandlung zur Anwendung bringt. Von nun an scheint die Begrüßungszeremonie das wichtigste Zeichen zu sein, durch das sich das Schema des Elternvogels dem Jungtier kennzeichnet. Daß sich zur Form als Reiz noch bestimmte Bewegungen hinzufügen, hängt ja sicher auch damit zusammen, daß bei Vögeln, besonders bei geistig nicht sehr hochstehenden Arten, das Formensehen hinter dem Bewegungssehen stark zurücktritt. Um die Form als spezifischen Reiz wirken zu lassen, müssen schon so bezeichnende und relativ einfache Formen geboten werden wie die beschriebenen Signalorgane.

Am höchsten ausgebildet finden wir das angeborene Schema bei gewissen Nestflüchtern. Bei ihnen sind – wie eingangs vom Brachvogel beschrieben – häufig so viele das artgleiche Elterntier charakterisierende Zeichen dem Jungvogel angeborenermaßen bekannt, daß durch sie der artgleiche Elternkumpan sehr eindeutig bestimmt ist. Daher sind die auf ihn bezüglichen Reaktionen durch keine ersetzenden Reize auszulösen. Da solche Jungvögel dem Experiment kaum zugänglich sind, wissen wir so gut wie nichts darüber, welche diese angeborenen Elternkumpanzeichen sind. Versuche mit Attrappen oder mit Ammenvögeln, die der betreffenden Art nahe verwandt und sehr ähnlich sind, könnten über diese Frage Aufklärung bringen.

In manchen Fällen, wie in dem vorweggenommenen der Stockente, ist der Elternkumpan durch seinen Lock- oder Führungston für den Jungvogel charakterisiert. Überhaupt scheinen *angeborene Kumpanzeichen häufiger auf akustischem Gebiet zu liegen* als auf irgendeinem anderen Sinnesgebiete. Besonders häufig scheint es vorzukommen, daß ein angeborenes Reagieren auf einen akustischen Reiz den auf den Elternkumpan gemünzten Triebhandlungen bei der Prägung den Weg auf das artgemäße Objekt weist. So ist das schon beschriebene Verhalten junger Stockenten zu Ammenvögeln zu erklären.

Schließlich muß noch erwähnt werden, daß gewisse im angeborenen Schema des Elternkumpans vorkommende Zeichen, die bei der Ausfüllung des Schemas durch Prägung eines unnormalen, d. h. nicht artgleichen Elternkumpans, sei es ein Ammenvogel oder ein Mensch, *nicht* mit ausgefüllt werden, zwar die Prägung auf den Ersatzkumpan nicht verhindern, sich aber doch oft in sehr bezeichnender Weise bemerkbar machen. Dies gilt z. B. für den *Warnton* des Elterntieres, dessen Kenntnis dem Jungvogel immer angeboren ist und dessen Fehlen beim menschlichen Elternkumpan sich in einer später zu besprechenden Weise auswirkt.

2. Das persönliche Erkennen des Elternkumpans

Es steht in sehr vielen Fällen überhaupt nicht fest, inwieweit Jungvögel ihre Eltern individuell erkennen. Für einzeln nistende Arten ist es ja auch gänzlich unnötig, daß die Jungen nur auf die eigenen Eltern mit Kindestriebhandlungen ansprechen, da sie ja keinen Schaden davon haben, wenn sie etwa vorüberkommende Fremdlinge vergebens um Futter anbetteln. Eher könnte es schon bei koloniebrütenden Nesthockern etwas schaden, wenn die Jungen einen fremden und vielleicht feindseligen Altvogel nicht abwehren. Dies tun nun junge Nachtreiher auch tatsächlich, aber augenscheinlich erkennen sie trotzdem ihre Eltern nicht im eigentlichen Sinne des Wortes. Vielmehr ist für sie das Elterntier rein durch ein Zeichen des *angeborenen Schemas*, und zwar dadurch gekennzeichnet, daß es *ihr* Nest mit der früher beschriebenen Begrüßungszeremonie betritt. Tut ein Elterntier dies unter den Bedingungen des Versuches, denn normalerweise kommt das nie vor, einmal doch *ohne* die Zeremonie, so wird es wie ein fremder Nachtreiher wütend abgewehrt. Der Elternvogel ist für sein Kind nicht ein Tier, das so und so aussieht, sondern eines, das sich auf den Nestrand setzt und sich in bestimmter Weise benimmt. Im Sommer 1933 brüteten meine 1931 jung aufgezogenen und sehr zahmen Nachtreiher in völliger Freiheit auf einer hohen Hängebuche in unserem Garten. Das zahmste Paar hatte zwei Junge, die eben begannen, sich an den Abwehrreaktionen ihrer Eltern zu beteiligen, wenn ich den Baum erstieg und ins Nest hineinsah. Die Mutter hatte so wenig Angst vor mir, daß sie mir ohne weiteres ins Gesicht oder auf den Kopf flog und wütend auf mich einhackte. Es war bei meinem unsicheren Stand auf einem abschüssigen Hängebuchenast, ohne richtigen Halt für meine Hände, gar nicht einfach, sich des furchtlosen Vogels zu erwehren. Das etwas scheuere Männchen verteidigte zwar das Nest, ging aber nie wie das Weib zur Offensive über. Nun wollte ich einmal mit den beiden Jungen allein sein, da ich sehen wollte, ob sie durch die Wuttöne der Eltern in eine abwehrbereite Stellung versetzt würden und ohne diesen Einfluß ganz anders zu mir wären. Ich wartete daher eine Zeit ab, wo die Frau allein zu Hause war, das Männchen war in die Donau-Auen geflogen, und erstieg dann den Horstbaum. Als das Weibchen mir wütend entgegenkam, packte ich es und warf es mit aller Macht abwärts vom Baum hinunter. Die Steigfähigkeit des Nachtreiherfluges ist so gering, daß die Reihermutter ziemlich erschöpft bei mir ankam, als sie eilends zurückkehrte, um ihren Angriff zu erneuern. Ich warf die Arme nochmals hinunter, und diesmal mußte sie sich auf dem Rückweg einige Minuten verschnaufen, so daß ich Zeit hatte, mich ungestört mit den Kindern zu beschäftigen. Sie drohten zwar gegen mich und stachen auch nach meiner Hand; als ich diese jedoch zwischen den Jungen im Nest ruhen ließ, beruhigten sie sich bald so weit, daß sie neben der im Neste liegenden Menschenhand hingeworfene Fischstückchen auflasen und fraßen. Da kam ganz plötzlich das alte Männchen aus der Au zurück und kam sofort in Drohstellung von der anderen Seite her auf das Nest zu. Als er auf etwa einen halben Meter heran war, machten beide Jungen, mir den Rücken zukehrend, gegen ihren Vater Front und gingen wie er selbst in Drohstellung. Als er, immer noch drohend, den Nestrand erkletterte, um mir zu Leibe zu gehen, stachen beide Jungen heftig nach seinem Gesicht und stießen laut das der Art eigentümliche Angstquaken aus. Sie bezogen die mir geltenden, zu ihrer Verteidigung dienenden Drohstellungen auf *sich*. Für sie ist der Elternkumpan eben nur der Vogel, der mit der arteigenen Begrüßungszeremonie auf das Nest kommt, die die Jungen dann in derselben Weise erwidern. Der wütend drohende Vater war ihnen ein Fremder.

Der ganz junge Nachtreiher »erkennt« also seine Mutter »an« ihrer wärmenden Eigenschaft, der etwas herangewachsene »an« der Begrüßungszeremonie am Nest. Nach dem Flüggewerden erkennt er seine Eltern überhaupt nicht, sondern bettelt jeden sich nähernden Altvogel in ganz gleicher Weise an, noch später lernt er die Territorien kennen, die in der Kolonie seinen Eltern zukommen, und »erkennt« sie »an« den Örtlichkeiten, an denen sie sitzen. Wahrscheinlich wird bei ihm das Betteln und die Begrüßungszeremonie durch *ganz wenige* Merkmale des grüßenden Elterntieres ausgelöst. Es würde möglicherweise der Jungvogel auch dann grüßen und betteln, wenn wir ihm, ohne dabei andere Reize zu setzen, die drei gesträubten Nackenfedern als optischen und den Begrüßungston als akustischen Reiz darbieten könnten. An dem »ohne dabei andere Reize zu setzen« scheitert aber meist die Möglichkeit zu Attrappen-Versuchen über die tatsächlich wesentlichen auslösenden Merkzeichen. Nur in wenigen besonderen Fällen liegen die Verhältnisse so günstig, daß wir imstande sind, die einer Antworthaltung zugeordneten Merkzeichen zu isolieren, und in diesen Fällen läßt sich dann eine ganz erstaunliche *Armut* an angeborenen Merkzeichen nachweisen. Aus dieser »Erstaunlichkeit« kann man sehr gut sehen, wie sehr man dazu neigt, sich die Umwelt eines Tieres der eigenen allzu ähnlich vorzustellen, denn an und für sich ist es ja eben *nicht* erstaunlich, daß die Umwelt eines Vogels um einiges ärmer ist als die des Menschen.

Die wenigen Merkmale des Elternkumpans, die dem Jungvogel instinktmäßig angeboren sind, sind aber im Leistungsplan der Instinkte so eingebaut, daß sie das Elterntier unter den Bedingungen des Freilebens eindeutig kennzeichnen. Der alte Nachtreiher, der mit den beschriebenen Begrüßungsbewegungen und -tönen zu einem Neste fliegt, *ist* eben immer ein dazugehöriges Elterntier, ebenso wie das Wesen, das der kleinen Graugans als erstes entgegentritt und ihren »Einprägetrieb« auf sich lenkt. Es ist, als ob mit den *angeborenen* Merkmalen aus irgendeinem Grunde *gespart* werden müsse.

Es seien hier noch einige, zum Teil in das Gebiet der Pathologie gehörige Beobachtungen mitgeteilt, die zeigen, daß für den Jungvogel auch darin eine eindeutige persönliche Kennzeichnung des Elternkumpans gegeben sein kann, daß die Zeichen seines angeborenen Elternkumpanschemas *eine Entwicklung* durchmachen, eine Zeitgestalt darstellen, die einer ebensolchen Entwicklung der diese Zeichen setzenden Triebhandlungen des Elterntieres parallel geht. Mit anderen Worten, die Verschränkung der Triebhandlungen von Elterntier und Jungen machen eine gesetzmäßige Entwicklung durch, in der Weise, daß Auslöser und Ausgelöstes sich stets parallel zueinander so verändern, daß nie eine Störung ihres Aufeinanderpassens daraus folgt. Es ändert sich daher auch das dem Jungvogel angeborene Schema des Elternkumpans, und zwar *unabhängig* von der Änderung der von diesem ausgehenden Zeichen, normalerweise aber *entsprechend* der Entwicklung dieser letzteren. Es ist also für ihn der Elternkumpan dadurch persönlich gekennzeichnet, daß das *Stadium* der elterlichen Brutpflegetriebhandlungen dem Entwicklungsstadium seiner eigenen Triebhandlungen und seines angeborenen Elternschemas entspricht.

Eine wesentliche Rolle für die individuelle Kennzeichnung des Elterntieres scheint dieses »Zeichen des gleichen Stadiums« bei gewissen Enten zu spielen. Bei Hochbrutenten und Türkenenten, also bei zwei nicht sehr weitgehend durch Domestikation veränderten Formen, und ebenso bei der Eiderente, also einer Wildform, liegen darüber Beobachtungen vor. Hochbrut-

und Türkenenten verhalten sich in dieser Hinsicht etwa folgendermaßen: Tritt der Fall ein, daß zwei Bruten am gleichen Tage schlüpfen und sich bei ihren ersten Ausflügen auf dem Teich begegnen, so kommt es sehr häufig, ja regelmäßig vor, daß sich die Kükenscharen vereinigen. Diese Vereinigung geht von den Jungen aus und erfolgt sehr gegen den Willen der Mütter, zwischen denen es zunächst erbitterte Kämpfe setzt und die sich erst allmählich aneinander gewöhnen. Es beginnt die Vereinigung damit, daß Junge der einen Schar der fremden Führerin folgen. Ihre eigene Mutter muß sich wohl oder übel den vereinigten Kükenscharen anschließen, was ihr nach einigen Kämpfen mit der anderen Mutter regelmäßig gelingt. Besonders die jungen Türkenenten scheinen ihre Mutter in ihren ersten Lebenstagen ausschließlich daran zu erkennen, daß die Elterntriebhandlungen der letzteren auf der gleichen Entwicklungshöhe stehen wie ihre eigenen Kindestriebhandlungen. Die Entwicklung der Triebhandlungen bildet eine Zeitgestalt, gleichsam eine Melodie, und für den Jungvogel der *Cairina* ist es das wichtigste Merkmal der Mutter, daß diese zugleich mit ihm dieselben Takte dieser Melodie abspielt. Es kommt nämlich nur unter ganz bestimmten und recht aufschlußreichen Umständen vor, daß eine junge *Cairina* einer fremden führenden Mutter nachläuft, deren Kinder in einem *anderen* Alter stehen.

Wenn irgendein junger Vogel, also auch ein *Cairina*-Küken, körperlich in seiner Entwicklung zurückgeblieben ist, so zeigen seine Triebhandlungen in ihrer Entwicklung eine der körperlichen Entwicklungshemmung entsprechende Verlangsamung. So erlischt bei vielen Nestflüchtern der Trieb, zum Schlafen *unter* die Mutter zu kriechen, ungefähr gleichzeitig mit dem Auftreten des Rückengefieders, ganz gleichgültig, ob dieses bei einem vollwertigen Küken rechtzeitig erscheint oder ob es bei einem Kümmerling um die doppelte Zeit verspätet sproßt. Die Mutter ihrerseits verliert den Trieb, zu hudern, zu einer bestimmten Zeit nach dem Schlüpfen der Jungen ziemlich unabhängig von der inzwischen erreichten Entwicklungshöhe der letzteren. Das heißt, sie hudert unterentwickelte Küken wohl etwas, aber nicht bedeutend länger als normale. Befinden sich aber unter vielen normalen Küken einer Brut nur wenige Kümmerlinge, so nehmen die Triebhandlungen der Mutter auf diese erst recht keine Rücksicht. Meist gehen diese denn auch um die Zeit des Aufhörens des nächtlichen Huderns zugrunde. Nun habe ich im Sommer 1933 zweimal den Fall erlebt, daß kümmernde *Cairina*küken von selbst ihre Mutter verließen und zu einer anderen Junge führenden *Cairina* übersiedelten, deren Kinder *jünger* waren und deren Muttertriebhandlungen noch auf den körperlichen Entwicklungszustand der Kümmerlinge paßten. Ein solches Küken hält also die führende Ente mit den *passenden* Triebhandlungen für seine Mutter, ohne sie wesentlich persönlich zu erkennen. Es kennt natürlich sehr wohl seine Art, denn es läuft niemals einer nicht artgleichen Ente nach.

Ob sich auch die *Wildform* der Türkenente so verhält, steht nach dem Gesagten natürlich nicht fest. Die Türkenente ist eine Form, in deren Ethologie es auffällt, daß das persönliche Sichkennen der Individuen eine sehr geringe Rolle spielt, im Gegensatz zu fast allen anderen Anatiden. Da sie außerdem als einzige bekannte Anatidenform vollständig unehig ist, so liegt es nahe, darin den Grund für die geringe Fähigkeit zu individuellem Erkennen zu suchen. Wenn auch bei Stockenten Zweimutterscharen vorkommen, und selbst wenn diese bei der Eiderente dort, wo sie in Mengen vorkommt, geradezu die Regel bilden, so möchte ich doch stark bezweifeln, daß bei Jungen dieser Arten das Merkmal der »Gleichaltrigkeit der verschränkten Triebhandlungen« wie bei *Cairina* über die individuellen Merkmale der Mutter siegt, wenn es mit diesen in Widerspruch gerät.

Bei Hühnern ist die Gleichaltrigkeit der verschränkten Triebe zwar auch unerläßliche Bedingung für jeden Austausch des Mutterkumpans; die erlernten individuellen Merkmale der Mutter spielen aber schon ganz früh eine so große Rolle, daß Verwechslungen der Mutter ohne experimentelles Eingreifen des Menschen scheinbar nie zustandekommen (Brückner).[2]

Im Gegensatz zu den Fällen, wo es eigentlich *Zeichen* des *angeborenen Schemas* sind, die den Elternkumpan durch ihre räumliche oder zeitliche Anordnung individuell kennzeichnen, so daß ein persönliches Erkennen unnötig wird, gibt es sehr viele Vogelformen, bei denen ein wirkliches persönliches Erkennen der Eltern von seiten der Jungen stattfindet. Dies gilt für die große Mehrzahl der Nestflüchter und für solche Nesthocker, die nach dem Flüggewerden von ihren Eltern geführt werden. Es müssen vom Jungvogel genügend viele individuelle Merkmale des Elterntieres erworben werden, um das letztere eindeutig individuell zu kennzeichnen. Während nun das angeborene Schema in der beschriebenen Weise verhältnismäßig sehr wenige Merk-

---

[2] Brückner wies durch Versuche im verdunkelten Raum nach, daß eintägige Haushuhnküken ihre Mutter an der Stimme allein von fremden Glucken zu unterscheiden vermögen.

male enthält, zeichnet sich das erworbene Schema des individuell erkannten Elternkumpans durch eine so große *Reichhaltigkeit* an Merkmalen aus, daß es unwahrscheinlich erscheint, daß der Vogel jedes einzelne dieser Merkmale getrennt von den anderen aufnimmt und »registriert«. Trotzdem aber reagiert der Vogel unzweideutig auf den Ausfall oder die Abänderung jedes einzelnen dieser vielen Merkmale. Auf die diese und ähnliche Erscheinungen erklärende Lehre von den »Komplexqualitäten« näher einzugehen, ist hier nicht der Ort.

Es sei auf die Art und Weise, in der das persönliche Wiedererkennen eines Kumpans bei verschiedenen Vögeln vor sich geht, gleich näher eingegangen, wiewohl diese Dinge natürlich nicht nur für den Elternkumpan Geltung haben, sondern ebensogut für jeden anderen Kumpan.

Geistig nicht sehr hochstehende Vögel, seien es nun Junge, die noch dumm sind, oder Arten, die sich nie höher entwickeln, erkennen einen Menschen, der als geprägter Kumpan in einen ihrer Funktionskreise eingetreten ist, im allgemeinen nur dann, wenn er in allen oder fast allen Merkmalen dem Bilde entspricht, das sie von ihm gewöhnt sind. Setzt der Freund einen Hut auf oder zieht er sich seinen Rock aus, so fürchten sie sich vor ihm. Diese allgemein bekannte Erscheinung kann man in verschiedener Weise erklären. Die eine Erklärung gründet sich auf die Annahme sogenannter *Komplexqualitäten*, d. h. sie nimmt an, das Tier gliedere den Gesamteindruck, den es empfängt, nicht in einzelne, heraushebbare und voneinander trennbare Eigenschaften; daher bedeute die Änderung auch nur einer einzelnen in die Merkwelt des Tieres eintretenden Eigenschaft eine vollständige Änderung der Gesamtqualität des Eindruckes. Eine andere Erklärung ist die folgende: Sehr viele Vögel, darunter auch geistig sehr regsame, haben die Eigenschaft, auf jede Änderung *bekannter* Dinge mit dem größten Schrecken zu reagieren. So genügt es für einen Kolkraben, daß in seinem engsten Heimatgebiete ein Holzstoß aufgeschichtet wird, um ihn für einen Tag zu vergrämen. Wenn derselbe Holzstoß weit von seinem Heim errichtet wird und der Rabe ihn ebenso zum ersten Male sieht, so denkt er nicht daran, sich davor zu fürchten, sondern setzt sich furchtlos darauf. Bei dümmeren Vögeln ist das entsprechende Verhalten noch ausgesprochener. Manche Kleinvögel geraten in wildeste Panik, wenn man den Käfigschuber einmal mit Erde statt mit dem gewohnten Sand füllt. Wenn man sie aber in eine gänzlich neue Umgebung bringt, in der dieselbe Erde einen Bestandteil darstellt, so fürchten sie sich lange nicht so vor ihr. Geradesogut könnte sich natürlich der Vogel vor dem unbekannten Hut auf dem Kopf des bekannten Menschen fürchten und diesen dabei doch im Grunde wiedererkennen. Die starke Fluchttriebauslösung verwischt natürlich jede andere Reaktion vollständig.

Für diese Annahme spricht auch der Umstand, daß solche dümmeren Vögel eine kleine Veränderung an der Person des Pflegers, vor der sie zunächst stark flattern, doch viel schneller verwinden als einen vollständigen Austausch des Menschen.

Für die Komplexqualität des Wahrgenommenen spricht aber wieder die Tatsache, daß viele dumme Vögel auf den bekannten und unveränderten Menschen wie auf etwas Neues reagieren, wenn sie ihn auf einem ungewohnten, *wenn auch an sich bekannten Hintergrund* erblicken. Gegenwärtig besitze ich einen durchaus nicht scheuen Trupial, dessen Käfig zwischen meinem Schreibtisch und einem von mir selten betretenen Erker liegt. Solange ich mich im Zimmer bewege, ist der Vogel ruhig und zahm, aber im Augenblick, wo er mich zwischen sich und dem Erkerfenster erblickt, beginnt er zu flattern. Die Lehre von der Komplexqualität tierischer Wahrnehmung (Volkelt) erklärt dieses Verhalten dahin, daß der Vogel das wahrgenommene Netzhautbild gar nicht in Gegenstand und Hintergrund gliedert (höchster Grad der Ungegliedertheit) und daher den bekannten Menschen auf verschiedenen Hintergründen auch dann als Verschiedenes empfindet, wenn ihm jeder Hintergrund für sich bekannt ist.

Bei sehr klugen Vögeln scheint das ganze Erkennen anders zu verlaufen als bei den tieferstehenden. Mit meinen Kolkraben erlebte ich folgendes: Die Tiere waren im allgemeinen gleichgültig gegen Veränderungen in meiner Kleidung, begleiteten mich sogar fliegend auf Skiausflügen, auf denen ich mit den langen Brettern an den Füßen ein sehr verändertes Bild bot. Das einzige, worin sie durch meine Kleidung beeinflußt wurden, war, daß sie sich nicht gerne auf meinen Arm setzten, wenn ich einen ihnen fremden Ärmel darüber anhatte. Nun hatte ich einen Motorradunfall, bei dem ich einen Kieferbruch davontrug, und mußte längere Zeit einen Verband tragen, an dem an jeder Seite des Kopfes eine den Kiefer nach oben ziehende Feder angebracht war. Als ich, mit diesem unheimlichen Helm angetan, zum ersten Male zu den Raben kam, gerieten sie in Panik und rasten gegen das Gitter der mir abgewandten Seite des

Käfigs. Als ich aber nur ein paar Worte sprach, hielten sie plötzlich in ihrem Toben inne und sahen mich einige Augenblicke starr an, und zwar über ihre Schultern weg, denn sie steckten von mir abgewandt zusammengedrängt in der hintersten Käfigecke. Dann wurde ihr eng angelegtes Gefieder mit einem Male locker, alle drei Raben schüttelten sich zu gleicher Zeit, wie sich fast alle Vögel schütteln, wenn nach großer Furcht Entspannung eintritt. Dann kamen alle ganz wie gewöhnlich nahe zu mir heran und begannen in meine Schuhe zu hacken, wie sie es immer taten. Diese Vögel hatten mich also sicher für einen Fremden gehalten und mit einem Ruck den Kopfverband als etwas nicht zu mir Gehöriges von meiner Person abgegliedert. Ähnliches habe ich bisher nur von Hunden und Kindern erlebt. Diese Raben hatten mich also auf den ersten Blick erkannt und hatten sich nur vor dem schrecklichen Kopfverband gefürchtet, sonst hätten sie nicht im nächsten Augenblick so vollständig beruhigt sein können.

3. Die Leistungen des Elternkumpans

Unter »Leistungen« eines Kumpans wollen wir hier, wo wir von einem umwelttheoretischen Gesichtspunkt ausgegangen sind, nicht schlechtweg alle Funktionen des Kumpans verstehen, die überhaupt einen Bezug auf den untersuchten Vogel haben, sondern nur diejenigen, auf die wir diesen Vogel mit einem wie immer gearteten *Antwortverhalten* ansprechen sehen, also mit »Gegenleistungen« im Sinne Uexkülls. Wo dies nicht der Fall ist, haben wir ja kein Recht zu der Behauptung, daß die betreffende Funktion des Kumpans in der Umwelt unseres Vogels tatsächlich in Erscheinung trete. Umgekehrt werden wir hier vom Kumpan ausgehende und von unserem Untersuchungsobjekt gesetzmäßig beantwortete Reize auch *dann* als »Leistungen« dieses Kumpans beschreiben, wenn sie, von ihm aus betrachtet, keineswegs als solche imponieren, weil er sich bei dem ganzen Vorgang rein passiv verhält und keinerlei auch nur »instinktmäßige« Kenntnis von seiner eigenen Auslösefunktion besitzt. So werden wir z. B. das bloße Vorhandensein der Jungen in der Nestmulde, als Auslösung des Triebes zum Wärmen bei den Eltern, als eine »Leistung« des Kindkumpans zu besprechen haben.

a. Die Auslösung der Bettelreaktionen

Die Jungen sämtlicher Nesthocker und mancher Nestflüchter beantworten gewisse Reize, die von den Elterntieren ausgehen, mit Handlungen, die ihrerseits im Bauplan des arteigenen Triebhandlungssystems die Aufgabe haben, die Eltern zu den Reaktionen der Fütterung zu veranlassen: ein typisches Beispiel einer Instinktverschränkung. Wir wollen diese auslösenden Handlungen der Jungen als *Bettelreaktion* zusammenfassen und untersuchen, durch welche Reize sie ihrerseits ausgelöst werden. Wir haben ja schon S. 59 erwähnt, in welcher Weise bei noch blinden Jungvögeln gewisse akustische und taktile Reize die Bettelreaktionen auslösen. Hier sei nur noch hinzugefügt, daß auch optische Reize, die nichts mit Bildersehen zu tun haben, in typischer Weise dasselbe vermögen. Für sehr viele Nesthockerjunge bedeutet, solange sie noch dauernd von den Eltern gewärmt werden, jede Verstärkung der Beleuchtung, daß sich das Elterntier vom Neste erhoben hat und daß die Fütterung naht. Umgekehrt beginnen sehr viele junge Höhlenbrüter dann zu betteln, wenn Verfinsterung eintritt: für sie bedeutet eben die Verfinsterung des Höhleneinganges immer die Ankunft eines Elternvogels und wird triebmäßig in diesem Sinne beantwortet.

Bei sehr vielen Vögeln bringt der Jungvogel, wenn sein Hunger gewisse Grade überschreitet, die Bettelreaktionen, auch ohne daß er das Elterntier überhaupt sieht. Besonders groß sind darin herangewachsene Reiherjunge, die mit ihren Bettelbewegungen und -tönen stundenlang fortfahren, auch wenn die Eltern gar nicht in der Nähe des Nestes sind. Allerdings zeigt eine heftige Verstärkung dieser Tätigkeiten dem Beobachter an, wann der Jungvogel das zurückkehrende Elterntier sichtet. Auch bei den Nesthockern, die nicht »auf Leerlauf« dauernd vor sich hin betteln wie die Nachtreiher, genügt meist der bloße Anblick der ankommenden Altvögel zur Auslösung des Bettelns.

Eine besondere Auslösehandlung der Eltern, die die Futterübernahme-Bereitschaft der Jungen erst erzeugt, finden wir in Gestalt einer Begrüßungszeremonie, dem bekannten Klappern, beim Hausstorch und einigen nahverwandten Arten. Nachtreiher zeigen etwas Ähnliches. Die Jungen betteln zwar schon, wenn die Alten am Horizont erscheinen, sagen aber dann doch noch schnell den Begrüßungston, wenn der Altvogel das Nest betritt, ehe sie ihn gierig beim Schnabel packen. Auch da hat man oft den Eindruck, als genügten beide Teile einer »lästigen Formalität«.

Auch Vögel, die keine Begrüßungszeremonie haben, besitzen oft Triebhandlungen, die eine etwa ausbleibende Bettelreaktion der Jungen auslöst, sehr häufig besondere Töne. Bei der Dohle zeichnet sich dieser Ton dadurch aus, daß das Zustandekommen seiner Bedeutung verständlich ist, worüber ich in einer anderen Arbeit[3] berichtet habe: Es wird nämlich der gewöhnliche Lockruf dadurch abgeändert, daß die Dohle beim Rufen den Schnabel nicht öffnet, weil sie sonst den Inhalt des Kehlsackes verlieren würde. Der Laut ist aber in dieser Form triebhaft festgelegt, da er auch bei nachweislicher Leere des Kehlsackes in gleicher Form hervorgebracht wird. Grasmücken lösen die Sperreaktion ihrer Jungen dadurch aus, daß sie ihnen auf den Rücken springen. Ich sah an einer Mönchsgrasmücke, *Sylvia atricapilla*, daß das Weibchen, wenn es die Jungen schlafend vorfand, diese nicht durch einen Ruf weckte, sondern über die Reihe der eng aneinandergedrängt auf einem Zweig sitzenden Jungen *der Länge* nach von Rücken zu Rücken hinhüpfte. Dabei gebrauchte der alte Vogel aber auch die Flügel, so daß er die Jungen mit den Füßen nur leicht berührte. Diese interessante Triebhandlung vermute ich aber noch bei sehr vielen Sperlingsvögeln, und zwar deshalb, weil man bei sehr vielen Arten, so z. B. beim Eichelhäher, *Garrulus glandarius*, die Jungen durch ein leichtes, aber scharfes Betupfen von Kopf und Oberrücken auch dann zum Sperren bringen kann, wenn alle anderen Reize versagen.

Es seien hier ein paar Worte über die Sperreaktion der Sperlingsvögel eingeschaltet. Das Schnabelaufreißen, das ursprünglich zum Zwecke der Nahrungsaufnahme stattfindet, hat, wie schon früher angedeutet, im Laufe der Stammesgeschichte dieser Gruppe eine neue Funktion und damit eine recht veränderte Bedeutung bekommen. In einer typischen Instinktverschränkung zwischen Jungvogel und Elterntier dient diese Triebhandlung vor allem zur Auslösung des Füttertriebes bei den alten Vögeln. Wir werden auf diese Dinge noch im Kapitel über den Kindkumpan zurückzukommen haben.

So leicht nun bei dieser speziellen Art der Nahrungsüberreichung der Mensch den fütternden Altvogel vertreten kann, so wenig ist andererseits die Triebhandlung des Jungvogels auch nur im geringsten an veränderte Bedingungen anpassungsfähig. Der als Elternkumpan fungierende Mensch kann daher oft auf das genaueste aus dem Verhalten des Jungtieres entneh-

---

[3] Vgl. *Beiträge zur Ethologie sozialer Corviden*. In: Journal für Ornithologie 79 (1931).

men, was für ein Benehmen dieser triebmäßig von seinen Eltern erwartet. Besonders auffallend und in einzelnen Fällen ärgerlich ist es, daß der flügge Jungvogel dem fütternden Menschen auch nicht um den Bruchteil eines Zentimeters entgegenkommt, solange er gerade sperrt, und in den meisten Fällen auch nicht vorher, um zu sperren, auf einen zugeflogen kommt. Das Schema des Elternkumpans *kann* eben fliegen. Nur von ganz wenigen Arten, und zwar durchwegs bei solchen, deren Junge noch lange nach dem Ausfliegen den Eltern nachfolgen, lernen die flüggen Jungen allmählich, zum Sperren an den menschlichen Pfleger heranzukommen, aber auch diese tun es meist nur dann, *wenn sie gerade nicht sperren*. Trete ich in einen Raum, in dem eine eben flügge junge Dohle mir unzugänglich hoch auf einer Kastenecke thront, so wird sie zunächst von ihrem Sitze aus mich ansperren. Solange sie nun bei diesem Sperren bleibt, ist ihr die Möglichkeit benommen, zu mir herabzukommen. Erst wenn das Sperren allmählich ermüdet, kann es geschehen, daß der Vogel in der Pause zwischen zwei Sperrausbrüchen zu mir hinfliegt. Jung aufgezogene Dohlen, die schon längere Zeit flügge sind, reagieren auf das Erscheinen des Pflegers überhaupt nicht gleich mit Sperren, sondern damit, daß sie zu ihm hinfliegen. Dieses sinngemäße Verhalten kann man aber sofort in ein sinnloses umschlagen lassen, wenn man die Tiere dann *auf eine ganz kurze Entfernung hin* zum Sperren veranlaßt. Dann ist auch dem älteren Jungvogel die Möglichkeit benommen, diese kleinere Entfernung zu überwinden. Es ist, als ob das Sperren an sich den Jungvogel an seinen Ort banne, und gerade auf solche kleinen Entfernungen spricht der Vogel auf den Anblick des Elternkumpans eben leichter mit Sperren an als mit Näherkommen.

In ähnlicher Weise, wie die Sperreaktion die jungen Sperlingsvögel unfähig zum Ortswechsel macht, blockiert sie unter Umständen auch andere Reaktionen. Jungvögel, die eben im Begriffe sind, mit dem Selbstfressen zu beginnen, fressen zunächst nur sozusagen spielerisch, *wenn sie fast gänzlich satt sind*. Sowie sie etwas hungriger werden, beginnen sie zu sperren. Nur wenn sie allein sind und von keinerlei das Sperren auslösenden Reizen getroffen werden, gelingt es ihnen, auch bei größerem Hunger selbst zu fressen. Mit solchen Pfleglingen kann einem folgendes passieren: Man war mehrere Tage abwesend und trifft bei seinem Zurückkommen die in der Zwischenheit auf das Selbstfressen angewiesenen Pfleglinge gesund und augenscheinlich genügend ernährt an. Die Jungvögel betteln einen zwar an, da sie aber nachweislich tagelang genügend selbst gefressen haben, hält man es für unnötig, sie weiter zu atzen. Wenn man nun aber dauernd in demselben Zimmer mit den Jungvögeln bleiben muß, geht einem nicht nur die ewige Bettelei auf die Nerven, sondern man sieht nach einigen Stunden zu seinem Erstaunen, daß die Tiere matt zu werden beginnen und alle Anzeichen einer Hungerschädigung beobachten lassen. Durch den Anblick des Pflegers wird nämlich der Sperrtrieb andauernd ausgelöst, und dieser blockiert dem Vogel die Möglichkeit des Selbstfressens so vollkommen, daß ein solcher Vogel, der sich in Abwesenheit des Pflegers bereits tagelang selbst ernährt hat, nun in seiner Anwesenheit buchstäblich eher verhungert als selber frißt.

b. Die Auslösung des Nahrungsabnehmens

Die artgemäße Weise der Futterübernahme von den Eltern ist auch bei solchen Arten den Jungvögeln vollständig angeboren, wo das angeborene Schema des Elternkumpans im übrigen nur sehr wenige Zeichen aufweist. Auch gibt es keine einzige Vogelart, bei der die Triebhandlungen der Futterabnahme der jungen Tiere durch individuell Erlerntes auch nur im geringsten modifizierbar wäre. Bei der Aufzucht mancher Arten bietet dieser Mangel an Anpassungsfähigkeit des Triebes zum Futterabnehmen sehr große Schwierigkeiten.

Unter den Vögeln, die ihren Jungen die Nahrung *einwürgen*, verhalten sich die Arten verschieden, je nachdem, ob beim Einwürgeakt der Schnabel des Jungvogels in den des Elterntieres hineingesteckt wird, wie bei Tauben z. B., oder auch, ob dabei der Schnabel des Jungvogels den des alten Vogels umgreift, wie z. B. bei Reihern.

Auch in der Pflege eines menschlichen Elternersatzes wollen junge Tauben ihren Schnabel in irgendeine Spalte einbohren. Ihre Schluckbewegungen sind nur dann auslösbar, wenn es ihnen gelingt, eine allseitige Berührung der Schnabelwurzel zu erzielen, z. B. wenn man den Schnabel von allen Seiten her mit den Fingerspitzen umfaßt. Nun ist es gar nicht so einfach, den Jungvogel durch allseitige Reizung der Schnabelwurzel zu Schluckbewegungen zu veranlassen und ihm gleichzeitig einen Brei von gequollenen Körnern in den Rachen zu pumpen. Die Saugwirkung der Schluckbewegungen ist nämlich so gering, daß ein Überdruck von seiten des Futterspenders nicht entbehrt werden kann. Ohne Erfüllung aller dieser teils reflexauslösenden, teils rein mechanischen Bedingungen ist die junge Taube zur Nahrungsaufnahme vollständig unfähig. Am einfachsten hilft man sich bei der künstlichen Aufzucht so, daß man gequollene Körner in den Mund nimmt, den Schnabel des Jungvogels mit den Lippen umfaßt, worauf er sofort mit seinen Schlingbewegungen beginnt und man ihm leicht die Nahrung in den Schlund drücken kann. Solange die jungen Tauben noch blind sind, vollführen sie auf jeden Berührungsreiz hin Kopfbewegungen, die darauf abzielen, den Schnabel irgendwo einzubohren, wobei sie, nur vom Tastsinn geleitet, Spalten finden, etwa diejenigen zwischen den Fingern einer Menschenhand. In vorgeschrittenem Alter suchen die bei ihren Eltern Verbliebenen, sehr zielbewußt und offensichtlich optisch orientiert, ihren Schnabel in den Schnabelwinkel des Elterntieres einzubohren. Die Kenntnis dieser anzuzapfenden Stelle ist aber wahrscheinlich erworben und nicht triebmäßig vererbt, denn die beim Menschen herangewachsenen Tiere zielen mit derselben Sicherheit nach dem Munde ihres Pflegers.

Ähnlich den Tauben stecken auch junge Kormorane bei der Futterübernahme ihren Schnabel in den der Eltern, nur scheinen sie in ihm die Nahrung aktiv zu ergreifen. Obwohl also bei ihnen ein eigentliches Einwürgen unter Druck von seiten des Altvogels nicht stattfindet, hat auch bei ihnen der Reflex zum Nahrungsgreifen und Schlucken das Hineinstecken des Schnabels in die Rachenhöhle des Elterntieres zur unentbehrlichen Bedingung. »Da man sie nun nicht gut aus dem Rachen füttern kann«, wie Heinroth sich ausdrückt, ist man bei der künstlichen Aufzucht sehr junger Kormorane zur Zwangsfütterung gezwungen, d. h. man muß ihnen die Fische mit sanfter Gewalt in den Rachen schieben, was deswegen gar nicht leicht ist, weil der Jungvogel nicht stille hält, sondern dauernd gierige Suchbewegungen vollführt, denn er »will den Schnabel in einen Rachen stecken«! Gerade bei solchen Jungvögeln, deren Aufzucht wochenlang dauert, kommt einem so recht zum Bewußtsein, wie absolut unfähig die Triebhandlungen eines solchen Tieres zu irgendwelcher adaptiven Modifikation sind!

Im Gegensatz zu den beschriebenen sind Jungvögel von Arten, bei denen die Futterübernahme durch Einwürgen so vor sich geht, daß der Jungvogel den Schnabel des Altvogels *von außen* umfaßt, leicht künstlich zu füttern. Der Jungvogel will da *etwas*, nämlich den elterlichen Schnabel packen, und wenn dieses Etwas nicht der als Zwischenziel angestrebte Schnabel des Alten, sondern gleich die Nahrung selbst ist, so schluckt er sie eben. Man braucht aber nur die Nahrung festzuhalten, um festzustellen, daß der Jungvogel bei deren Ergreifen eigentlich nicht das Futter, sondern den Elternschnabel »meint«: Er versucht nämlich dann kaum, die Nahrung an sich zu reißen, sondern vollführt an dem Gepackten, unter Bettelbewegungen und -lauten, die bezeichnenden »Melkbewegungen«, die das Würgen des Altvogels normalerweise auslösen.

So kann man junge Papageien leicht aus einem Löffel füttern, da sie diesen am Rande erfassen und daran »melken« wie am elterlichen Schnabel, wobei man ihnen dann durch Neigen des Löffels Nahrungsbrei einflößen kann. In vorgeschrittenen Entwicklungsstadien fressen sie »scheinbar« von selbst aus dem still gehaltenen Löffel. Nur vollführen sie während der ganzen Nahrungsaufnahme Bettelbewegungen und stoßen die dazugehörigen Laute aus. Sie verhalten sich also so, als glaubten sie, der Löffel würde sofort die Übergabe von Brei einstellen, wenn er nicht dauernd durch die genannten Auslöser hierzu veranlaßt würde, wie das der Elternvogel natürlich tatsächlich tut. Die Jungvögel »fühlen« sich also »gefüttert«, und wenn sie das nicht täten, so *könnten* sie gar nicht in der geschilderten Weise selbst Nahrung aufnehmen, denn der Trieb zum Selbstfressen erwacht bei ihnen erst später.

Ähnlich verhalten sich in menschlicher Pflege die Jungvögel der verschiedenen Reiherarten. Auch sie erfassen die dargebotene Nahrung mit der Bewegung, die eigentlich zum Erfassen des elterlichen Schnabels gehört, und schlucken dann natürlich die ihnen so – eigentlich unerwarteterweise – in den Schnabel gelangende Nahrung. Nur liegen hier die Dinge insofern etwas anders, als die Jungen auch in der Pflege ihrer Eltern danebengefallene Futtertiere vom Nestrande auflesen. Das Futtereinwürgen der Reihervögel ist wahrscheinlich aus einem *Vorwürgen* des Futters hervorgegangen. Beim Nachtreiher, *Nycticorax*, wird den ganz kleinen Jungen das Futter vorgewürgt, wobei der Elternvogel den geöffneten Schnabel auf das Nest aufstemmt und die Jungen schon vor dem Auswürgen der Nahrung den elterlichen Schnabel beknabbern und umfassen, so daß ihnen dann der halbverdaute Brei mehr oder weniger direkt zwischen die Kinnladen tropft. Sie fressen aber schon nach wenigen Tagen unter optischer Orientierung die Brocken des Speisebreies aus der Nestmulde. Der alte Vogel schlingt während des Vorwürgens häufig einen Teil des Vorgewürgten wieder ein, möglicherweise, um es warm zu halten, oder auch, um allzu große Brocken zu entfernen. Störche tun genau dasselbe. Während nun aber bei Störchen diese Fütterungsart dauernd beibehalten wird und die Kinder dauernd mit abwärts gerichtetem Schnabel bettelnd auf das Vorwürgen warten, gehen die etwas herangewachsenen Nachtreiherkinder sehr bald dazu über, sich dem anfliegenden Elternvogel schon im Augenblick, wo er auf dem Nestrand ankommt, entgegenzurecken und ihn bei der Schnabelwurzel zu fassen. Dabei vollführt der Jungvogel auch schon Schlingbewegungen, und das Ganze sieht aus, als wolle er den Schnabel des Elterntieres verschlucken.

c. Die Auslösung der Nachfolgereaktionen

Eine Leistung des Elternkumpans, die oft ebenso wichtig ist wie die des Fütterns und die das letztere in manchen Fällen ersetzt und unnötig macht, ist die des *Führens* der Nachkommenschaft. Den Trieb, einem führenden Elternkumpan nachzufolgen, finden wir in mehr oder weniger starker Ausbildung bei der großen Mehrzahl der Nestflüchter sowie bei einer Anzahl von Nesthockern. Nestflüchter ohne Nachfolgetrieb sind die Großfußhühner, ferner die Möwen und Seeschwalben, bei denen die Jungen, obwohl sie oft durchaus nicht an den Nestort gebunden sind, ganz nach Art der Nesthocker mit Nahrung versehen werden. Unter den Nesthockern scheinen die flüggen Jungen nur bei verhältnismäßig sehr wenigen Formen den Eltern nach Art der Nestflüchter nachzufolgen. Es sind darunter besonders geistig hochentwickelte Formen, wie z. B. die großen Corviden, manche Papageien u. a.

Über den Nachfolgetrieb einiger *Nestflüchter* haben wir schon im Abschnitt über die Prägung manches gehört, z. B. wie bei manchen Arten seine Auslösung an bestimmte, vom Elterntier ausgehende Reize gebunden ist, die bei anderen durch ganz beliebige Reize ersetzt werden können. Hier will ich nur noch auf einige Eigentümlichkeiten des Nachfolgetriebes eingehen, die recht deutlich zeigen, wie der Jungvogel manchmal auf ganz bestimmte Eigenschaften des Elterntieres eingestellt ist, die zwar weniger auffallend sind als Lock- oder Warntöne (deren Kenntnis der Jungvogel ebenso ererbt), die aber ebensowenig abgeändert werden dürfen, wenn der Gegenleistung kein Abbruch getan werden soll, die der Elternkumpan dem Nachfolgetrieb des Jungvogels zu erfüllen hat.

Wir haben schon gehört, daß der Führerkumpan der jungen

Stockenten dauernd quaken muß, wenn er seine Rolle erfüllen soll. Ein solches dauerndes Lautgeben kommt sehr vielen führenden Nestflüchtern zu. Der Elternkumpan muß aber auch, solange die Jungen wach und in Tätigkeit sind, dauernd in Bewegung sein. Bleibt der menschliche Elternkumpan längere Zeit stehen, so fließt der Strom der Küken an ihm vorüber und weiter vorwärts. Erst nachdem sie eine Strecke von mehreren Metern zurückgelegt haben, werden die Küken unruhig und beginnen zu pfeifen. Wenn man nun im Stehen zu locken beginnt, so rennen die kleinen Enten durchaus nicht sofort zu einem zurück, vielmehr bleiben sie noch längere Zeit hochaufgerichtet nebeneinander stehen und pfeifen weiter. Ähnlich verhalten sich Hühnchen, was Engelmann sehr genau beschrieben hat.[4] Ganz plötzlich rennt dann eines ein ganz kurzes Stück sehr schnell in der ungefähren Richtung auf einen zu und bleibt wieder hochaufgerichtet pfeifend stehen; ihm folgt ein zweites, das etwas weiter auf den Pfleger zuläuft, dann weitere, und auf einmal löst sich die Lawine, und die ganze Schar kommt in größtmöglicher Schnelligkeit zu einem zurück. Beim Pfleger angekommen, brechen sie in ein eifriges Geschnatter aus, das, aus dem »Unterhaltungston« bestehend, immer dann zu hören ist, wenn zusammengehörige Stockenten sich verloren hatten und wiedergefunden haben.

Ebensowenig wie man als Führer einer Stockenten-Kükenschar diese zum plötzlichen Anhalten veranlassen kann, kann man sie dazu bringen, in spitzem Winkel aus der bisherigen Richtung abzuschwenken. Die Küken laufen geradeaus weiter, wenn man, an der Spitze gehend, plötzlich scharf abbiegt, und sie beginnen dann ebenso nach einigen Metern zu »weinen« wie beim plötzlichen Stehenbleiben des Pflegers, kehren dann in derselben Weise um und kommen so natürlich schließlich auch um den spitzen Winkel herum, um den man sie führen will. Ich vermag nicht sicher zu sagen, ob die Stockentenmutter nicht vielleicht für diese Sonderfälle besondere Töne als Signale hat, auf die die Jungen spezifisch reagieren. Ich glaube es jedoch kaum, da ich trotz langjähriger Stockentenbeobachtung nichts dergleichen zu sehen bekommen habe. Ebenso wie die Hühnerglucke verfügt die Stockentenmutter über eine Bewegung, die den Küken die beabsichtigte Marschrichtung anzeigt. Es ist dies eine von hinten nach vorn nickende Kopfbewegung, wie sie

---

[4] W. Engelmann, *Untersuchungen über die Schallokalisation bei Tieren.* In: Zeitschrift für Psychologie 105 (1928).

viele Vögel vollführen, wenn sie während des Dahinschreitens etwas fest ins Auge fassen wollen. Bezeichnend für diese richtunganzeigenden Nickbewegungen ist es jedoch, daß sie viel schneller und ausholender sind, als es der Geschwindigkeit der dahinschreitenden Ente entspricht. In einer höchst verwunderlichen Konvergenz haben die ebenfalls ihre Jungen führenden Fische, die Chromiden, ganz entsprechende Bewegungen, die der Schar der Jungfische die beabsichtigte Schwimmrichtung anzeigen, und zwar in Gestalt von überbetonten Schwimm-Intentionsbewegungen, die ebenfalls so aussehen, als wolle sich das Elterntier eiligst in der betreffenden Richtung davonstürzen, während es in Wirklichkeit ganz langsam vorrückt. All diese durch Zeichengebung seitens des Elterntieres erfolgenden Richtungsänderungen erfolgen jedoch nur sehr *stumpfwinklig*.

Spitze Winkel und Stehenbleiben kommen bei der Stockentenmutter nur dann vor, wenn sie vor sich etwas Beängstigendes wahrgenommen hat. Dann aber warnt sie, und dies kann ihr der menschliche Führer leider nicht nachmachen. Der einzige weitere Fall, wo die führende Stockentenmutter ihr ständig suchendes Dahinschreiten unterbricht, tritt dann ein, wenn sie auf einen so reichlich Nahrung spendenden Fleck geraten ist, daß sie zunächst auch im Stillstehen eine Weile zu fressen findet. Dann aber tun die Jungen dasselbe und kommen nicht in die Lage, ihrer Mutter davonzulaufen. Unter den natürlichen Bedingungen sieht das alles selbstverständlich aus; erst wenn man selbst versucht, bei den Jungvögeln die Mutter zu vertreten, kommt einem zum Bewußtsein, wie fein die Verhaltensweisen der Mutter und der Jungen aufeinander abgestimmt sind und wie wenig Veränderungen schon genügen, um den Leistungsplan der arteigenen Instinkte zu stören, wie scharf umrissen den Jungvögeln das zu dem des artgleichen Elterntieres passende Verhalten angeboren ist.

Ziemlich viel anders ist die Leistung des führenden Elternkumpans bei den wenigen *Nesthockern*, bei denen ihm überhaupt nach dem Ausfliegen der Jungen eine derartige Funktion zukommt. Unter unseren Rabenvögeln finden wir ein solches nestflüchterartiges Führen der Jungen bei der Dohle, weniger ausgeprägt beim Kolkraben, noch weniger bei Nebelkrähe und Elster. Die Saatkrähe scheint sich darin der Dohle ähnlich zu verhalten. Den führenden Rabenvögeln scheint sich das Verhalten der ja ebenfalls geistig sehr regsamen Papageien anzuschließen, jedoch ist Sicheres darüber kaum bekannt.

Der Nachfolgetrieb der jungen Dohlen und Kolkraben regt sich erst ganz geraume Zeit nach dem Verlassen des Nestes, wenn die Jungvögel körperlich imstande sind, den Eltern überallhin zu folgen. Er unterscheidet sich ferner vom Nachfolgetrieb der Nestflüchter dadurch, daß er in einen *Nachlauftrieb* und einen *Nachfliegetrieb* zerfällt, die voneinander merkwürdig unabhängig sind.

Nimmt man eine junge Dohle, die man seit ihrer frühen Jugend selbst aufgezogen hat und der man also in jeder anderen Hinsicht Elternkumpan ist, zu jener Zeit mit sich ins Freie, in der bei ihr der Nachfolgetrieb im Erwachen begriffen ist, so schlägt er meist ohne weiteres auf den Menschen um. Ebenso leicht kann man aber auch andererseits eine solche menschengewöhnte Jungdohle dazu bringen, daß sie etwa vorhandenen alten Dohlen nachfliegt und nur in ihrem Fütter-Funktionskreise auch weiterhin auf den menschlichen Pfleger als Elternkumpan reagiert.

Will man aber den Nachfolgetrieb einer menschengewöhnten Jungdohle studieren, indem man ihn selbst auslöst, so verfahre man etwa folgendermaßen: Man setze den Vogel im Freien auf einen nicht allzu hohen Gegenstand und beschäftige sich dort so lange mit ihm, bis er den Schreck über den Umgebungswechsel verwunden hat. Setzt man ihn auf den Boden, so fliegt er meist aus Bodenscheu vorzeitig ab, liegt der Sitz zu hoch, so geht das nun Folgende nicht richtig. Man muß nämlich, nachdem man den Vogel eine Weile beruhigt und vielleicht auch gefüttert hat, plötzlich in die Höhe fahren und raschestens von dem Vogel weglaufen. Das In-die-Höhe-Fahren ist zur Auslösung des Nachfliegetriebes wesentlich, daher muß die Dohle tiefer sitzen, als man selbst hoch ist. Hat man alles richtig gemacht und ist die Dohle vollwertig und gesund, so kommt sie mit Sicherheit hinter einem hergeflogen. Gewöhnlich landet der Vogel nun auf der Person des Pflegers, oft aber gerät er über ihn hinaus. In letzterem Falle ist er dann nicht imstande, richtig umzukehren und zu einem zurückzukommen. Meist endet er ziemlich hoch oben auf irgendeinem Baum und ist von dort dann gar nicht leicht wieder herunter zu bekommen. Dadurch, daß man sich nahe an den Baum stellt und dann plötzlich von ihm fortläuft, kann man den Nachfliegetrieb nicht auslösen. Scheinbar gehört es zur Auslösung des Auffliegens mit dazu, daß der

Führer sich in der gleichen Ebene mit dem Vogel befindet und beim Losfahren womöglich auch etwas höher kommt. Glücklicherweise sprechen aber junge Dohlen gut auf Nachahmungen des Dohlenlockrufes an und kommen nach einiger Zeit unter Führung ihres Gehöres geradenwegs zu einem zurück, wozu junge Nestflüchter nicht fähig sind. Vielmehr finden Küken die Locktöne aussendende Glucke erst nach längerem, den Standort der Mutter offenbar akustisch auspeilenden Zickzacklaufen.[5] Ihnen muß man sich unbedingt bis auf wenige Meter nähern, um den Anschluß schnell wieder herzustellen. Dohleneltern tun dies aber auch, zumindest in der ersten Zeit, nachdem die Jungen nachzufliegen begonnen haben. Wenn die Jungen den Anschluß an die vorausfliegenden Eltern verlieren, sei es, daß sie diese überholt haben oder daß sie zu weit zurückgeblieben sind, so stellen die Eltern ihn wieder her, indem sie entweder, unter ständigem Zurückblicken langsamer fliegend, auf die Jungen warten oder aber die vorausfliegenden Jungen überholen und sich so wieder an den Kopf des Zuges setzen. Der Nachfliegetrieb solcher noch nicht allzulange Zeit mit den Eltern fliegenden Jungdohlen verhält sich sozusagen wie ein Gummiband, das zwischen Eltern und Jungen gespannt ist: Je weiter sie sich voneinander entfernen, desto stärker zieht es, aber nur bis zu einem gewissen Punkte, dann reißt es ab und muß neu geknüpft werden.

Nach einiger Zeit tritt dieses so rein reflektorische, durch optische Reize ausgelöste Nachfliegen etwas zurück gegenüber dem durch Gehörreize ausgelösten Anschlußtrieb der Jungen. Diese vermögen dann unglaublich genau zu lokalisieren, von wo die Eltern oder der Pfleger sie rufen. Entsprechend dieser Fähigkeit können sie sich dann auch viel weiter von jenen entfernen, ohne in Gefahr zu geraten, sie zu verlieren. Die Stimmfühlung, wie Heinroth dieses akustische Zusammenhalten nennt, spielt ja überhaupt bei Vögeln oft eine sehr große Rolle.

Nur beim Abflug bleibt dauernd die optische Auslösung durch den auffliegenden Führer in gleichem Umfange erhalten. Der stärkste Reiz, der dem menschlichen Dohlenvater zur Verfügung steht, um die junge Dohle zum Nachfliegen zu veranlassen, besteht darin, daß man auf den sitzenden Vogel schnell zuläuft, dicht vor ihm kehrt macht und so rasch wie möglich in der Richtung, aus der man gekommen ist, zurückrennt. Diese

---

[5] A. a. O.

Methode der Auslösung hatte ich bei meiner ersten jungen Dohle herausgefunden und war nicht wenig erstaunt und befriedigt, als ich später beobachten konnte, daß dieselbe Auslösungsweise den alten Dohlen als arteigene Triebhandlung regelmäßig zukommt. Im Experiment empfiehlt es sich jedoch, dieses Verfahren nur bei Jungvögeln anzuwenden, die dem Pfleger schon längere Zeit im Freien nachgeflogen sind. Wenn man sie als erste Auslösung bei einer ganz jungen Dohle versucht, so bekommt man leicht Fluchtreaktionen statt des Nachfliegens.

Sehr eigentümlich ist die strenge Sonderung des Triebes zum Nachfolgen in der Luft von dem des Nachfolgens zu Fuß. Das Auffallendste ist da zunächst die sehr verschiedene Intensität der beiden Triebe. Zu Fuß zeigt ein solcher Jungvogel, der in der Luft dem Elternkumpan »wie angebunden« nachfolgt, nur ein ganz ungefähres Bestreben, die gleiche Richtung einzuhalten. Wie bei jungen Nestflüchtern, so funktioniert auch bei einer jungen Dohle das Nachlaufen nur dann auf die Dauer, wenn man sich sehr genau an die Geschwindigkeit hält, mit der das futtersuchende Elterntier dahinschreitet. Geht man schneller, so bleibt die Dohle zurück und kommt einem dann nachgeflogen *oder auch nicht*. Man kann sich nämlich sehr wohl unter einem »Einschleichen des Reizes« von seiner Dohle wegschleichen, *ohne* daß der Nachfliegetrieb ausgelöst wird. Unter den gewöhnlichen Verhältnissen spielt es offenbar keine Rolle, wenn sich die auf dem Boden futtersuchende Jungdohle etwas weiter von dem führenden Altvogel entfernt. Das auffliegende Elterntier reißt sie ja doch mit in die Höhe, auch wenn es sich inzwischen vierzig oder hundert Meter von ihm entfernt hat, und in der Luft macht diese Entfernung nichts aus.

Im Sommer 1933 experimentierte ich mit einem jungen Star und konnte feststellen, daß bei dieser Art der Intensitätsunterschied zwischen Nachlauf- und Nachfliegetrieb noch viel größer ist. Dies entspricht genau der verhältnismäßig großen Flug- und geringen Gehgeschwindigkeit des Stares. Die Vögel können sich auch während längeren Futtersuchens gar nicht so weit voneinander entfernen, daß sie nicht nach dem Auffliegen in wenigen Sekunden wieder beieinander wären.

Noch ausgesprochener ist dies bei manchen Kleinvögeln, die sowohl den Elternkumpan als auch den Artgenossen überhaupt so gut wie nicht beobachten, solange sie sich zu Fuß umherbewegen, fliegend aber »wie angebunden« an ihm hängen. Heinroth beschreibt dies von einer jungaufgezogenen Goldammer.

d. *Das Warnen*

Eine weitere sehr wichtige Leistung des Elternkumpans besteht darin, den Jungvogel gegebenenfalls vor Gefahr zu warnen. Die Reaktion auf die Warntöne und Bewegungen der Eltern ist den Jungvögeln wohl aller existierenden Arten angeboren, vielleicht mit Ausnahme der Großfußhühner, die keinen Elternkumpan haben.

Die Warnung besteht in Tönen oder Ausdrucksbewegungen oder beiden und ist *immer* eine echte Triebhandlung, bei deren Ausführung der warnende Vogel sicher keine altruistischen Zweckvorstellungen hat. Er warnt ja auch, wenn er allein ist. Erwähnenswert scheint mir noch, daß das Vorhandensein besonderer Warntöne keineswegs auf eine besonders große Bedeutung des Warnens bei der betreffenden Art schließen läßt; keinesfalls ist der umgekehrte Schluß berechtigt: unter sämtlichen mir bekannten Arten sind die Jungen der Dohle am meisten auf die Warnfunktion der Altvögel angewiesen, denn sie sprechen mit Fluchtreaktionen weit weniger auf die von dem zu fliehenden Feind ausgehenden Reize an als auf das Erschrecken und Fliehen der alten Artgenossen. Trotzdem hat die Dohle keinen eigentlichen Warnton. Es ist geradezu bezeichnend, daß gerade bei der Dohle, die so ungeheuer fein auf die leisesten Ausdrucksbewegungen der Artgenossen reagiert, ein eigentlicher Warnruf nicht ausgebildet zu werden brauchte. In ähnlicher Weise geht das Warnen der Jungen durch die Eltern bei anderen, längere Zeit führenden Nesthockern vor sich, so auch beim Kolkraben. Dieser hat zwar auch einen Warnton, aber diesem kommt anscheinend eine weniger wichtige Rolle bei der Auslösung der Fluchtreaktion der Jungen zu als den ihn begleitenden Ausdrucksbewegungen. Zu meinem Ärger war es mir bei meinen jungen Kolkraben nie geglückt, durch Nachahmung des Warntones eine Flucht herbeizuführen. Unter gewissen Umständen wäre es mir erwünscht gewesen, dies zu können. Die Raben pflegten nämlich Orte, an denen sie einmal sehr erschreckt worden waren, dauernd zu meiden. Nun erschrecken sie aber jedesmal sehr, wenn fremde Menschen von ihnen unbemerkt nahe an sie herangekommen waren, und um die Erzeugung einer mich bei meinen Versuchen oft sehr störenden Platzfurcht zu vermeiden, hätte ich die Vögel sehr gerne durch eine Warnton-Nachahmung zum Wegfliegen veranlaßt, wenn ich einen von den Raben noch nicht bemerkten Menschen nahen sah. Dies gelang mir niemals, bis ich einmal zufällig zugleich mit dem Ausstoßen des Warntones mich selbst rasch in Bewegung setzte, weil ich einen mir unangenehmen Bekannten nahen sah. Da stimmten die Raben regelrecht in den Ruf ein und flohen sehr rasch, viel schneller, als ich mich bewegte; sie flogen also nicht etwa nur mir nach.

Reflexhafter verläuft die Reaktion auf das Warnen des Elternvogels bei jungen Nestflüchtern. Auch hier ist sie natürlich durchaus angeboren, sogar bei der Graugans, die doch im übrigen so wenige rein triebmäßige Reaktionen auf die von den Eltern ausgehenden Reize hat und nicht einmal auf deren Lockton instinktmäßig anspricht. Nun darf man aber ja nicht meinen, ein solcher Jungvogel habe in irgendeiner Weise davon Kenntnis, daß ihn da ein befreundetes Wesen vor einem dritten, feindlichen warnen wolle. Vielmehr hat man in manchen Fällen ausgesprochen den Eindruck, daß der Jungvogel *vor* dem Warnton flieht. Man halte sich vor Augen, daß ein eben trocken gewordenes Küken, sagen wir eines Goldfasans, durch *keinen wie immer gearteten Reiz* zu einer richtigen Fluchtreaktion zu bringen ist, *außer* durch den Warnton seiner Mutter. Ein noch nasses Goldfasanküken sah ich einmal gut einen Meter weit rennen und dann in einer dunklen Ecke Deckung nehmen, als ich sein älteres Geschwister aus dem Neste nahm und die darob erschreckte Henne den Warnruf hören ließ. Im Ruhezustand war dieses geflüchtete Küken kaum imstande, den Kopf aufrecht zu tragen, konnte nicht stehen und auch nicht langsam gehen. Nur unter dem ungeheuren Erregungsdruck, den der Warnton auslöste, konnte es zu kurzem, aber raschem Rennen aufgepeitscht werden. Solche ganz kleinen Küken fliehen beim Warnen der Henne auch immer von *ihr weg* und nehmen dann oft sehr weit von ihr und voneinander entfernt Deckung, in der sie dann so lange bleiben, bis das gewöhnliche Locken der Mutter ertönt. Beunruhigt man die letztere dauernd weiter, so daß sie nicht lockt, so wagen sie sich ebenso lange nicht hervor.

Die etwas größeren, bereits zum Aufbaumen fähigen Küken sehr vieler Hühnervögel zeigen zwei streng getrennte Antworten auf *zwei verschiedene Warnlaute* der Eltern. Auch das Bankivahuhn und das Haushuhn haben zwei getrennte Warnlaute für den fliegenden Feind und den Bodenfeind. Man begegnet aber in der Literatur der Ansicht, daß es sich da um graduell verschiedene Ausdrücke derselben Erregung handle. Aus dieser Tatsache entnehme ich die Berechtigung, hier ohnehin Bekanntes nochmal breitzutreten. *Gallus bankiva* reagiert auf einen fliegenden Raubvogel mit einem langgezogenen, sonantischen R-Laut, der meist als »Rräh« wiedergegeben wird. Dieser Laut ist auslösbar durch einen fliegenden Raubvogel, aber auch durch irgendeinen anderen ungewohnten fliegenden Großvogel, auch wenn er gar nicht raubvogelartig wirkt. Ich hörte das »Rräh« der hiesigen Haushähne als Antwort auf den Anblick meiner fliegenden Störche, Graugänse, Kormorane, Kolkraben und anderer Großvögel, also auch solcher, die durchaus nicht raubvogelartig wirken. Noch sicherer und nicht durch Gewöhnung abstumpfbar war die Auslösung des »Rräh« durch kurzhalsige und sehr schnell fliegende Vögel: sowohl meine Mönchssittiche als auch in sehr raschem Sturzflug herabsausende Haustauben brachten regelmäßig die Dorfhühner zum Ausstoßen dieses Raubvogel-Warnrufes.

Erreicht dieselbe Erregung, deren Ausdruck der Rräh-Ruf ist, höhere Grade, so erfolgt eine Fluchtreaktion *nach unten*, d. h. bodenwärts ins Finstere, also womöglich *unter* eine Deckung. Die »Rräh-Erregung« ist zwangsläufig mit Nach-oben-Blicken gekoppelt.

Außer dieser Warn- und Fluchthandlung besitzen die Haushühner und viele andere Hühnervögel noch eine zweite. Erblickt ein Haus- oder Bankivahuhn ein *nichtfliegendes*, aber ihm gefährlich erscheinendes Tier, so bekommt man einen ganz anderen Ton zu hören. Das Huhn sagt zunächst einmal: »Gockokokok«, mit sehr starker Betonung der zweiten Silbe. Dauert die Erregung an und tritt nicht sofortige Beruhigung ein, so hört man in regelmäßigen Abständen von etwas weniger als einer Sekunde einzelne Gock-Laute, die sich je nach Stärke der Erregung häufiger oder seltener zu einem sehr lauten, zweisilbigen »Gokóhk« steigern. Dieser Warnlaut wird merkwürdigerweise von der Henne auch nach dem Legen ausgestoßen und ist in dieser Verbindung als Warnlaut meist bekannter.

Es liegt nun die Frage nahe, wieso denn gerade der Warnlaut gleich nach dem Legen zur Auslösung komme. Zunächst sieht dieses Verhalten so sinnlos, ja geradezu biologisch schädlich aus, daß man nicht meinen möchte, daß es der Wildform in der gleichen Weise zu eigen sei. Ein ähnliches Gehaben finden wir jedoch bei der Amsel zur Zeit der Abenddämmerung. Jeder kennt das bezeichnende laute Warnen, das die Amseln vor dem Schlafengehen hören lassen. Heinroth hat die Vermutung ausgesprochen, daß dieses laute Warnen stets weit entfernt von dem eigentlichen Schlafplatz der Vögel ausgestoßen werde, daß diese also nach dem Warnen stumm eine größere Strecke weit abstrichen, eine Vermutung, die durch die Beobachtung durchaus bestätigt wurde. Ich vermutete nun, daß bei den Hennen eine ähnliche biologische Bedeutung des lauten Warnens vorliege, was durch eine Nachfrage, die Heinroth freundlicherweise auf meine Bitte anstellte, ebenfalls bestätigt wurde. Bankivahennen und auch Haushuhn-Bankiva-Kreuzungstiere verlassen das Nest nach dem Legen stumm und heimlich und *fliegen* eine möglichst weite Strecke von ihm weg, um dann erst in das auch ihnen zukommende *Legegackern* auszubrechen. Da der Trieb zu diesem Wegfliegen bei den mehr oder weniger flugunfähigen Haushühnern meist ausfällt, so erfolgt bei ihnen das Legegackern in durchaus unzweckmäßiger Weise dicht beim Neste. Auch bei der legenden Henne ist das Gackern also im Grunde genommen mit Flugstimmung gekoppelt.

Bei der gewöhnlichen Bodenfeind-Warnreaktion sieht man dem Huhn schon während des regelmäßigen Gock-gock-gock usw. deutlich Flugstimmung an: Es wird lang und schlank und vollführt im Takte zu den einzelnen Lauten lebhafte Kopfbewegungen, die einwandfrei als Auffliege-Zielbewegungen zu erkennen sind. Steigert sich die Erregung in *dieser* Stimmung bis zur motorischen Auswirkung, so fliegt der Vogel schließlich im Augenblick eines »Gogóhk« unter mehrmaliger rascher Wiederholung dieses letzten Lautes in die Höhe. Bei dieser Reaktion sichert das Huhn mit Blickrichtung zum Boden.

Diese Bodenfeind-Warnreaktion ist beim domestizierten Huhn dadurch verwischt, daß es bei schwereren Rassen kaum je zum wirklichen Auffliegen kommt; man kann aber an ihrer Bedeutung nicht mehr zweifeln, wenn man die entsprechende Verhaltensweise des Goldfasans kennt.

Beim Goldfasan finden wir, ebenso wie offenbar bei sehr vielen Hühnervögeln, auch zwei Warnreaktionen. Entsprechend der höheren Stimmlage von *Chrysolophus* klingt der Flugwarnlaut mehr wie »Rrihh«; dem Bodenfeind-Warnton des Bankivahuhnes entspricht ein zartes »Grix-grix-grix«, das in etwas größeren zeitlichen Intervallen ausgestoßen wird als der entsprechende Laut des Haushuhnes, und der in einem zweisilbigen »Girrih« gipfelt, das ebenso wie der zweisilbige Ruf des Huhnes immer zwischen längeren Folgen des einsilbigen eingeschaltet wird. Man bekommt ihn aber seltener zu hören als beim Huhn, da beim Goldfasan das Auffliegen viel leichter und früher eintritt als bei jenem. Auch geht das Auffliegen des Goldfasans im

Gegensatz zu dem des Haushuhns meist still vor sich. Sehr häufig baumt der Goldfasan dann sofort auf, ohne weiter zu fliehen.

Für unsere Betrachtung ist hier wichtig, daß diese Zweiheit der Reaktion bei kleinen Hühner- und Goldfasanküken zunächst nicht vorhanden ist. Goldfasanküken nehmen auf beide Arten von Warnrufen hin sofort Deckung. Erst von der Zeit ab, wo sie etwas flugfähig sind und auch nachts mit der Mutter aufzubaumen beginnen, fangen sie an, auf den Bodenfeind-Warnlaut in Auffliegestimmung zu geraten.

Vergleichend kann man sagen, daß diese Mutter und Kind angeborene und im Sinne der Arterhaltung ungeheuer zweckmäßige Verhaltensweise der Hühnervögel einen viel reflexmäßigeren, unbewußten Eindruck hervorruft als das nur durch das Gehaben der Eltern hervorgerufene Sichern und Fliehen der jungen Dohlen und anderer Rabenvögel.

Man darf auch nicht vergessen, daß die jungen Rabenvögel auf das Erschrecken ihrer Führer hin sichern, d. h. nach einem Feinde Ausschau halten; sie verhalten sich also so, als »wüßten« sie triebmäßig, daß sie von den Führern vor etwas Drittem gewarnt würden, im Gegensatz zu kleinen Nestflüchterküken, die allem Anschein nach direkt *vor* dem Warnton ihrer Mutter fliehen. Man möchte ja auch diesen frischgeschlüpften kleinen Tieren von vornherein nicht so hochentwickelte Verhaltensweisen zutrauen wie einem körperlich erwachsenen jungen Rabenvogel. Die größeren, flugfähigen Hühnerküken benehmen sich beim Ertönen des Bodenfeind-Warnlautes wie die Rabenjungen, d. h. sie sichern nach allen Seiten nach dem zu erwartenden Feinde.

Es seien mir einige Worte über das *Verhalten bei Ausfall der Warnleistung* gestattet.

Da die Warntöne und Gebärden der einzelnen Arten meist nur in ihrer spezifischen Form die dazugehörigen Reaktionen der Jungvögel auslösen, so ist der Elternstelle vertretende Mensch meist nicht imstande, adäquate Ersatzreize zu setzen.

Nun finden wir aber bei vielen Tieren die Neigung, Reaktionen, die eigentlich einer bestimmten Auslösungsweise zugehören, beim Ausbleiben des adäquaten Reizes auch durch einen anderen Reiz auslösen zu lassen. Es wird die Reizschwelle der betreffenden Reflexe oder Reflexketten immer weiter erniedrigt, bis die ganze Reaktion schließlich sogar *ohne* erkennbaren äußeren Reiz, wie ich zu sagen pflege »auf Leerlauf«, zur Ausführung gelangt. Es ist, als ob die durch lange Zeit nicht ausgelöste arteigene Triebhandlung mangels eines äußeren Reizes schließlich *selbst* zu einem *inneren* Reize würde.

Ich befinde mich in der Auffassung dieser Dinge in einem gewissen Gegensatze zu K. Groos, der alle solche Leerlaufreaktionen als »Spiel« betrachtet und ihnen einen biologischen Wert im Sinne einer Einübung der Reaktion zuschreibt. Ich meine nämlich, daß nur verhältnismäßig wenig Leerlaufreaktionen diesen Namen wirklich verdienen, daß sehr wenige von ihnen sich wirklich *von der Reaktion des Ernstfalles unterscheiden*. Zweifellos ist das Kampfspiel zweier junger Hunde tatsächlich etwas ganz anderes als ein ernster Hundekampf und nicht etwa nur graduell von einem solchen verschieden. Der Hauptunterschied besteht in dem *Erhaltenbleiben aller sozialen Hemmungen* beim Spiele, und zwar auch beim heftigsten und leidenschaftlichsten Spiel. Vor allem erhält sich die Hemmung, ernstlich zuzubeißen, während sie beim ernstlichen Kampfe, und zwar auch bei der kleinsten ernsten Reiberei, sofort vollständig ausgeschaltet wird. Ähnliche Unterschiede zwischen Spiel und Ernstfall lassen sich bei sehr vielen Tierspielen nachweisen, und nur dann sollte meiner Meinung nach von »Spiel« gesprochen werden. Ich bin nämlich überzeugt, daß sich die Vorgänge im Zentralnervensystem des Tieres in sehr vielen Fällen bei der Leerlaufreaktion fast nicht von dem im Ernstfall ausgelösten Ablauf unterscheiden, und zwar um so weniger, je geringer die geistige Entwicklungshöhe des betreffenden Tieres ist. Ich bin überzeugt, daß ein kleines Kaninchenkind, das auf einer freien Wiese plötzlich wild Haken zu schlagen beginnt und dann der nächsten Deckung zustürmt und sich dort drückt, sich genauso wirklich »fürchtet«, wie wenn ein Habicht hinter ihm her wäre. Andererseits verhält sich ein Zicklein bei dem entsprechenden »Flucht«-Spiel ganz anders, denn es bleibt nach einigen Haken- und Quersprüngen stehen und fordert sein verfolgendes Geschwister zur weiteren Verfolgung auf. Da hätten wir also tatsächlich ein Spiel vor uns. Die Grenzen sind, wie überall, nicht scharf zu ziehen; trotzdem aber dürften wir mit der Annahme nicht sehr weit fehlgehen, daß *bei Vögeln* die große Mehrzahl der Leerlaufreaktionen mit denen des Ernstfalles *bezüglich der inneren Nervenvorgänge identisch* und daher nicht als Spiel zu betrachten sind. E. Selous, wohl ein sehr guter Kenner und Deuter tierischen Benehmens, spricht den Vögeln die Fähigkeit zum Spiel rundweg ab. Ausnahmen und Übergänge gibt es natürlich, und zwar, wie zu erwarten, bei den großen Rabenvögeln und Papageien.

Bei Ausfall der Warnfunktion von seiten des Elterntieres kommt es nun bei vielen Jungvögeln zu sehr eigentümlichen Leerabläufen der normalerweise gerade durch das Warnen ausgelösten Flucht- und Sicher-Reaktionen. Man findet dann häufig eine ganz eigentümliche Fahrigkeit und *Überbereitschaft zu Fluchthandlungen*, die vollkommen unabhängig von der Zahmheit des Vogels gegenüber seinem Pfleger ist. Es ist, als *warte* der Vogel darauf, einmal fliehen zu müssen, ja, als würde es ihm eine Beruhigung sein, wenn der ewig ausbleibende Feind endlich erscheinen würde. Heinroth pflegt im Scherz und in bewußter Vermenschlichung diese Stimmung der zahmen Jungvögel in die Worte zu fassen: »Wann kommt der Kerl nun endlich?« Die Neigung, sich vor unwichtigen und kleinen Dingen unmäßig zu fürchten, steht dann in einem auffallenden Gegensatz zu dem Vertrauen, das sie dem Pfleger entgegenbringen, ja, man könnte sagen, sie stünde in einem *umgekehrten Verhältnis* zu diesem Vertrauen. Zu der Annahme, daß die erwähnte Fahrigkeit und Panikbereitschaft auf den Ausfall der elterlichen Warnfunktion zurückzuführen sei, werde ich hauptsächlich durch den Umstand veranlaßt, daß sie gerade bei solchen Arten am deutlichsten zur Beobachtung kommen, bei denen Eltern und Kinder besonders lange und innig in Beziehung zueinander stehen und bei denen die Jungen *wenig angeborene Kenntnis der zu fliehenden Feinde* zeigen. Gerade solche Jungvögel, die sich dem Menschen gegenüber als besonders vertrauensvoll erweisen, gehören Arten an, bei denen, wie bei den Dohlen, die Auslösung des Fluchttriebes nicht durch den Anblick eines triebmäßig als solchen erkannten Feindes, sondern durch das Miterleben der Warn- und Fluchtreaktion der führenden Eltern ausgelöst wird. Gerade bei ihnen setzt dann die »Leerlauf«-Beantwortung eines gar nicht gebotenen Warnreizes ein. Nach Heinroth finden wir die beschriebene Erscheinung sehr stark bei Kranichen, bei Graugänsen und bei Kolkraben, für welch letztere auch meine Beobachtungen dasselbe gezeigt haben. Ich möchte den genannten Arten noch die Dohle hinzufügen; über die durch gänzlich grundlosen Alarm hervorgerufenen Paniken, denen führerlose Jungvögel dieser Art ganz besonders ausgesetzt sind, habe ich an anderer Stelle berichtet.[6]

Bei ihnen handelt es sich kurz gesagt darum, daß die Furchtreaktionen des einen Vogels bei dem nächsten eine ebensolche

---

[6] Vgl. *Beiträge zur Ethologie sozialer Corviden*, a. a. O.

auslöst, die *stärker* ist, als sie selbst. Das kleinste Erschrecken eines Individuums führt zur Flucht der ganzen Schar, wofern so viele Individuen gegenwärtig sind, daß die Erregungssteigerungen beim jedesmaligen Überspringen des Reizes zu seiner genügenden Verstärkung führen. Bei einer normalen Schar erwachsener Vögel reagiert jedes Individuum auf den Ausdruck der Furcht bei einem Kumpan *höchstens* mit einer ebenso starken Erregung, nie mit einer stärkeren. Das lawinenhafte Anschwellen der Panik bei den Jungvögeln beruht auf einer *abnormen Herabsetzung der Schwellenwerte des Warnreizes*. Bei der erhöhten Panikbereitschaft mancher Huftiere mag es ähnlich sein.

e. Das Verteidigen

Das Verteidigen der Jungen durch die Elternvögel scheint in vielen Fällen von den Jungen »zur Kenntnis genommen« zu werden. Bei Hühnerküken beobachtete Brückner, daß sich die Jungen bei Herannahen eines Feindes, der eine Verteidigungsreaktion bei der Glucke auslöste, *hinter* der Glucke, »im Gefahrschatten«, wie Brückner sich ausdrückt, ansammeln. Ähnliches konnte ich bei Nacht- und Seidenreihern an flüggen Jungvögeln beobachten.

4. Die Trennbarkeit der Funktionskreise

Daß es in der Umwelt des Jungvogels nicht in Erscheinung tritt, ob alle die besprochenen Leistungen des Elterntieres von einem und demselben individuellen Wesen ausgehen oder nicht, glaube ich daraus entnehmen zu dürfen, daß es die die einzelnen Leistungskreise betreffenden Instinkthandlungen des Jungvogels in keiner Weise stört, wenn in jedem einzelnen ein anderer Kumpan die Gegenleistung zu seinen eigenen Trieben abgibt. Natürlich muß dies in einer zu dem Bauplan seiner Triebhandlungen passenden Weise geschehen.

So nehmen kleine Nestflüchter meist ohne weiteres damit vorlieb, daß ihnen der Mensch den Kumpan im Funktionskreise des Führens darstellt, ihrem Trieb zum Unterkriechen und Sichwärmenlassen jedoch die Gegenleistung eines passenden Petroleumofens geboten wird. Wachen sie auf und kriechen sie unter der Petroleumglucke hervor, so weinen sie ebenso »nach« dem Führungskumpan, wie sie, wenn sie frieren oder müde sind, »nach« dem Wärmespender weinen.

Ebenso zeigt sich in Fällen, wo normalerweise das Elterntier die Leistungen des Führens und des Fütterns in sich vereinigt, eine weitgehende Unabhängigkeit dieser Funktionskreise. Ich habe wiederholt junge Dohlen, die ich aus Zeitmangel nicht selber führen konnte, ganz einfach an die Schar meiner alten, freifliegenden Dohlen angegliedert. Ihr Nachfolgetrieb richtet sich dann ohne weiteres auf die Schar der Altvögel, und die Tiere machen nie Versuche, mir nachzufliegen, vorausgesetzt, daß sie satt sind. Auch lassen sie sich von mir nicht an Orte führen, wo sie und die anderen Dohlen sonst nicht hinkommen, während eine durch ihren Nachfolgetrieb an mich gefesselte Dohle sich natürlich blindlings überallhin führen läßt. Die Bettelreaktionen richten sich ebenso gegen mich wie bei einer auch im Führen auf mich angewiesenen Jungdohle, höchstens mag es sein, daß der Sperrtrieb bei solchen Vögeln etwas früher erlischt als bei Vögeln, die durch ihr Nachfliegen noch von einer anderen Seite her an mich gebunden sind. Ein Anbetteln der ihren Nachfolgetrieb befriedigenden alten Dohlen kommt bei solchen Jungvögeln nur ganz ausnahmsweise einmal vor.

Da das Reagieren auf das Warnen der Eltern völlig angeboren und völlig unabhängig von Erworbenem ist, so erscheint es verständlich, daß sich der Funktionskreis gerade dieser Leistung einer besonderen Unabhängigkeit von anderen erfreut. Es spielt denn auch die Person des Warners dabei keine Rolle. Ein Jungvogel, dem in allen anderen Funktionskreisen der Mensch oder ein bestimmter Mensch Elternkumpan ist, gerät durch das Warnen eines alten Artgenossen genauso in Erregung wie in Fällen, wo die Nachahmung der elterlichen Warnlaute im Bereich menschlicher Stimmittel liegt, der Mensch durch eine solche Nachahmung die bei ihren richtigen Eltern befindlichen Jungvögel in Schrecken versetzen kann.

VI. Der Kindkumpàn

Mit etwas mehr Berechtigung als wir in dem vorigen Kapitel das Bild, das die Leistungen des Elternvogels in der Umwelt des Jungvogels zeigt, als »Elternkumpan« bezeichnet haben, obwohl wir ihn in manchen Fällen, gemäß seiner einzelnen Funktionskreise, in einen Führer-, einen Fütter-, einen Wärmekumpan usw. hätten zerreißen müssen, wollen wir nun umgekehrt unter »Kindkumpan« das Bild bezeichnen, welches die den Pflegetrieben der Elterntiere entgegenstehenden Gegenleistungen der Jungtiere in der Umwelt dieser Eltern entwerfen. Mit etwas mehr Berechtigung deshalb, weil der Altvogel meist zu der vergegenständlichenden Reizzusammenfassung natürlicherweise eher imstande ist, als der oft auf sehr niederer Entwicklungsstufe ins Leben tretende Jungvogel.

1. Das angeborene Schema des Kindkumpans

Die Jungen werden also in den meisten Fällen triebmäßig an Merkmalen, deren Kenntnis dem Elterntier angeboren ist, als artgleich erkannt. Es ist ja eigentlich selbstverständlich, daß diese Merkzeichen nicht durch Prägung erworben werden können, da ja die eigenen Kinder stets die ersten neugeborenen Artgenossen sind, die der Vogel zu sehen bekommt, und trotzdem muß er mit sämtlichen arterhaltenden Pflegetrieben auf ihren ersten Anblick reagieren. Die merkwürdige Ausnahme von dieser Regel ist die schon einmal in ähnlichem Zusammenhang erwähnte Gattung *Anser*, die ja überhaupt eine Spitzenleistung an Instinktarmut darstellt. Die Graugans ist wohl buchstäblich der einzige unter den bisher ethologisch näher untersuchten Vögeln, bei dem die Eltern auf den Anblick frisch geschlüpfter Jungen ihrer Art nicht spezifisch reagieren. Daher führen sie im Gegensatz zu *allen* anderen in dieser Hinsicht untersuchten Nestflüchtern anstandslos art- und selbst gattungsfremde Junge, soweit diese sich auf den fremden Führer umstellen lassen, in einem von mir 1934 angestellten Versuch z. B. Küken von *Cairina moschata*! Leider ist es nicht bekannt, ob hierbei eine richtige Prägung auf die artgleichen Jungen stattfindet, d. h. ob Graugänse, die schon einmal artgleiche Kinder erbrütet haben, auch noch bereit sind, bei einer späteren Brut artfremde anzunehmen. Nach sonstigen über die Prägung bekannten Tatsachen würde man das nicht erwarten. Ein entsprechendes Verhalten von Hühnerglucken, von denen behauptet wurde, daß sie nach einmaligem Ausbrüten von Enten nun Hühnerküken nicht angenommen oder gar »wie Enten« ins Wasser geführt hätten, kommt mir so unwahrscheinlich vor, daß ich bei solchen Angaben geneigt bin, an Beobachtungsfehler zu denken, selbst wenn ein Lloyd Morgan derartige Angaben zu den seinen macht. Überhaupt täte man am besten, *Haustiere* aus instinkttheoretischen Untersuchungen aus schon früher erwähnten Gründen *unbedingt auszuschließen*. Insbesondere die falsche Verallgemeinerung des Verhaltens der Haushenne zu artfremden Jungen hat zu sehr unrichtigen Vorstellungen geführt.

Gerade die nicht domestizierten Hühnervögel zeigen ein besonders spezialisiertes Reagieren auf das Aussehen und die Laute der artgleichen Küken. Selbst die der Wildform noch näherstehenden Formen des Haushuhnes bemuttern durchaus nicht jeden von ihnen selbst ausgebrüteten Jungvogel. Man lese einmal in Heinroth, ›Die Vögel Mitteleuropas‹,[1] nach, wie viele Jungvögel diesem Forscher von der sie erbrütenden Hühnerglucke beim Schlüpfen totgeschlagen wurden. Selbst nach dem kaum gepickten Ei hacken solche Ammenvögel, wenn es nicht die »richtigen« *Bankiva*-spezifischen Schlüpfgeräusche und -laute von sich gibt.

Von einer meiner Goldfasanhennen, *Chrysolophus*, habe ich es erlebt, daß sie nach einem von ihr gleichzeitig mit ihren richtigen Kindern erbrüteten Jagdfasanküken, *Phasianus*, hackte. Dabei zeigte sie ein ganz eigenartiges Benehmen. Sie verfolgte nämlich das *Phasianus*küken nicht weiter mit ihrem Haß. Nur wenn es ihr dicht vor die Augen kam, was besonders dann eintrat, wenn sie sich zum Hudern niedergehockt hatte und die Küken eines nach dem anderen unter ihrem Schnabel vorbei in den »Wärmeunterstand« krochen, blieb immer wieder ihr Blick *an dem Kopfe* des Wechselbalges hängen und sie folgte mit ihrem Kopf der Schädeldecke des Kükens, so wie die Vögel ein laufendes Insekt, nach dem sie nicht recht zu picken wagen, mit einem »Kopf-Nystagmus« verfolgen, so daß das Bild des sich bewegenden Objektes auf ihrer Netzhaut in Ruhe bleibt und scharf gesehen werden kann. Dann pickte die *Chrysolophus*henne regelmäßig nur ganz zart nach dem Kopfe des Kükens. Man hatte den Eindruck, es läge in ihr der Trieb, den Fremdling zu vertreiben, in Widerspruch mit der Hemmung, ernstlich nach einem so kleinen Küken zu beißen.

Wichtig erscheint an dieser Beobachtung die Tatsache, daß die Henne gerade die *Kopfplatte* des *Phasianus*kükens dieser ein-

---

[1] Berlin-Lichterfelde 1924–28.

gehenden Musterung unterzog. Es scheint nämlich, daß bei den Kükenkleidern der verschiedensten Nestflüchter gerade die Kopfzeichnung das Arterkennungszeichen sei, das die arteigenen Pflegetriebhandlungen der Elterntiere auslöst. Meist ist ja auch die Kopfzeichnung der Küken schärfer abgesetzt und auch farbenprächtiger als die des übrigen Körpers. Bei Hühnervögeln ist meist die Scheitelregion mit besonders scharfen Zeichnungen geziert, bei Rallen finden sich leuchtend gefärbte nackte Stellen am Vorderkopf der Küken. Heinroth hatte schon früher in diesen Zeichnungen artbezeichnende Auslöser vermutet. Die Beantwortung dieser Auslöser beziehungsweise die Erscheinungen bei ihrem Ausfall habe ich nie so klar zu sehen bekommen wie bei dieser *Chysolophus*henne.

Besondere körperliche Organe, die nur zur Auslösung elterlicher Triebhandlungen da sind, finden sich bei den verschiedensten Vögeln. Die große Verschiedenheit dieser Auslöser bei nahverwandten Arten läßt den Schluß zu, daß diese meist grell gefärbten und auffällig gestalteten Gebilde gleichzeitig auch die Funktion von *Arterkennungsmerkmalen* erfüllen. Dies trifft besonders für die Innenzeichnung der Sperr-Rachen der jungen Sperlingsvögel zu, deren Bedeutung Heinroth als erster voll gewürdigt und die er vergleichend beschrieben hat.

2. *Das persönliche Erkennen des Kindkumpans*

Was das individuell-persönliche Erkennen der Kinder anlangt, so müssen wir sagen, daß wir darüber sehr wenig wissen. In sehr vielen Fällen, wo man zunächst annehmen würde, daß die Eltern ein fremdes Junges unter ihren Kindern durch persönliches Erkennen bemerken, stellt sich bei näherer Untersuchung heraus, daß es das verschiedene Benehmen des Fremdlings ist, das die Altvögel auf ihn aufmerksam macht. Bienen töten eine fremde Königin, die in ihren Stock gesetzt wird, offenbar hauptsächlich wegen ihres auffallenden Benehmens und nicht ausschließlich wegen des fremden Geruches, wie meist angenommen wurde. Läßt man die neue Königin vor dem Einsetzen in den fremden Stock kräftig hungern, so daß sie auf die erste ihr begegnende Biene voll Gier mit ihrer Bettelreaktion losgeht, so wird sie sofort gefüttert und ohne weiteres angenommen. Ganz ähnlich verhalten sich nun die geistig primitiveren Vögel gegen gleichartige Junge. Wenn eine Grasmücke oder eine

Bachstelze jedes artgleiche Junge, das sie überhaupt anbettelt, genauso füttert wie ihre eigenen Jungen, so haben wir eben gar kein Recht zu der Annahme, daß sie sie von ihren eigenen Jungen unterscheidet. Sehr oft ist das Annehmen fremder Jungen auch hier an die Bedingung geknüpft, daß sie mit den eigenen gleichaltrig sind.

Ein wirkliches persönliches Erkennen der Kinder möchte ich aber bei der Mehrzahl der Nestflüchter annehmen; auffallend ist nur, daß hier die Kinder ihre Eltern weit früher persönlich kennen als diese die Kinder, im Gegensatz zu Nachtreihern und ähnlichen Vögeln. Ganz sicher scheint mir persönliches Kennen der Kinder bei den die Jungen noch längere Zeit führenden Nesthockern, also vor allem bei den Rabenvögeln (unter Ausschluß der Häher).

Bei den Nestflüchtern scheint meist das persönliche Kennenlernen der einzelnen Kinder einige Zeit in Anspruch zu nehmen. Jedenfalls ist es schwerer, in eine ältere Kükenschar ein neues Mitglied einzuschmuggeln als in eine jüngere. Bei den Graugänsen, die sich auch hierin wieder besonders wenig triebmäßig verhalten, erkennen aber die Eltern auch schon die ganz kleinen Jungen persönlich und bemerken einen Fremdling sofort, auch wenn dieser mit den Jungen gleichaltrig ist und sich nicht durch andersartiges Benehmen kennzeichnet. Heinroth teilt folgende Beobachtung mit, die ungemein bezeichnend dafür ist, wie rasch bei der Domestikation die Einheiten gewisser Verhaltensweisen verlorengehen und wie untypisch die Verhaltensweisen von Haustieren sein können. Er schreibt: »... Recht bezeichnend für die Verflachung der Triebhandlungen oder des Unterscheidungsvermögens bei den Haustieren ist folgender Fall. Als ich zu einer Gänsefamilie, deren Vater ein reinblütiger Graugansert und deren Mutter eine Haus-Grauganskreuzung war, ein Waisenkind setzte, stellte sich heraus, daß die Alte den Neuling kaum oder gar nicht herauskannte, während der Vater sehr schnell den kleinen Fremden bemerkte und zunächst große Lust zeigte, über ihn herzufallen. Es dauerte geraume Zeit, bis er sich an seine Gegenwart gewöhnt hatte, obgleich das Stiefkind nach menschlichen Begriffen so gut wie nicht von den andern Küken zu unterscheiden war.«

3. Die Leistungen des Kindkumpans

Wir wollen wiederum nur diejenigen Leistungen des Kindes in Betracht ziehen, die als Gegenleistungen zu bestimmten Reaktionen des Elterntieres mit diesen zusammen einen Funktionskreis ausmachen. In dieser Weise betrachtet, zeigen auch die Leistungen des Kindkumpans dieselbe Einfachheit und Armut, die uns schon bei denen des Elternkumpans aufgefallen ist.

a. Die Auslösung des Fütterns

Der Füttertrieb der erwachsenen Vögel ist ein starker und von äußeren Reizen ungemein unabhängiger Trieb, der bei einzeln gehaltenen und gesunden Vögeln sehr häufig als Leerlauf-Reaktion auftritt. Rotkehlchen, Grasmücken u. a. lassen dies häufig beobachten: Gegen Ende der Gesangszeit sieht man die Vögel mit Futter im Schnabel unruhig im Käfig hin und her hüpfen. Dabei sieht man oft Ausweg-suchende Bewegungen wie bei noch wenig käfiggewohnten Tieren. Ein ähnliches Verhalten beschreibt Heinroth vom Wachtelkönig. Da selbst Wildfänge und Vögel, die nicht in ihren prägbaren Trieben auf den Menschen umgestellt sind, ohne jeden das Junge vertretenden Kumpan derartige Handlungen ausführen, so muß es uns eigentlich überraschen, daß der Mensch *nie* als Kindkumpan in die Umwelt zahmer Vögel eintritt. Die mir bekannten Vögel, die Füttertriebe am befreundeten Menschen anbringen wollten, gehörten sämtlich Arten an, bei denen das Männchen sein Weibchen füttert, und waren auch durchwegs Männer. Auch ihr sonstiges Betragen bewies stets eindeutig, daß der gefütterte Mensch für sie das Weibchen und nicht das Junge war. Ganz sicher hängt das mit dem sehr feinen Reagieren der Tiere auf die relative Stärke des Kumpans zusammen: der übermächtige Mensch kann nie die »Bedeutung« des Kindes haben. Auf relative Stärke als Merkmal des Kumpanschemas werden wir bei Besprechung des Geschlechtskumpans zurückkommen.

Andererseits füttern fütterlustige Käfigvögel ungemein leicht artfremde Junge, wofern diese nur einigermaßen mit ihrem Verhalten in den Instinktbau ihrer Art passen. Dies ist aber wohl sicher nicht so aufzufassen, daß die Füttertriebe nicht spezifisch auf die artgleichen Jungen ansprächen. Vielmehr nähert sich dieses Verhalten einer Leerlauf-Reaktion. Der Vogel steckt den zu verfütternden Bissen eben doch lieber in einen artverschiedenen Kinderschlund, als daß er weiter suchend damit im Käfig herumspringt. In den Schnabel faßt er ihn ja, wie wir gesehen haben, auch wenn er ganz allein ist. Überhaupt darf man bei einer »am falschen Objekt« erfolgenden Triebhandlung nicht gleich ohne weiteres annehmen, daß das Objekt nicht angeboren, sondern durch Prägung erworben sei. Zu letzterer Annahme sind wir erst berechtigt, wenn das gleichzeitig mit dem Ersatzobjekt gebotene »richtige Objekt« verschmäht und das andere vorgezogen wird. Sonst haben wir eben eine Befriedigung des Triebes an einem »Ersatzobjekt« vor uns. Solche Triebbefriedigung am Ersatzobjekt finden wir häufig auch bei Säugern, während eine Prägung auf ein nicht artgemäßes Objekt bisher nur bei Vögeln beobachtet wurde.

Einen merkwürdigen Fall von *Triebbefriedigung an einem Ersatzobjekt* bildet das Verhalten verschiedener Kleinvögel zum jungen *Kuckuck*. Es wäre zunächst rätselhaft, wieso der junge Kuckuck imstande ist, bei *verschiedenen* Vogelarten den Füttertrieb in solcher Weise auszulösen, wie es tatsächlich stattfindet. Daß der Sperr-Rachen des Kuckucks keinerlei Anpassungen an den der Jungen seiner Wirtsvögel zeigt, scheint damit zusammenzuhängen, daß er diese aus dem Neste entfernt. Manche anderen Brutschmarotzer, die das nicht tun, also neben ihren Ziehgeschwistern aufwachsen, haben weitgehende Anpassungen an deren Äußeres erfahren. Bei den Widavögeln geht diese Anpassung bis in kleinste Einzelheiten der Kopf- und insbesondere Rachenzeichnung. Wenn dem nicht so wäre, würden die Altvögel offenbar auf die artgleichen Jungen besser ansprechen als auf die der Parasiten. Man müßte einmal beim einheimischen Kuckuck den Versuch machen, zu einer Zeit, wo der Hinauswerftrieb des jungen Kuckucks bereits erloschen ist, wiederum Junge der Art des Wirtes in das Nest zu setzen. Vielleicht würden dann die Altvögel den Kuckuck nicht mehr genügend füttern. Ein Brutparasit muß also entweder die Erscheinung seiner Jungen an die der Kinder seiner Wirtsart so angleichen, daß die artspezifischen Fütterrtriebe der alten Wirtsvögel auch auf sie ansprechen, oder er muß eine »Vorrichtung« zur Beseitigung der Jungen der Wirte ausbilden. Wenn er letzteres kann, so wird den Wirten der junge Parasit zum unentbehrlichen Ersatzobjekt für die »Abreaktion« des Füttertriebes. Als Ersatzobjekt braucht der Jungvogel dann gar nicht die artspezifischen Auslöser der Wirtsjungen zu besitzen, was den großen Vorteil für ihn hat, daß er dann bei *verschiedenen* Arten zu schmarotzen befähigt ist. Die Kuhstärlinge, *Molothrus*, schmarotzen allerdings auch bei verschiedenen Arten, *ohne* die Jungen der Wirtsart aus dem Nest zu entfernen. Bei ihnen aber schlüpft das Junge meist etwas vor seinen Ziehgeschwistern und ersetzt nach H. Friedmann durch die größere Stärke der von ihm ausgehenden Reize, was ihnen an spezifischem »Passen« als Auslöser abgeht. Bei den auslösenden Reizen der Sperr-Reaktion sind wir ähnlichem begegnet (S. 72).

In ähnlicher Weise, wie Rachenfärbungen oder Kopfzeichnungen der Jungvögel Arterkennungszeichen sein können, deren angeborene Kenntnis die Elternvögel zum Füttern der »richtigen« Jungen anleitet, so können dies auch arteigene *Bettelbewegungen* sein, die, in ihrer Gänze vererbt, ebenso kennzeichnende Merkmale der Art sind wie die vorher erwähnten morphologischen Merkmale. So ziemlich alles, was an Kapriolen und Körperverrenkungen überhaupt denkbar ist, findet sich da, auf die verschiedenen Vogelgruppen verteilt, als Auslöser vor.

Schon wenn man die Vielheit und die charakteristische Eigenart dieser Artkennzeichen bedenkt, muß man zu der Vermutung kommen, daß sie nicht »umsonst da« sind, sondern daß die Eltern gesetzmäßig auf sie reagieren. Dies wird denn auch dadurch bestätigt, daß bei solchen jungaufgezogenen und zahmen Vögeln, die in allen Reaktionen mit prägbarem Objekt auf den Menschen eingestellt sind, Füttertriebe nur durch artgleiche Jungvögel ausgelöst werden können. Eine ganz eigenartige Wichtigkeit und Bedeutung der Leistung des Futterentgegennehmens finden wir bei Grasmücken und noch bei einigen verwandten Formen. Hier wird nämlich das Sperren der Jungen für die Eltern augenscheinlich zum Kriterium dafür, ob diese überhaupt leben. In Gefangenschaft brütende Grasmücken werden regelmäßig durch die leichte Erreichbarkeit des Futters dazu veranlaßt, die Jungen öfter und mehr zu füttern als in der Freiheit, und so kommt es dazu, daß die Jungen, was in der Freiheit offenbar nie der Fall ist, satt sind und nicht sperren. Auf dieses abnorme Ausbleiben des Futterabnehmens seitens der vollkommen gesunden Jungen antworten die Eltern prompt damit, daß sie sie »für tot« aus dem Neste tragen und wegwerfen.

Während man bei Sperlingsvögeln den Eindruck hat, daß die Eltern auf die zu fütternden Jungen mit einer ähnlichen Triebintensität reagieren wie etwa ein begattendes Männchen auf sein Weibchen, empfindet man umgekehrt das Füttern der Altvögel bei Tauben, Reihern und anderen als ein fast widerstrebendes

Nachgeben vor dem stürmisch bettelnden Andrängen der Jungen. Besonders beim Nachtreiher scheint es, als könne der Elternvogel seine Abwehrreaktionen gegen das zudringliche Verhalten seiner Jungen nie ganz unterdrücken. Wenn er nämlich auf dem Nestrand ankommt, so steht er, wie um seinen Schnabel den Jungen zu entziehen, möglichst hoch aufgerichtet mit eingezogenem Kinn da und wendet sich immer wieder von den andrängenden Kindern ab, bis ihn schließlich doch eines beim Schnabel zu fassen kriegt und dadurch zum Aufwürgen des Mageninhaltes veranlaßt. Obwohl der Reiher, nur um zu füttern, mit vollem Magen und Schlund auf das Nest kommt, scheint er doch von den Jungen in gewissem Sinne vergewaltigt werden zu müssen, damit sein Einwürge-Reflex ausgelöst werde. Als ich dieses Verhalten kennenlernte, meinte ich zunächst, der alte Nachtreiher habe gar keinen ererbtermaßen festgelegten Trieb zum Einwürgen, sondern werde nur durch das allzu stürmische Entgegendrängen der Jungen am Vorwürgen verhindert. Diese Ansicht erwies sich durch das Experiment als falsch: Einer meiner Nachtreiher hatte die Gewohnheit, eines seiner flüggen Jungen abends auf dem Dache seines Flugkäfigs zu füttern. Das Kind pflegte sich schon in der Abwesenheit seines Vaters an diesen Ort zu begeben. Dies benützte ich nun eines Abends dazu, um das Junge vor Ankunft des alten Reihers mit Fischen, die ich auf das Käfigdach hinauswarf, mehr als halbwegs zu sättigen. Als dann der Reihervater abmachungsgemäß ankam, gab es eine sehr eigentümliche Szene. Das Junge bettelte zwar, brachte aber nicht mehr genügend Erregung auf, um den Vater richtig beim Schnabel zu packen. Dieser seinerseits stand in der beschriebenen, halb abwehrenden Stellung vor dem Jungen, das ihm gar nicht wie sonst zu Leibe ging. Er machte zwar mehrmals Würgebewegungen, als hätte er den Schluckauf, zu einem Auswürgen von Nahrung, etwa in der Weise, wie ganz kleinen Nachtreihern Mageninhalt vorgewürgt wird, kam es aber nicht. Er zog sich vor dem bettelnd auf ihn zugehenden Jungvogel unter wiederholtem Würgen zurück, das Junge verfolgte ihn aber nicht heftig genug, um ihn einzuholen. Ein ausgesprochen ähnliches Verhalten zeigen manchmal sehr paarungslustige Weibchen von Türkenenten, *Cairina*, einer Art, bei der das Weibchen normalerweise vom Männchen vergewaltigt wird. Wenn bei diesen Vögeln das Männchen aus irgendeinem Grunde die Verfolgung des Weibchens nicht ganz mit der normalen Heftigkeit betreibt, kann man oft sehen, daß er das viel kleinere und flinkere Weibchen nicht einholt, obwohl es zwischen den einzelnen Phasen des Davonlaufens in Begattungsstellung auf den verfolgenden Erpel wartet.

Der alte Nachtreiher ist sehr wohl triebmäßig auf das beschriebene Verhalten der Jungen eingestellt, und letzteres ist zur Auslösung der Fütterreaktion bedingt notwendig. Der alte Nachtreiher kann zu der Zeit, da den Jungen nicht vor-, sondern eingewürgt wird, diesen nicht mehr entgegenkommen, sondern *muß* von ihnen beim Schnabel gefaßt werden.[2] Dies ist deshalb erwähnenswert, weil es bei anderen Reiherarten *nicht* so ist. Ich kenne aus eigener Anschauung nur das Füttern des Seidenreihers, *Egretta garzetta*, und des amerikanischen Schmuckreihers, *Egretta candidissima*, ferner aus Filmen dasjenige des Graureihers, *Ardea cinerea*. Bei diesen Arten ist das Einwürgen durchwegs weit höher ausgebildet als bei *Nycticorax*; Seidenreiher und Schmuckreiher gehen jedenfalls viel früher vom Vorwürgen zum Einwürgen über als der Nachtreiher, ja möglicherweise füttern sie auch schon die Neugeborenen so, was nach Portielje auch der Riesenreiher, *Ardea goliath*, tut. Es bewegt sich bei diesen Arten, ebenso wie beim Fischreiher, der fütternde Altvogel höchst zielbewußt *auf ein bestimmtes Junges zu*, ganz wie es ein Sperlingsvogel tut, und führt mehr seinen Schnabel in den des Jungen ein, als daß es von letzterem an dem seinen gepackt wird. Die Jungen der genannten Arten zeigen auch nicht in dem Maße wie junge Nachtreiher das Bestreben, den Elternvogel am Schnabel zu packen, vielmehr betteln sie mit offenen Schnäbeln nach *oben*, was besonders beim Seidenreiher geradezu an das Sperren der Sperlingsvögel erinnern kann. Sie sind im Gegensatz zum jungen Nachtreiher auf das Entgegenkommen des Altvogels eingestellt.

b. Die Auslösung der Handlungen der Nestreinhaltung
Fast alle Singvögel und wohl noch viele andere tragen den von den Jungen abgesetzten Kot vom Neste fort. Man sieht den fütternden Altvogel nach der Fütterung stets noch einen Augenblick auf dem Nestrand verharren und die Jungen starr anschauen. Da wartet er auf das Absetzen eines Kotballens. Eine besondere Wichtigkeit hat diese Reaktion bei manchen Meisen, wo die Zahl der Kinder oft so groß ist, daß die in der Mitte des Nestes befindlichen nicht ohne weiteres zum Nestrand gelangen

---

[2] Ganz am Schluß der Fütterperiode folgt eine Zeit, während welcher merkwürdigerweise wiederum vorgewürgt wird.

können. Da finden wir denn auch ein körperliches Auslösungsorgan bei den Jungen in Gestalt eines hellgefärbten und besonders ausgebildeten Federnkranzes um den After: Dieser Federnkranz entfaltet sich vor dem Kotabsetzen in auffälliger Weise und lenkt das Augenmerk des Elterntieres auf das gerade seiner Hilfe bedürfende Junge. Die Jungvögel dieser Arten versuchen auch gar nicht, ihre Kotballen über den Nestrand zu entleeren, sondern erhalten sie auf dem lotrecht nach oben gerichteten After solange im Gleichgewicht, bis der Elternvogel sie von dort abnimmt.

c. Auslösung der Führungsreaktionen

Die Triebhandlungen der alten Vögel, die die Nachfolge-Reaktionen der Jungvögel beantworten und die ihrerseits das Nachfolgen der Jungvögel als Gegenleistung verlangen, wollen wir hier als das »Führen« bezeichnen. Der Ausdruck des Führungstriebes beim Elternvogel ist zumal bei den Nestflüchtern meist ein ganz bestimmtes und recht auffallendes Verhalten. Meist hören und sehen wir Töne und Bewegungen, die als Auslöser auf den Nachfolgetrieb der Jungvögel wirken. Fast immer haben die Bewegungen und Körperstellungen gleichzeitig die Bedeutung der Drohung nach außen hin; man denke an Höckerschwan und Haushenne. Es liegen eben bei diesen Tieren die Triebe zum Führen und zum Verteidigen der Jungen nahe beieinander.

Der Einfluß, welchen die von den Jungen ausgehenden Reize auf die Auslösung und das Erhaltensein des Führungstriebes haben, ist von Art zu Art sehr verschieden.

Eine eigenartige Hemmung betrifft das Gehen führender Nestflüchter: Damit die Jungen nicht zurückbleiben, darf die Mutter niemals gewisse Geschwindigkeiten überschreiten. Die Hemmung, allzuschnell zu gehen, fällt ähnlich wie die Hemmung, aufzubaumen, leicht aus, sowohl als Mutante bei Domestikationsformen als auch im Erkrankungsfalle bei Wildformen. Brückner beschreibt das Verhalten einer Glucke mit einem offenbar sehr weitgehenden Schwund dieser Hemmung. Das Tier pflegte seine Küken stets bald zu verlieren und hatte auf der Farm den Namen »Galoppglucke« erhalten, so auffallend war der Unterschied zwischen ihrer Gangart und der einer normalen Glucke. Ob beim Haushuhn die Anwesenheit der Küken zum Erhaltenbleiben der Hemmung notwendig ist, vermag ich nicht sicher anzugeben. Haushennen in frühen Stadien des Führungstriebes gehen meist auch ohne Küken nur ganz langsam, Hochbrutenten hingegen laufen nach Verlust der Küken sofort hemmungslos umher, nur macht bei ihnen dieses Umherlaufen doch etwas den Eindruck des Suchens, wäre also vielleicht als eine besondere Reaktion zu buchen. Über das Verhalten der »Schnellgeh-Hemmung« reinblütiger Wildtiere bei Verlust sämtlicher Küken besitze ich keine Beobachtungen.

Der Einfluß, den das Nachfolgen an sich auf die führende Mutter von *Gallus* und *Cairina* – bei *Chrysolophus* und *Anas* ist es ebenso – ausübt, ist also in manchen Beziehungen recht gering. Die Mutter sieht sich auch nie um, ob alle ihre Kinder nachkommen. Was sie gegebenenfalls zum Warten oder zum Umkehren bewegt, ist das »Pfeifen des Verlassenseins« der Kinder, hier meist kurz als »Weinen« bezeichnet. Das Weinen ist eine wohl für die Mehrzahl aller Nestflüchter bezeichnende Art des Lautgebens, und wenn man seine Bedeutung bei Haushuhn oder Stockente kennt, so versteht man auch ohne weiteres die entsprechende Äußerung von Gans, Kranich, Trappe oder Ralle. Keineswegs aber verstehen erwachsene Tiere aller dieser Formen das »Weinen« der Kinder jeder der anderen. Meine Gänse reagierten allerdings von Anfang an auf das Weinen der von ihnen erbrüteten *Cairina*küken, aber dieses ist von dem junger Gänse kaum verschieden. Das »Weinen« fehlt den Küken der nichtführenden Möwen und Seeschwalben.

Für menschliche Ohren unterscheidet sich das Weinen, das beim Verlassensein hörbar wird, nicht von demjenigen, das im Falle des Frierens oder des Hungerns der Küken ausgestoßen wird, wenigstens nicht bei *Gallus*, *Chrysolophus*, *Anser*, *Cairina* und *Anas*, den einzigen mir in dieser Hinsicht wirklich genau bekannten Gattungen. Wohl aber beantwortet die Mutter das Weinen immer situationsgemäß, d. h. sie setzt sich niemals etwa hudernd hin, wenn verlorengegangene Kinder in der Ferne weinen. Die Beantwortung des Weinens der Verlassenheit, das uns also hier angeht, wirkt sehr reflexähnlich und sehr wenig bewußt. Bei der Stockente spielt sich dies folgendermaßen ab: Die Mutter bleibt auf das Weinen der zurückgebliebenen Küken hin zunächst stehen, macht sich lang und verstärkt den ohnehin dauernd ausgestoßenen Führungslaut. Kommen darauf die Nachzügler nicht nach, sondern weinen sie weiter, so rennt die Mutter, nun die noch in ihrem Gefolge befindlichen Kinder augenscheinlich vergessen, diesmal zu den verlorenen zurück. Bei diesen angekommen, sagt sie den Begrüßungs- und Unterhaltungslaut, in den die wiedergefundenen Küken »freudig«

einstimmen. Dann sind die Tiere so lange zufrieden und in Ruhe, bis die vorher bei der Mutter befindlichen und nun verlassenen Kinder zu weinen beginnen, die dem Zurückstürmen der Mutter schon aus der früher beschriebenen psychischen Unfähigkeit, spitze Winkel zu laufen oder gar am Platz umzukehren, durchaus nicht folgen konnten. Darauf wiederholt die Mutter ihr Verhalten von vorhin; die jetzt bei ihr befindlichen Kinder aber machen im Gegensatz zur ersten Gruppe einen Versuch, ihr zu folgen, was ihnen aber nur auf eine Strecke von einigen Metern gelingt, da die Alte in diesem Sonderfalle ihre sonstige »Schnellgeh-Hemmung« vollständig verloren hat. Immerhin geraten sie aber so doch etwas näher an die erste Gruppe der Küken heran. Inzwischen hat die erste Kükengruppe lange genug »am Platze geweint«, um die vorherige Marschrichtung vergessen zu haben, ist also psychisch fähig, der Mutter ihrerseits einige Meter nachzueilen, wenn sie wiederum zu der jetzt verlassenen und weinenden zweiten Gruppe zurückstürmt. Auf diese Weise werden langsam die beiden Gruppen einander genähert, bis sie sich schließlich mit einem gewaltigen Unterhaltungs-Palaver wieder vereinigen. Die Küken empfinden nämlich, wie später zu beschreiben, sehr wohl jede Verminderung ihrer Zahl als beängstigend.

Wenn wir nun betrachten, wie sich dieser ganze Vorgang in der Umwelt der Mutter darstellt, so muß man sagen, daß sie nicht imstande ist, auf die Zweiteilung der Kükenschar zu reagieren. Sie reagiert immer nur auf den einen Teil der Schar und vernachlässigt den anderen vollkommen. Der berücksichtigte Teil ist immer derjenige, von dem der stärkere Reiz ausgeht, also immer der »weinende«. Die alte Ente verhält sich bei jedesmaligem Umkehren genauso, als hätte sie *alle* Kinder verloren und eilte nun schleunigst zu ihnen hin. »Wüßte« die Ente wirklich, wie die Dinge liegen, so würde sie doch wenigstens die zweite Gruppe, die ja bereit ist, ihr zu folgen (im Gegensatz zu der zunächst nicht umkehrbereiten ersten Gruppe), zur ersten Gruppe *führen*, was sie aber niemals tut. Wenigstens habe ich es nie gesehen. Sie bestreitet die ganze Situation mit der einen Reaktion, entferntem Weinen raschestens zuzueilen. Eben diese Armut an Reaktionen, diese erstaunliche Einfachheit des Instinktbauplanes, ist etwas so Wundervolles. Man staunt immer wieder, mit *wie wenig* einzelnen Reizbeantwortungen ein kompliziertes soziales Verhalten, ein kunstvolles Nest, die ganze Arterhaltung zustande kommt!

Ob sich das Weinen aus Hunger und das Weinen aus Müdigkeit und Kälte irgendwie voneinander unterscheiden, vermag ich nicht zu sagen. Ich muß auch gestehen, daß ich ein sicher als solches gekennzeichnetes Hungerweinen von Küken, die von ihrer Mutter geführt wurden, eigentlich nie gehört habe. Im Experiment muß man Küken sehr lange unter ihrem »Wärmekumpan« belassen, bis sie unter ihm aus Hunger zu weinen beginnen. Vielleicht klingt dieses Weinen etwas schärfer und dringlicher als das stets etwas müde und schwache Weinen des Unterkriechenwollens. Möglicherweise reagiert auch die Mutter auf diese Verschiedenheiten, möglicherweise richtet sie sich aber nur nach ihrer gegenwärtigen Tätigkeit und beginnt auf das Weinen hin zu hudern, wenn sie eben führt, zu führen aber, wenn sie eben hudert.

d. Die Auslösung des Huderns
Bei sehr vielen Nesthockern ist die bloße Anwesenheit der Jungen im Nest das auslösende Moment für verschiedene Triebhandlungen, vor allem aber für das schon besprochene Wärmen. Die Gegenleistung dieser Nestjungen zu dem Wärmetrieb der Eltern besteht ja eigentlich nur in diesem Vorhandensein in der Nestmulde. Das »in der Nestmulde« ist jedoch zu unterstreichen, denn sehr viele Kleinvögel beantworten ausschließlich dann die von den Jungen ausgehenden Reize, wenn sich diese in der inneren Nestmulde befinden. Ganz junge Grasmücken, die von einem jungen Kuckuck auf den Nestrand getragen wurden und dort liegenblieben, wurden von den in der Mulde den Kuckuck hudernden Alten in keiner Weise beachtet, obwohl der über den Nestrand stehende Schnabel des Altvogels nur Zentimeter von den erfrierenden Jungen entfernt war. Im Gegensatz dazu zeigten meine Störche einem auf dem Nestrand liegenden Ei gegenüber ein zweckmäßiges Verhalten, indem sie das im Astwerk des Nestrandes eingesunkene Ei mit feinem Genist unterpolsterten, so daß es langsam aus dem grobsparrigen Gefüge des Horstrandes herausgeschoben wurde und schließlich in die Mulde rollte. Dieses Verhalten scheint aber nicht die Regel zu sein, denn H. Siewert beobachtete an Schwarzstörchen ein vollkommen dem vorher beschriebenen Benehmen der Grasmücken entsprechendes Verhalten.

Eine besondere einschneidende Veränderung des sonstigen Verhaltens verlangt das nächtliche Hudern der Jungen von den Junge führenden Nestflüchtern jener Arten, die sonst zum

Schlafen aufzubaumen pflegen. Die Weibchen schlafen mit den kleinen Küken, diese hudernd, auf dem Boden, allein jedoch baumen sie zum Schlafen auf. Zur Überwindung des ziemlich starken Triebes zu abendlichem Aufbaumen ist ein von den kälteweinenden Kindern ausgehender Reiz notwendig. Dabei habe ich zweimal die Beobachtung machen können, daß eine Türkenente, deren Kinder man während der ersten Nacht ihres Lebens von der Mutter getrennt hatte und die dementsprechend diese Nacht auf einem Baum verbracht hatte, am nächsten Morgen die Jungen zwar annahm und den Tag über gut führte, am Abend es jedoch »nicht über sich brachte«, auf dem Boden zu schlafen, sondern die Küken glatt im Stiche ließ und aufbaumte. Wenn mit den Trieben zur Betreuung der Jungen irgend etwas nicht ganz in Ordnung ist, so ist oftmals das Fehlen der Hemmung zum abendlichen Aufbaumen das erste Zeichen dafür. Im Sommer 1933 ließ ich eine Schar Jagdfasane von einer Haushenne ausbrüten und führen. Im Freien hätten die Fasane die Amme wohl sofort verloren, da sie so gut wie nicht auf deren Töne achteten; im engen Gehege jedoch lernten sie die Henne als Wärmequelle kennen, und diese reagierte ihrerseits gut auf das Kälteweinen der Fasanküken, indem sie sie huderte. Abends aber baumte sie regelmäßig auf und ließ die »weinenden« Fasane einfach sitzen.

e. Die Auslösung der Verteidigungsreaktionen
Manche Vögel zeigen eine ungemein starke Reaktion auf den Schmerz- oder Hilferuf ihrer Jungen, während andere wiederum wohl die Jungen verteidigen, d. h. den Feind in ihrer Nähe wütend angreifen, aber darin nicht irgendwie durch das Verhalten der Jungen beeinflußt werden. Hierher gehört die Mehrzahl aller Nesthocker.

Fast alle *Nestflüchter*, jedenfalls alle in bezug darauf bekannten Arten, beantworten den Notschrei ihrer Kinder damit, daß sie in Wut geraten und gegebenenfalls auch einen übermächtigen Feind mit geradezu beispiellosem Mut angreifen. Dieser Verteidigungstrieb ist bei führenden Nestflüchtermüttern so stark, daß er, ähnlich wie der Füttertrieb mancher Sperlingsvögel, an den Art- und Gattungsgrenzen nicht immer haltmacht. Die Vögel verteidigen dann mit voller Wut Jungvögel anderer Arten, die sie nicht führen oder sonst irgendwie betreuen würden. Nur der Verteidigungstrieb kann durch diese art- oder selbst gattungsverschiedenen Küken ausgelöst werden. Bei männlichen Hühnervögeln, die sich sonst überhaupt nicht um ihre Nachkommenschaft kümmern, ist das Verteidigen oft die einzige auf sie bezügliche Reaktion des Vaters. Bei *Chrysolophus* war ich geradezu verblüfft, als mir der Hahn, der sich nie um seine Kinder gekümmert hatte, sondern im Gegenteil beim Umbalzen der Henne oft in der rohesten Weise auf sie draufgetreten war, mir wütend ins Gesicht flog, als ich eines der schon recht herangewachsenen Küken gefangen hatte.

Es pflegt die Reaktion zur Verteidigung der Küken bei Nestflüchtern viel länger erhalten zu bleiben als alle anderen Reaktionen der Brutpflege. Sowohl von *Cairina* als auch von *Chrysolophus* erlebte ich es, daß die Tiere den Notschrei von erwachsenen Jungvögeln, die ihnen schon lange Zeit hindurch nicht mehr nachgefolgt waren, mit tätlichem Angriff auf den Menschen beantworteten. Im Spätsommer, wo normalerweise alle Küken erwachsen sind, verteidigten *Cairina*weibchen und beide Geschlechter des Goldfasans *jeden* artgleichen Vogel, den ein Mensch ergriff. Am 10. August 1934 fing ich mit bloßer Hand nicht weniger als vier sonst recht scheue *Cairina*weibchen auf einmal: Als ich die erste in der Hand hatte, flog mir die zweite ins Gesicht, so daß ich sie ergreifen konnte, im nächsten Augenblicke kam auch schon die nächste an, und als ich mich auf der Wiese quer über zwei der Vögel flach auf den Bauch legte, um sie am Entkommen zu hindern, hatte ich eben wieder eine Hand frei, als die vierte Ente zum Angriff überging. Vorher hatte ich mir den Kopf zerbrochen, wie ich ohne Verscheuchung der damals eben flüggen jungen Nachtreiher und freifliegenden Stockenten dieser vier zum Verkaufe bestimmten Vögel habhaft werden sollte! Dies nur als Illustration der blinden Unbedingtheit solcher Verteidigungsreaktionen!

Sehr wichtig scheint für das Zustandekommen eines tätlichen Angriffes auf den die Jungen bedrohenden Feind der Umstand zu sein, daß er eins der Jungen *gepackt* hat. Wir werden später bei der Kameradenverteidigung der Dohlen ähnlichem begegnen. Einen tätlichen Angriff auf meine Person konnte ich bei *Chrysolophus*, *Gennaeus*, *Gallus*, *Anas* und *Cairina* nur in den ersten Lebenstagen der Jungen auslösen, *ohne* ein Küken in die Hand zu nehmen. Später versuchten mir zwar die Mütter, bei den Fasanarten beide Eltern, in den Weg zu laufen und mich flatternd und schreiend von den Küken abzulenken, tätlich aber wurden sie stets erst, wenn ich ein Küken in der Hand hatte. Solange also die Küken noch ganz jung und kaum fluchtfähig sind, verhalten sich die Tiere dem Feind gegenüber sofort so, als hätte er schon eins in den Krallen, während sie später, wenn die Küken gewandt und schnell geworden sind, diesen Notfall abwarten und sich bis dahin auf die Geschicklichkeit der Jungen triebmäßig »verlassen«.

Eine Besonderheit zeigt das Verhalten der führenden Entenmütter, wenn eines ihrer Küken vom Feind gepackt ist: es richtet sich dann ihre erste Handlung nicht auf den Feind, sondern auf das Küken. Dieses wird mit einer eigentümlichen, von oben nach unten gehenden Schnabelbewegung aus der Umklammerung des Räubers befreit und zu Boden geworfen. Ich hatte schon lange die Erfahrung gemacht, daß Entenmütter, denen man ein Junges wegnehmen oder wieder unterschieben will, bei ihrem Angriff stets das Junge selbst treffen. Ich hatte mich sogar diesem Verhalten halb unbewußt insofern angepaßt, als ich bei solchen Gelegenheiten stets die andere Hand schützend über das Junge hielt. Daß dieses Packen oder Nach-unten-Stoßen des vom Feind gehaltenen Kükens aber kein Zufall sei, wurde mir erst klar, als ich im Sommer 1933 eine Hochbrutente in dieser Weise ein Küken aus dem Schnabel eines Nachtreihers retten sah. Ich glaubte zuerst an einen Zufall, es gelang mir jedoch, dieselbe Situation nochmals herbeizuführen, wobei ich genau dieselbe Reaktion nochmals erhielt. Später habe ich sie noch wiederholt zu sehen bekommen. Ich kann nicht entscheiden, ob die Mutter das dem Feind zu entreißende Kind in den Schnabel faßt, oder ob sie es nur mit dem Kinn nach unten zieht, weil die Bewegung allzu schnell ist. Da die Mutter zugleich mit den Flügelbugen auf den Feind loszuschlagen pflegt, sieht die Gesamtbewegung ähnlich aus wie die allgemein bei Entenkämpfen übliche, bei der der Gegner mit dem Schnabel gepackt, nach unten gedrückt und zugleich mit einem Flügelbug bearbeitet wird. Die Koppelung der Schnabel- und Flügelbewegungen ist aber keine unbedingte; gerade die erste, den Nachtreiher angreifende Ente entriß diesem das Junge zuerst nur mit einer Schnabelbewegung und ging dann erst mit den Flügelbugen auf ihn los. Ich habe auch erlebt, daß eine Hochbrutente einem mit einem Küken im Schnabel abfliegenden Kolkraben nachflog, ihn etwa einen Meter über dem Boden einholte, packte, mit ihm zu Boden kam und dort noch heftig verprügelte, ehe es ihm gelang, sich von ihr zu befreien und ohne seinen Raub zu fliehen. Die Ausgiebigkeit und biologische Bedeutung dieser Verteidigungsreaktionen wird wohl allgemein stark unterschätzt, der Angriffsmut der Raubtiere ebenso stark überschätzt.

Unter den *Nesthockern* werden meist die Verteidigungsreaktionen nicht so sehr durch die Situation »Junges, vom Feinde bedroht«, als durch die Situation »Feind in Nestnähe« ausgelöst. Das an einem anderen Ort befindliche Junge löst den Verteidigungstrieb so wenig aus wie sonstige Reaktionen der Betreuung.

Bei den Nachtreihern, die keine so hochspezialisierten Nesthocker sind wie die Sperlingsvögel, finden wir kein solches Gebundensein der Pflegetriebe an die Nestmulde. Für sie ist ein Junges auch dann ein Junges, wenn es nicht genau an der Stelle sitzt, »wo es hingehört«. Vielleicht hängt dies auch damit zusammen, daß die Jungen ja sehr bald auf den das Nest umgebenden Zweigen umhersitzen; jedenfalls flog eine Nachtreihermutter (es handelte sich um den früher erwähnten sehr zahmen Vogel) sofort auf den Erdboden hinunter, als ich ihr zwölf Tage altes Kind dort hinsetzte. Sie trat dich an das Junge heran und wollte es hudern. Sie verteidigte es dann auch an derselben Stelle zuerst gegen mich und dann gegen einen Pfauhahn, der mit der seiner Art eigenen Neugierde das Reiherkind näher betrachten wollte. Allerdings *ermüdete* diese Verteidigungsreaktion fast sofort. Nach zweimaligem Vertreiben des Pfaues lief sie plötzlich davon, um sich futterheischend vor ihrer Pflegerin aufzustellen, die beobachtend danebenstand und während des ganzen Versuches unbeweglich auf derselben Stelle geblieben war. Ich konnte eben noch rechtzeitig den Pfau daran hindern, seine Sporenschläge auf das Reiherkind herabhageln zu lassen: die Mutter hätte es diesmal nicht mehr verhindert. Der Erscheinung, daß *nicht ganz adäquate Reizkombinationen* eine Reaktion zwar einmal ansprechen lassen, aber schon bei zwei- oder dreimaliger Wiederholung wirkungslos bleiben, begegnen wir bei Versuchen, arteigene Triebhandlungen durch Ersatzreize auszulösen, ungemein häufig und bei den verschiedensten Gruppen. Lissmann hat dies in schönen Attrappenversuchen an der Kampfreaktion des Kampffisches, *Betta splendens*, in geradezu mustergültiger Weise nachgewiesen.

Der einzige mir bekannte Fall, wo bei einem Nesthocker eine vollwertige Verteidigungsreaktion durch von den Jungen ausgehende Reize ausgelöst wird, betrifft die Dohle. Da aber bei ihr diese Verteidigung sich nicht auf die Jungen beschränkt, gehört sie in ein anderes Kapitel. Kolkraben, Nachtreiher, Störche und sicherlich viele andere verteidigen den Nestort gegen die in Frage kommenden Feinde ziemlich unabhängig davon, ob das Nest voll oder leer ist. Besonders beim Kolkraben erwacht der Trieb zum Verteidigen des Nestes schon zu einer Zeit, wo ein solches noch gar nicht vorhanden ist und eben erst ein bestimmter Platz die »Bedeutung« des Nestes angenommen hat. Ob dieser Trieb mit dem Legen des ersten Eies beim Raben eine wesentliche Intensitätsvermehrung erfährt, weiß ich nicht; beim Nachtreiher jedoch ist diese so ausgesprochen, daß ich bei meinen Vögeln mit Sicherheit aus ihr entnehmen kann, wann das erste Ei gelegt wurde, ohne erst die Tiere vom Neste zu scheuchen.

Daß die Jungen von Nesthockern außerhalb des Nestes in vielen Fällen überhaupt keine Antworthandlungen ihrer Eltern, also auch keine Verteidigungshandlungen, auszulösen vermögen, wurde schon erwähnt.

Zu den Verteidigungsreaktionen müssen wir schließlich noch die bekannten Triebhandlungen rechnen, die bezwecken, den Feind von den Jungen abzulenken oder wegzulocken. Über ihre Auslösung vermag ich nur negative Angaben zu machen: Es ist mir bei sämtlichen in Gefangenschaft oder zahm in Freiheit brütenden Vögeln niemals gelungen, diese Reaktionen auszulösen. Die hierzu notwendigen Reize scheinen vom Nestfeinde auszugehen und müssen offenbar sehr stark sein. Für zahme und halbzahme Vögel ist der Mensch kein genügend »fürchterlicher« Feind, um diese Triebhandlungen hervorzurufen, er löst ja auch umgekehrt bei solchen Tieren Verteidigungshandlungen aus, die im Freileben nur sehr kleinen Raubtieren gegenüber Erfolg haben dürften. Da meine Versuchstiere auch an große Hunde durchaus gewöhnt waren, also auch nicht einmal der Wolf als größtes »adäquates Raubtier« die zu den Handlungen der Verfolgungsablenkung notwendigen Reize setzte, kenne ich diese nur aus freier Wildbahn. Auf eine Feinheit dieser Triebhandlungen möchte ich hier in Parenthese hinweisen, da sie meines Wissens nie beschrieben wurde: Während Stockenten, Rebhühner u. a. bei den Ablenkehandlungen eine Flügelverwundung vortäuschen, die sie am Auffliegen hindert, ahmen Grasmücken und andere Kleinvögel einen allgemein *kranken* Vogel nach, sträuben das Gefieder, machen kleine Augen, stolpern beim Hüpfen und fliegen mit dem matten Flügelschlag eines sterbenskranken Tieres. Das Interessante hieran ist, daß die Ausbildung dieser Feinheiten voraussetzt, daß auch der wegzulockende Räuber für sie Sinn hat.

f. Die Auslösung der Rettungsaktionen

Während so die Vögel über eine Fülle von Triebhandlungen verfügen, deren biologischer Zweck darin liegt, die Jungen vor tierischen Feinden zu beschützen, finden wir nur wenige Reaktionen, welche sie aus sonstigen Notlagen zu retten imstande sind.

So sind z. B. Nestflüchtermütter psychisch unfähig, ihren Küken zu helfen, wenn diese in Erdlöcher oder -spalten gefallen sind und nicht selbst herauszuklettern vermögen. Die Lösung, das Küken mit dem Schnabel herauszuziehen, ist so naheliegend, und die Situation tritt augenscheinlich so häufig ein, daß es geradezu verwunderlich ist, daß keine Art eine entsprechende Triebhandlung ausgebildet hat. Um so auffälliger war es mir, als ich bei schwarzköpfigen Grasmücken, *Sylvia atricapilla*, ein Verhalten sah, das nichts anderes als eine Triebhandlung zur Rettung von in Spalten gefallenen Jungen sein dürfte. Ich hatte ein Weibchen der genannten Art auf dem Neste gefangen und samt seinen Jungen gekäfigt. Das Weibchen fütterte die Jungen gut weiter, und als sie flügge geworden waren und noch ungeschickt im Käfig umherflogen, kam es oft vor, daß eines von ihnen in das die ganze Schmalseite des Käfigs einnehmende Futtergeschirr fiel. Auf ein solches Ereignis reagierte die Mutter mit voller Regelmäßigkeit damit, daß sie eiligst in das Gefäß sprang und mit tiefgehaltenem Kopf und Schnabel *unter* dem Jungen durchschlüpfte und es dabei mit dem Rücken nach oben und aus dem Gefäß hinausdrängte.

Heinroth sah einmal, wie eine Zwergentenmutter ein auf den Rücken gefallenes Junges durch Unterfahren mit dem Schnabel umdrehte; ich sah 1934 dasselbe bei einer *Cairina*.

Damit sind die Beobachtungen erschöpft, die uns über die Hilfeleistungen zur Verfügung stehen, die Vogeleltern ihren Kindern in solchen Gefahren zuteil werden lassen, die nicht durch Raubtiere hervorgerufen sind. Man hat den Eindruck, als ob eine bloße *Situation* keine so starke Reaktion auszulösen imstande wäre wie die von dem Raubtier ausgehenden Reize, zumal auch das in solchen Notlagen befindliche Junge nicht so intensive Notsignale aussendet, wie wenn es vom Raubtier gepackt ist.

g. Das Verschwinden des Kindkumpans

Die Reaktionen des Elterntieres auf das Abhandenkommen des Jungen sind in vielen Fällen recht bezeichnend. Bei Dezimierungsversuchen reagieren selbst Katzen und andere Säuger in einer Weise, die eindeutig zeigt, daß sie die Jungen nur quantitativ und nicht persönlich vermissen. Bei Vögeln fehlt in allen untersuchten Fällen auch jene Beantwortung der zahlenmäßigen Verminderung ihrer Kinderschar. Selbst bei kinderreichen Nestflüchtern, wie Haushuhn und Stockente, genügt die Gegenleistung eines einzigen Kükens, um sämtliche Elterntriebhandlungen so zu binden, daß in dem Benehmen der Mutter kein Unterschied gegenüber ihrem Verhalten zu einer normal großen Kükenschar nachzuweisen ist. Dies ist bei der Stockente um so auffallender, als die Küken selbst auf eine starke Verminderung ihrer Zahl reagieren, wie wir später zu beschreiben haben werden. Selbst wenn man einzelne Küken nicht heimlich und ohne Aufsehen entfernt, sondern unter starken Verteidigungsreaktionen der Mutter gewaltsam raubt, zeigt letztere nach Abklingen des Verteidigungsaffektes keine Veränderung ihres Verhaltens. Sie vermeidet weder die Gegend, in der ihr das Küken geraubt wurde, noch zeigt sie eine vergrößerte Furcht vor dem Räuber. Sie »glaubt« sozusagen, ihre Verteidigungshandlungen seien von vollem Erfolg gewesen, wenn ihr nachher überhaupt noch Küken verbleiben, an denen ihre Elterntriebhandlungen abschnurren können. Ich möchte es aber dahingestellt sein lassen, ob diese an Haushuhn und Stockente beobachteten Verhaltensweisen für andere Vögel, etwa für Graugänse, Geltung haben. Es wäre gut vorstellbar, daß bei diesen ein persönliches Vermissen eines Kindes nachgewiesen würde, etwa in der Weise, wie manche Vögel auch den Gatten oder den sozialen Kumpan persönlich vermissen.

Bei Hühnervögeln, besonders auch bei der Haushenne, ändert sich das Verhalten der führenden Mutter auch dann nicht wesentlich, wenn man ihr alle Küken fortnimmt. Sie hört nicht etwa auf, den Führungston auszustoßen, zum Futter zu locken oder die Verteidigungsstellung einzunehmen, noch begibt sie sich in zweckdienlicher Weise auf die Suche nach ihren Kindern. Sie fährt vielmehr in allen Tätigkeiten des Führens fort, nur mit einem merklich herabgestimmten Eifer. Auch bleibt sie oft in eigentümlich unvermittelter Weise still stehen, als ob ihre gesamten Reaktionen steckengeblieben wären und eines von den Jungen ausgehenden Anstoßes bedürften, um wieder in Gang zu kommen. Ganz ähnlich verhalten sich Hennen, deren Gelege taub war, nach Aufhören des Bruttriebes. Auch sie gehen viele Tage führend herum und zeigen auch dieselben Störungen ihrer »Spontaneität«.

Die *Nesthocker* verhalten sich bei Verlust des Kindkumpans prinzipiell ähnlich wie die beschriebenen Nestflüchter. Das Verschwinden eines einzelnen Jungen aus einer größeren Zahl wird nie von den Eltern bemerkt, bei kleinen Jungen und Eiern wird meist auch die Wegnahme des gesamten Nestinhaltes nicht immer sofort beantwortet. Als im Sommer 1933 die Jungen einer Dohlenbrut zugrunde gingen, trugen die Eltern zwar alle Leichen weg, bebrüteten aber das leere Nest noch mehrere Tage. Nachtreiher, denen ich nach abgelaufener Brutzeit die tauben Eier wegnahm, kehrten nach der dadurch verursachten Störung aufs Nest zurück, begrüßten sich, und dann setzte sich das Weibchen, das auch vorher gebrütet hatte, in die Mulde, ganz als wäre nichts geschehen. Wenige Stunden später hatten die Tiere jedoch das Nest verlassen. Ich habe die Vermutung, daß der brütende Vogel das Abhandenkommen des Geleges erst gemerkt hat, als die Reaktion zum Wenden der Eier bei ihm auftrat, d. h. die nächste direkt auf die Eier bezügliche Triebhandlung, die sich in der leeren Mulde, im Gegensatz zum Brüten, schlechterdings nicht ausführen ließ. Wenn die Jungen herangewachsen sind, merken die alten Reiher deren Fehlen sofort, und es gibt sogar eine aufgeregte Begrüßungsszene, wenn man die Jungen dann wieder ins Nest setzt, was Bernatzik[3] bei Seidenreihern erlebte und ich für den Nachtreiher bestätigen kann. Dabei sagt es den Elternvögeln nichts über den Verbleib der Jungen, wenn man diese vor ihren Augen und trotz ihrer Verteidigung aus dem Nest nimmt. Als ich dies 1934 mit zwei jungen Nachtreihern tat und diese, den Eltern leicht sichtbar, in einem allseitig zugänglichen kleinen Flugkäfig mitten im alltäglichen Verkehrsraum der alten Vögel unterbrachte, verfolgten mich die Eltern zwar, solange ich die angstkreischenden Jungen in Händen hatte, beruhigten sich aber sofort, als dies nicht mehr der Fall war, fraßen sofort wieder aus der Hand und flogen gleich darauf zu dem nunmehr leeren Nest, um zu füttern. Mit der Zeit dämmerte ihnen zwar, daß die Jungen nun in dem Käfig waren, denn sie saßen späterhin auffallend oft auf dessen Dach, sowie sie aber füttern wollten, flogen sie zum Nest!

---

[3] H. Bernatzik, *Ein Vogelparadies an der unteren Donau.*

4. Die Trennbarkeit der Funktionskreise

Die einzelnen Leistungskreise, in denen der Jungvogel den Eltern als gegenleistendes Objekt entgegensteht, sind im Versuch nicht in dem Maße voneinander trennbar wie die anderer mit Instinktverschränkungen einhergehenden Funktionskreise der Triebhandlungen. Immerhin gibt es einige Reaktionen, die sich außerhalb des Zusammenhanges der sonstigen Aufzuchthandlungen zeigen.

Wir haben schon erwähnt, daß der Verteidigungstrieb vieler Nestflüchter auch dann auf einen Jungvogel anspricht, wenn dieser keine einzige andere auf das Kind bezügliche Triebhandlung auszulösen imstande ist. Es wirkt recht reflexmäßig, wenn z. B. eine *Cairina*mutter ein Stockentenküken mit aufopferndem Mute aus den Händen des Experimentators »rettet«, um es in der nächsten Minute zu beißen und womöglich umzubringen, wenn es versucht, sich unter ihre eigenen Kinder zu mischen.

Gerade die Maschinenmäßigkeit dieser Brutpflegereaktionen läßt die Einheitlichkeit, mit der der Kindkumpan auch in verschiedenen Funktionskreisen behandelt wird, in einem anderen Lichte erscheinen. Die geringe Trennbarkeit der Funktionskreise beruht hier eben nicht auf einer besseren Zusammenfassung der von dem Kinde ausgehenden Reize, einer besseren »Vergegenständlichung« der Person des Kindes, sondern in einer im Bauplan der Instinkte des Elternvogels von vornherein gegebenen gegenseitigen Abhängigkeit der Brutpflegetriebhandlungen, die sozusagen nur *eine* Handlungskette bilden. Die einheitliche Behandlung des Jungen liegt also im Instinktbauplan des Altvogels begründet und nicht in der Rolle, die das Junge in seiner Umwelt spielt.

VII. Der Geschlechtskumpan

Wenige tierische Verhaltensweisen sind so sehr in rührseliger Weise falsch vermenschlicht worden wie diejenigen von Vogelpärchen. Dabei hat sich die Poesie ganz besonders solcher Arten bemächtigt, die bei näherem Zusehen durchaus nicht besonders viel »Rührendes« an sich haben, wie z. B. die Tauben. Solche falschen Vermenschlichungen haben in einer Hinsicht recht viel Schaden gestiftet: in ihrer offenkundigen psychologischen Unrichtigkeit haben sie ernste Wissenschaftler davon abgeschreckt, ihren Blick auf die großen Ähnlichkeiten zu richten, die zwischen Mensch und Tier gerade in ihrem geschlechtlichen Verhalten bestehen. Damit meine ich durchaus nicht die grobsinnlichen Auswirkungen der geschlechtlichen Triebe, sondern ganz im Gegenteil, die feineren, durchaus »menschlichen« Verhaltensweisen des Sich-Verliebens, des Umwerbens, der Eifersucht usw. usw. Die früher übliche Vermenschlichung ist schuld daran, daß man heute noch mit einer rein auf Tatsachen sich beschränkenden Schilderung tierischen Liebeslebens auch bei einem psychologisch geschulten Hörer nur zu leicht ungläubige Heiterkeit auslöst. An und für sich ist es aber nicht einmal sehr verwunderlich, daß gerade auf diesem Gebiete die am weitesten reichenden Parallelen zwischen menschlichem und tierischem Verhalten zu finden sind, denn daß gerade auf dem Gebiete des Geschlechtlichen beim Menschen besonders viele rein triebhafte Verhaltensweisen erhalten geblieben sind, wird niemand ableugnen wollen.

1. *Das angeborene Schema des Geschlechtskumpans*

Die angeborenen Auslöse-Schemata geschlechtlicher Verhaltensweisen haben meist mit der Prägung nichts zu tun, die betreffenden Reaktionen erwachen erst lange nach Abschluß sämtlicher Prägungsvorgänge. Häufig sind es Auslöser von Kindestriebhandlungen, die die Prägung des späteren Sexualobjektes bestimmen. Meist besitzt der diese Prägung induzierende Artgenosse (Elterntier, Geschwister) *keine* zu geschlechtlichen Triebhandlungen gehörigen Auslöser, und wenn er sie besitzt, bringt er sie dem Jungvogel gegenüber nicht in Anwendung. Es ist also keineswegs etwa so, daß die Prägung des Geschlechtskumpans der jungen Weibchen durch Zeichen geleitet wird, die von Vater und Brüdern ausgehen, oder daß der entsprechende Vorgang bei jungen Männchen von weiblichen Familienmitgliedern induziert wird. Die die Prägung bestimmenden Auslöse-Schemata haben mit geschlechtlichen Reaktionen unmittelbar nichts zu tun, die geprägten Merkmale sind stets für die ganze Art bezeichnend, also für Männchen und Weibchen gemeinsam. Wenn wir S. 48 gesagt haben, daß der Vogel durch die Prägung nur *überindividuelle* Merkmale des Kumpans erwerbe, so müssen wir hier hinzufügen, daß dies auch beim Geschlechtskumpan nur geschlechtsunabhängige Artmerkmale sind.

Aus Angeborenem und Geprägtem entsteht zunächst ein sozusagen geschlechtsloses Schema eines »Artgenossen«, wodurch festgelegt wird, gegen welche *Art* sich späterhin die geschlechtlichen Reaktionen des Vogels richten werden. Erst viel später, nach Erreichen der Geschlechtsreife, also lange nach dem Aufhören jeglicher Prägbarkeit, beginnt der Vogel auf jene Auslöser zu reagieren, die den angeborenen Auslöse-Schemata geschlechtlicher Triebhandlungen entsprechen. Da die Reaktion auf diese Auslöser angeboren ist, diese selbst so recht die Zeichen sind, an denen der Vogel seinen Geschlechtspartner triebmäßig »erkennt«, so erscheint es vielleicht paradox, sie nicht zum angeborenen Schema des Geschlechtskumpans zu rechnen, aber um der einmal gegebenen Definition treu zu bleiben, wollen wir ihre Funktion doch lieber im Abschnitt über die Leistungen des Geschlechtskumpans besprechen. Die Beziehungslosigkeit der geschlechtlichen angeborenen Auslöse-Schemata zum Prägungsvorgang tritt unter Umständen bei auf den Menschen geprägten Vögeln sehr deutlich zutage, wenn ein Mensch zufällig Merkmale an sich trägt, die solchen Schemata entsprechen. So beobachteten Heinroths, daß sich eine eben geschlechtsreif werdende Rebhenne, *Perdix perdix*, deshalb in ihre Pflegerin verliebte, weil sie auf deren braunrote Schürze ebenso reagierte wie auf den roten Brustfleck eines Hahnes. Ein ebenfalls auf den Menschen geprägter Lachtauber, *Streptopelia risoria*, zeigte mir gegenüber ein analoges Verhalten. Ich war zwar im allgemeinen für ihn wohl ein männlicher »Artgenosse«, denn meist brachte er mir gegenüber nur Kampfreaktionen. Wenn ich ihm aber die flache Hand in einer bestimmten Höhe vorhielt, ging er unvermittelt zu einem Begattungsversuch über, d. h. er reagierte auf das plötzliche Darbieten einer ebenen Körperfläche wie auf die Auslösehandlung des zur Begattung auffordernden Weibchens.

Das Gesamtschema des eigentlichen Geschlechtskumpans besteht demnach immer aus dem angeborenen und aus dem geprägten Schema eines *Artgenossen*, zu dem dann noch bestimmte, geschlechtsgebundene Zeichen hinzukommen müssen, die zur Prägung jedoch keinerlei Beziehungen haben; daher die Schwierigkeit, hier unseren Begriff des angeborenen Kumpanschemas anzuwenden.

2. Das persönliche Erkennen des Geschlechtskumpans

Dem Fernerstehenden ist die Tatsache, daß Vögel ihren Gatten unter Hunderten von gleichartigen Tieren sofort herauskennen, höchst verwunderlich, ja geradezu unglaublich; die Entgegnung, alle Tiere gleicher Art, alle Neger, alle Chinesen, seien voneinander ebenso verschieden wie wir Europäer, nur sei gerade unser Auge auf diese Unterschiede nicht eingestellt, ist nicht stichhaltig. Wir Europäer unterscheiden uns tatsächlich weit mehr voneinander als die viel reinblütigeren Neger oder Chinesen, diese wiederum sind voneinander viel verschiedener als Tiere undomestizierter Arten. Wenn aber auch bei diesen die Variationsbreite um so viel geringer ist, so genügt doch eine entsprechende Verfeinerung der Unterschiedsempfindlichkeit des Blickes, um ebenso viele Möglichkeiten der individuellen Kennzeichnung zu ergeben wie bei den stärker abändernden Kulturmenschen. Auch der Mensch kann es durch Übung sehr wohl dahin bringen, die geringen individuellen Verschiedenheiten zu sehen, die der geringen Variationsbreite undomestizierter Vögel entsprechen. Im Jahre 1930 kannte ich in einer Schar von 14 Dohlen jedes Individuum persönlich, ohne auf die Fußringe zu blicken und ohne zufällige Kennzeichen, wie abstehende Federn oder ähnliches, zu berücksichtigen. Wenn wir uns nun die Frage vorlegen, *woran* Tiere einander erkennen, d. h. welche Merkmale es sind, die bei der Unterscheidung verschiedener Individuen derselben Art den Ausschlag geben, so fällt die Antwort in gewissem Sinne sehr erstaunlich aus: Das Wesentliche ist nämlich für die meisten Vögel, ganz wie für uns, erstens die Physiognomie des Kopfes, ferner die Stimme und die Bewegungsweise des Individuums. Heinroth beschreibt, wie ein Höckerschwan seine gründelnde Gattin angriff, weil er ihren Kopf nicht sah und sie für einen fremden Schwan hielt. Es liegt nahe anzunehmen, daß bei sehr vielen Vögeln das Gesicht derjenige Teil des Körpers ist, der die optischen Merkzeichen des Individuums trägt. An der Stimme erkennt nach Heinroth die Stockente ihren Erpel; dasselbe kann ich von einem brütenden Dohlenweibchen versichern, das auf den Lockruf seines Männchens aus dem Nistkasten kroch, ohne dabei das Männchen sehen zu können. Die Lockrufe anderer Dohlen beachtete es nicht. Für sehr viele Vögel ist sicher auch die Art, sich zu bewegen, ein individuelles Merkmal, ebenso die Wege, auf denen sich der andere Vogel bewegt, die Sitzplätze, die er einnimmt. Letzteres spielt sicher bei den Reihern mit ihren festen Weggewohnheiten und Stammsitzen eine große Rolle. Ich selbst bin imstande, unter den Reihern meiner Kolonie alle Stücke nach Weggewohnheiten und Sitzplätzen mit Sicherheit individuell zu erkennen, und kann die Resultate durch Nachkontrollieren der Ringe immer nur bestätigen.

3. Die Leistungen des Geschlechtskumpans

Die der Fortpflanzung dienenden instinktiven Verhaltensweisen eines Vogelpaares bilden das, was F. Alverdes als *Instinktverschränkung* bezeichnet. Das auslösende Moment einer Triebhandlungskette des einen Vogels ist eine Handlung des anderen, häufig nur das letzte Glied einer Handlungskette dieses letzteren, das, etwa wie das Stichwort eines Schauspielers, den Gegenspieler zu neuer Tätigkeit veranlaßt. Wohl alle Paarungs- und überhaupt Fortpflanzungsreaktionen der Vögel sind solche Instinktverschränkungen. Nur bei Tieren, bei denen das Weibchen vom Männchen einfach vergewaltigt wird, kommt es vor, daß dem weiblichen Geschlecht Antworthandlungen fehlen, von einer Verschränkung der Instinkte also nicht gesprochen werden kann. Ob aber dieser Fall bei Vögeln überhaupt vorkommt, erscheint mir fraglich.

a. Die Instinktverschränkung der Paarbildung
Das Imponiergehaben. – Manche Reaktionen, die ein Tier, und zwar meistens nur ein männliches Tier, beobachten läßt, wenn man es mit einem Artgenossen zusammenbringt, werden ganz allgemein als Werbehandlungen gedeutet. Ebenso wurden auffallende Farben und Formen, »Prachtkleider«, die nur dem männlichen Geschlechte zukommen, als eine Einrichtung aufgefaßt, die einen Einfluß auf die Gattenwahl des Weibchens ausübt. Beides ist in Einzelfällen richtig, wie z. B. E. Selous für den Kampfläufer, *Philomachus pugnax*, gezeigt hat, und die Erklärung einer Entstehung dieser Instinkthandlungen und dieser körperlichen Merkmale durch geschlechtliche Zuchtwahl im engsten Sinne besitzt eine gewisse Wahrscheinlichkeit, ohne natürlich bewiesen zu sein. Andererseits müssen wir uns vor Augen halten, daß bei vielen Tieren ein durchaus entsprechendes Gebaren und ganz ähnliche, nur dem männlichen Geschlechte zukommende körperliche Merkmale offensichtlich nur bei *anderen*

Männchen Reaktionen auslösen, wie G. K. Noble und H. T. Bradley dies für viele Eidechsen gezeigt haben. Bei wieder anderen Tierformen ist das in Rede stehende Gebaren samt den dazugehörigen Organen durchaus nicht auf das männliche Geschlecht beschränkt, doch sind diese Formen stark in der Minderzahl.

In allen Fällen sind Gehaben und Prachtkleider als *typische Auslöser* aufzufassen. Mögen sie nun auf das gleiche oder das entgegengesetzte Geschlecht wirken, immer ist ihre Wirkung insofern die gleiche, als sie stets ganz bestimmte Antworthandlungen in Gang bringen, die mit der Fortpflanzung, und zwar mit der Bildung der Paare, zu tun haben.

Wohl die häufigste und wahrscheinlich auch die ursprünglichste Wirkungsweise dieser Auslöser besteht *gleichzeitig* im Hervorrufen einer positiven Reaktion im Weibchen und in der Auslösung einer »negativen« Antworthandlung in jedem anderen Männchen. Heinroth nennt alle Verhaltensweisen, die in der beschriebenen Weise Droh- und Werbewirkung in sich vereinen, sehr treffend *Imponiergehaben*. In der englischen Fachliteratur findet man sie meist kurz und wohl etwas zu allgemein als »display« bezeichnet. Es gehört zum Begriffe des Imponiergehabens, daß es im wesentlichen nur dann ausgeführt wird, wenn ein empfänglicher Zuschauer zugegen ist.

Imponiergehaben im weiteren Sinne ist im Tierreich ungemein weit verbreitet. Angedeutet sehen wir es schon im Reiche der Wirbellosen, und innerhalb des Kreises der Wirbeltiere findet es sich vom Knochenfisch bis hinauf zum Menschen im wesentlichen in ganz gleicher Weise. Echtes Imponiergehaben gehört zu den wenigen unzweifelhaften Instinkthandlungen des Menschen.

In seiner allgemeinsten und sicherlich ursprünglichsten Form besteht das Imponiergehaben nicht aus besonderen, nur in dieser einen Bedeutung ausgeführten Bewegungen, noch weniger sind zu seiner Unterstützung besondere Organe ausgebildet. Das primitive Imponiergehaben besteht vielmehr darin, daß alle gewöhnlichen Bewegungen des Tieres *mit einem auffallenden und zu ihrem eigentlichen Zwecke unnötigen Kraftaufwand ausgeführt werden*. Das Verhalten des werbenden Grauganters, *Anser anser*, zeigt diese Form des Imponiergehabens in besonders reiner Ausbildung. Jede einzelne Bewegung eines solchen Vogels wird mit einem solchen Übermaß von Muskelkraft ausgeführt, daß auch der Unvoreingenommene den unmittelbaren Eindruck von etwas gewollt Gespanntem, Geziertem empfängt. Beim Gehen und Stehen drückt der Vogel die Brust heraus und hält sich sehr aufrecht. Die Schrittlänge wird größer, das Schreiten langsamer. Das gewöhnliche Hin- und Herdrehen des Körpers bei jedem Schritt wird übertrieben, so daß es geradezu aussieht, als ob der Vogel mühsamer als sonst gehe. Während Graugänse sonst nicht so leicht von ihren Flügeln Gebrauch machen und sich nur im Ernstfall zum Auffliegen entschließen, nimmt der »imponierende« Ganter jede Gelegenheit wahr, um die Kraft seiner Schwingen zu zeigen. Er durchfliegt dann auch ganz kleine Strecken, die er sonst sicher nur gehend oder schwimmend durchmessen würde. Insbesondere stürzt er sich fliegend auf jeden wirklichen oder scheinbaren Gegner, um nach seiner Vertreibung wieder mit ebensoviel Aufwand zu der Gans zurückzukehren, der sein Imponiergehaben gilt. Er fällt dann mit hocherhobenen Schwingen und lautem Triumphgeschrei bei ihr ein. Nach dem Einfallen und auch sonst nach jedem Öffnen der Flügel werden diese nicht sofort wieder gefaltet. Auch bei der nicht gerade ihr Imponiergehaben zeigenden Gans sehen wir, daß die Flügel vor dem Zusammenfalten einen Augenblick starr ausgestreckt gehalten werden. Diese Zeitspanne wird beim Imponiergehaben sehr verlängert, und der kraftprahlende Ganter steht nach jedem Öffnen der Flügel sekundenlang mit weitgebreiteten Flügeln sehr aufrecht da. Gerade daraus hat sich bei anderen Anatiden eine besondere Imponierzeremonie entwickelt.

Das Imponiergehaben des Menschen zeigt die größte Ähnlichkeit mit dem der Graugans. Auch durchaus hochwertige und mit Selbstkritik begabte Männer werden unter Umständen bei körperlichen Betätigungen, ich will einmal sagen beim Skilaufen oder auf dem Eislaufplatz, in allen ihren Bewegungen ganz wesentlich kraftvoller und schneidiger, wenn sich die Zahl der Zuschauer um ein anziehendes Mädchen vermehrt. Bei primitiveren oder nicht ganz erwachsenen Menschen tritt dann häufig, genau wie bei dem beschriebenen Ganter, ein Bekämpfen oder wenigstens ein Belästigen schwächerer Scheingegner ein. Die merkwürdigste Tatsache ist aber wohl darin zu sehen, daß viele Menschen die für das Imponiergehaben bezeichnende Kraftvergeudung mit einer *Maschine* ausführen, wenn sie gerade eine solche steuern. Ich habe wiederholt beobachtet, daß Motorradfahrer in solchen Fällen durch Gasgeben und gleichzeitige Verstellung der Zündung die Lärmentwicklung und den Kraftverbrauch steigern, ohne die Geschwindigkeit wesentlich zu vergrößern. In gleicher Weise ist oft jähes Bremsen und allzu kraftvolles Beschleunigen von Kraftfahrzeugen zu erklären. Der psychologisch ungeheuer fein beobachtende amerikanische Schriftsteller Mark Twain erzählt von einem kollektiven Imponiergehaben der Mannschaft von Mississippidampfern: an Orten, wo die Fahrt dieser Schiffe von Ansiedlungen am Ufer aus beobachtet werden konnte, erhöhte sich stets ihre Fahrgeschwindigkeit, und zugleich wurde durch Auflegen bestimmter Holzarten besonders viel Rauch entwickelt.

Ich bin der Ansicht, daß sich alle höher spezialisierten Formen triebmäßigen Imponiergehabens aus Anfängen heraus entwickelt haben, die etwa dem weiter oben beschriebenen Verhalten des Grauganters entsprachen. Ebenso glaube ich, daß auch die unterstützenden körperlichen Organe *sekundär* dazugekommen sind. Selten wirkt der fragwürdige Beweis »phylogenetischer« Reihen so unmittelbar überzeugend wie beim Vergleichen gewisser Einzelheiten des Imponiergehabens verwandter Vogelformen. So wird z. B. das verlängerte Offenhalten der Flügel, wie wir es oben vom Graugantcr beschrieben haben, bei anderen Anatiden zur selbständigen Zeremonie. Beim Imponiergehaben von *Anser* wird es nur ausgeführt, wenn der Vogel geflogen ist oder sich geflügelt hat. (Das Flügelöffnen bei der Verteidigung der Jungen gehört zu einer ganz anderen Triebhandlungsreihe!) Höchstens könnte man sagen, daß der Ganter im Zustande der Verliebtheit dazu neigt, besonders oft Situationen herbeizuführen, in denen ein Öffnen der Flügel vorkommt. Bei der Nilgans, *Alopochen*, hingegen öffnet das Männchen die Flügel beim Imponiergehaben auch ohne jeden anderen Grund. Bei der Orinokogans, *Neochen*, hat sich die Reaktion des Sich-Flügelns mit Imponierbedeutung von der gewöhnlichen Reaktion des Sich-Flügelns vollständig getrennt. Der Ganter richtet sich dabei bis weit über die Lotrechte hinaus auf, öffnet die Flügel und vollführt unter Ausstoßen seines »Triumphgeschreis« (Heinroth) zitternde Flügelschläge von sehr kleinem Ausschlag, an die sich ein langes Offenhalten der Flügel anschließt. Dazu hat *Neochen* auch schon einen körperlichen Auslöser, der die Wirkung dieser Handlung unterstützt. Die bei der beschriebenen Stellung des Ganters sehr hervortretende Unterseite ist auffallend gefärbt. Die ganze Zeremonie ist sofort als »dasselbe« zu erkennen wie das Gehaben des unter Triumphgeschrei zu seiner Angebeteten zurückkehrenden Grauganters und ist ganz sicher sein Homologon. Es ist aber bei *Neochen* sehr viel weiter differenziert und von der ursprünglichen biologischen Bedeutung der ausgeführten Bewegungen sehr weit entfernt. Ähnliche Zusammenhänge lassen sich in sehr vielen Fällen wahrscheinlich machen. Die Grenzen zwischen der ursprünglich in einer ganz anderen Bedeutung ausgeführten Triebhandlung und der nur im Sinne des Imponiergehabens wirkenden Reaktion sind sehr oft nicht scharf zu ziehen. Oft sind auch die Zusammenhänge nicht ohne weiteres klar: es ist z. B. nicht leicht verständlich, warum der drohende Hahn »zum Scheine« etwas vom Boden aufpicken muß, warum der Kranich in derselben Lage sich hinter dem Flügel putzt. Beim Grauen Kranich sieht diese Zeremonie noch wie ein gewöhnliches Putzen aus, und jeder, der die Bedeutung der Zeremonie nicht kennt, würde es für ein solches halten. Beim Mandschurenkranich würde man die entsprechende Bewegung kaum noch für ein Putzen ansprechen, obwohl ihre Homologie zu dem Scheinputzen des Grauen Kranichs sicher ist.

Zur Unterstützung des Imponiergehabens finden sich alle nur erdenklichen körperlichen Organe, in sehr vielen Fällen, wie auch das Gehaben selbst, nur beim männlichen Tiere. Diese Organe tragen alle typischen Merkmale des Auslösers (S. 17) und sind einander daher bis zu einem gewissen Grade ähnlich. Vor allem kann man aus der Ausbildung des auslösenden Organes nicht erkennen, ob es bestimmt ist, in einem artgleichen Männchen oder einem ebensolchen Weibchen eine Antworthandlung auszulösen. Es kommt auch oft vor, daß dieselbe Bewegung und dasselbe Organ sowohl zur Einschüchterung anderer Männchen als auch zur Auslösung einer weiblichen Antworthandlung dient. Wenn wir aber die Reaktionen einer Art kennen, dann können wir häufig sogar an einem Tiere die Organe, die »für das Weibchen da sind«, von jenen trennen, die der Einschüchterung anderer Männchen dienen. Die verlängerten Federn der Halskrause des Bankiva- und Haushahnes werden ausschließlich den Geschlechtsgenossen gegenüber in Anwendung gebracht, während beim Umwerben des Weibchens hauptsächlich die Schwanzdecken in Funktion treten. Wenn R. W. G. Hingston die Ansicht vertritt, daß sämtliche bunten Farben und auffallenden Formen des Gefieders von Vogelmännchen und überhaupt aller Tiere ausschließlich als Einschüchterungsmittel wirken, so ist das eine maßlose Verallgemeinerung einer nur für ganz bestimmte Formen, z. B. für gewisse Arten von Eidechsen, zutreffenden Theorie.

Daß aber die nur *einem* Geschlechte zukommenden Farben und Formen meist als Auslöser zu betrachten sind, läßt sich in hohem Grade wahrscheinlich machen.

Wenn man nicht zu einer gänzlich transzendenten entelechialen Erklärung greifen will, ist die Auffassung der männlichen Prachtkleider als *Auslöser* die einzige Theorie, die ihre große generelle Unwahrscheinlichkeit erklären kann. Die nur den Männchen zukommenden Prachtkleider sind immer regelmäßiger, gesetzmäßiger und dabei doch oft einfacher als die Zeichnungsweise der gleichartigen Weibchen. Die Vereinigung von Gesetzmäßigkeit und Einfachheit der Auslöser haben wir S. 15–17 besprochen. Nicht nur die Zeichnungsweise, sondern die Farben der Prachtkleider sind derselben Erklärung zugänglich: Die Rückstrahlung einer einzigen reinen Spektralfarbe aus dem Schwingungschaos des weißen Lichtes ist an sich schon so unwahrscheinlich, daß eine bestimmte Federfarbe allein zum Auslöser werden kann. Ähnliches gilt vielleicht für die reinen und »schönen« Töne der Vogelrufe und -lieder.

Jede Theorie, welche die Ausbildung der *Einzelheiten* der verschiedenen Prachtkleider dem Zufalle überläßt, begeht einen Verstoß gegen die Gesetze der *Wahrscheinlichkeit*. Ich denke hierbei hauptsächlich an die Ansicht, die Wallace in seiner Abhandlung ›Colours of Animals‹ vertritt. Er sagt dort, daß die Prachtkleider der Männchen »eine Folge der größeren Kraft und Lebhaftigkeit sowie der größeren Vitalität der Männchen sind«. Dem läßt sich übrigens auch entgegnen, daß es erstens viele Vögel gibt, bei denen die Weibchen und nicht die Männchen ein Prachtkleid tragen, zweitens, daß gerade bei jenen Tieren, bei denen das Prachtkleid der Männchen nahezu die höchste Ausbildung erreicht, die im Tierreich vorkommt, nämlich bei den Spinnen aus den Familien der Attiden und Lycosiden, die Männchen um ein Vielfaches kleiner, schwächer und weniger »vital« sind als die Weibchen. Für sie haben auch G. W. und E. G. Peckham die Auslösefunktion des männlichen Prachtkleides richtig erkannt.

Meine Ansicht, daß die typische Ausbildung der Prachtkleider mit ihrer auslösenden Funktion zusammenhängt, gewinnt dadurch an Wahrscheinlichkeit, daß in einer wahrhaft erdrückenden Zahl von Einzelfällen die bunt und auffallend gefärbten Stellen der Männchenkleider als Organ einer auslösenden *Handlung* Verwendung finden. Wir finden zwar häufig Auslösehandlungen, die sozusagen schon Vorhandenes benutzen, indem durch auffallende Stellungen des Körpers, Fächern von Flügeln und Steuer, Sträuben bestimmter Gefiederteile usw. eine bezeichnende optische Reizkombination geschaffen wird, ohne daß Gefiederteile zur Erzeugung dieser Reize besonders differenziert werden. Es wurde auch erwähnt, daß dies wahrscheinlich das ursprüngliche Verhalten darstellt (S. 62). Das Umgekehrte jedoch, nämlich stark differenzierte Gefiederteile, die nicht bei bestimmten Zeremonien verwendet werden, scheint es überhaupt nicht zu geben. Auch hier gewinnt man den Eindruck, daß wie S. 62 dargetan wurde, die *Zeremonie stets älter ist als ihr Organ.* So tritt z. B. bei dem Imponiergehaben wohl aller Schwimmenten das Gefieder des Oberkopfes, der Ellenbogen und des Bürzels besonders in Erscheinung, da sich die Tiere, auf dem Wasser liegend, so hoch wie möglich machen, indem sie die Federn ihres oberen Konturs sträuben. Dies tun auch Männchen von Formen, die dort keinerlei besondere Imponierfedern besitzen. Wenn aber bei einer Art solche auftreten, sitzen sie so gut wie immer an einer der drei genannten Stellen, manchmal an allen dreien, wie beim Mandarinerpel, *Aix galericulata*.

Wenn man also bei irgendeiner Vogelart an bestimmten Körperstellen verlängerte, stark glänzende oder auffallend gefärbte Federn, auffallende nackte Hautstellen, Schwellkörper und dergleichen findet, so kann man mit großer Sicherheit annehmen, daß diese Gebilde bei einer ganz bestimmten auslösenden Handlung eine Rolle spielen. Diese Handlung braucht aber nichts mit geschlechtlichen Dingen zu tun zu haben, sondern kann auch eine rein soziale Funktion haben, wie wir S. 61 vom Nachtreiher gehört haben. Wo aber bei Vögeln auffallende Auslöseorgane nur dem Männchen zukommen, dienen sie sowohl immer entweder zur Auslösung einer geschlechtlichen weiblichen Antworthandlung oder zur Einschüchterung anderer Männchen, in sehr vielen Fällen ganz sicher zu beidem. Die Funktion dieser Auslöser und die Art der durch sie in Gang gesetzten Instinktverschränkungen ist so verschieden, daß wir sie in einem gesonderten Abschnitt besprechen wollen.

Die Typen der Paarbildung. – Das Zusammenkommen zweier Individuen zur Bildung eines Paares wird durch ein Ineinandergreifen von Reaktionen gesichert, das von Art zu Art ganz grundlegend verschieden sein kann. Dennoch scheint die Zahl der Möglichkeiten eines solchen Vorgangs beschränkt zu sein, denn wir finden ganz ähnliche, ja geradezu gleiche Verhaltensweisen bei verschiedenen Tierformen, die einander systematisch ganz fernstehen, etwa bei Vögeln und Knochenfischen. Diese Ähnlichkeiten sind selbstverständlich nur Konvergenzen, was schon daraus hervorgeht, daß z. B. die Paarbildung der meisten Vögel ganz an die der Labyrinthfische erinnert, diejenige vieler anderer aber die engste Anlehnung an das Verhalten einer anderen Fischgruppe, nämlich der Chromiden, zeigt.

Unter diesen Umständen erscheint es nicht angebracht, über die phylogenetischen Zusammenhänge der verschiedenen Formen der Instinktverschränkungen Aussagen zu machen. Um aber meiner Darstellung dieser Verhaltensweisen einige Übersichtlichkeit zu verleihen, will ich den Versuch machen, *drei Typen* des Verhaltens herauszugreifen. Dabei will ich mich von jeder phylogenetischen Voraussetzung freihalten und keineswegs behaupten, daß sich nicht noch andere Typen der Paarbildung aufstellen ließen. Es gehört zum Begriffe des Typus, daß er sich in keinem konkreten Einzelfall ideal verwirklicht findet; so darf man das auch von den nun folgenden Typen der Paarbildung nicht erwarten. Am reinsten finden wir sie bei niederen Wirbeltieren, den ersten bei manchen Reptilien, den zweiten bei Labyrinthfischen, den dritten bei Chromiden. Wir finden diese Typen bei den Vögeln in so wenig veränderter Form wieder, daß ich keinen Anstoß nehme, sie nach den erwähnten Tieren zu benennen und im folgenden von einem Eidechsen-, einem Labyrinthfisch- und einem Chromiden-Typus der Paarbildung zu sprechen. Damit soll natürlich durchaus nicht gesagt sein, daß *alle* Vertreter der die Namen liefernden Tiergruppen in ihrer Paarbildung dem betreffenden Typus genau entsprechen. Ich vermute, daß z. B. unter den Labyrinthfischen die Gattung *Anabas* durchaus nicht dem Typus der Familie entspricht, ebenso, daß unter den Chromiden die Gattung *Apistogramma* eine Paarbildung vom Labyrinthfisch-Typus hat. Wir gelangen nun zur Besprechung der drei ausgewählten Paarungstypen:

Bei vielen *Eidechsen* hat das Imponiergehaben und das Prachtkleid der Männchen überhaupt keinen Einfluß auf geschlechtsgebundene Triebhandlungen des Weibchens. Dieses reagiert vielmehr auf Imponiergehaben und Prachtkleid eines Männchens in derselben Weise wie ein schwächeres Männchen, nämlich mit Flucht. Das Männchen seinerseits bringt gegenüber *jedem* Artgenossen das Imponiergehaben, worauf Weibchen und schwächere Männchen sofort fliehen, ein annähernd gleichwertiges Männchen aber mit demselben Gehaben antwortet. In ersterem Fall erfolgt eine Verfolgung und wenn möglich eine *Vergewaltigung* des fliehenden Tieres. In letzterem Fall erreicht das Imponiergehaben erst richtig seinen Höhepunkt, und wenn nicht schließlich doch eins der Männchen vor dem Dräuen des anderen flieht, so folgt ein *Kampf*.

Wir haben hier den seltenen Fall vor uns, daß eine in ganz gesetzmäßiger Weise beginnende Handlungskette nach zwei verschiedenen Richtungen fortgesetzt werden kann. Es ist, als liefen die Reaktionen in einem Geleise, das sich in einer Weiche in zwei Fortsetzungen gabelt. Nach welcher der beiden möglichen Richtungen die Handlungskette ihren Fortgang nimmt, hängt ausschließlich von der Reaktion ab, mit der das zweite Tier auf das männliche Imponiergehaben antwortet. Noble und Bradley haben experimentell nachgewiesen, daß sich das Imponiergehaben *immer* in die Reaktionen der Vergewaltigung fortsetzt, wenn es nicht durch die Darbietung des Imponiergehabens von seiten des anderen Tieres auf das Geleise der Kampfhandlungen übergeleitet wird. Verhindert man ein zweites Männchen durch Fesselung, Narkose oder sonstwie daran, sein Gegen-Imponiergehaben zu entfalten, so wird es bei den meisten Formen vergewaltigt. Bei einigen Formen mit besonderer Ausbildung eines männlichen Prachtkleides mußten jedoch auch die Farben des wehrlos gemachten Männchens wenigstens teilweise verdeckt werden, um diese Reaktion auszulösen. *Es wirkt also hier das Prachtkleid wie ein dauernd zur Schau getragenes Imponiergehaben.* Das Männchen derartiger Reptilienformen reagiert unter allen Umständen rein männlich. Es behandelt *jeden* Artgenossen, der nicht durch geschlechtsgebundene *männliche* Auslösehandlungen seine Kampfreaktion hervorruft, wie ein Weibchen. Das Imponiergehaben und das Prachtkleid wirken ausschließlich als Einschüchterungsmittel und als Auslöser des Gegenimponierens gleichstarker Männchen. Es kann also in zwei verschiedenen Weisen biologisch wertvoll sein: erstens, indem es durch Einschüchterung des Schwächeren unnütze Kämpfe verhindert, zweitens aber, indem es durch Auslösung des männlichen Benehmens in einem zweiten Tier eine »irrtümliche« Begattung verhindert.

Bei den *Labyrinthfischen* ist dies alles sehr viel anders. Während bei den Eidechsen nur das Männchen Imponiergehaben zeigt, reagiert hier jeder Fisch auf jeden anderen seiner Art mit dem Imponiergehaben. Eine Ausnahme tritt nur dann ein, wenn das eine Stück sehr viel größer ist als das andere. Dann wird die Gegenreaktion des schwächeren Individuums im Keime erstickt.

Ebenso aber auch, wenn die Ausbildung der geschlechtsgebunden männlichen Imponierorgane des einen Fisches die des anderen sehr weit übertrifft. Weibchen lassen sich nämlich oft auch mit sehr viel schwächeren Männchen nicht auf ein gegenseitiges Sich-Anprahlen ein, sondern fliehen von vornherein, wofern nur das Flossenwerk des Männchens eine genügende Entwicklung aufweist. Auch wenn die Weibchen nicht paarungsbereit sind, also nicht mit weiblicher Paarungsaufforderung auf das Imponiergehaben und das Prachtkleid eines Männchens reagieren, lassen sie sich durch beides einschüchtern, und zwar auch dann, wenn sie körperlich ganz wesentlich stärker sind als das mit seinem Flossenwerk prunkende Männchen.

Auch bei den Labyrinthfischen setzt sich demnach das Imponiergehaben in Kampfreaktion und Paarungsreaktion fort, und auch hier hängt die Entscheidung, welche der beiden zum Durchbruch kommt, ausschließlich vom Verhalten des zweiten Tieres ab. Der wichtige Unterschied gegenüber dem Verhalten der Eidechsen liegt aber darin, daß bei Labyrinthfischen *immer* die Kampfreaktion zur Auslösung kommt, wenn das zweite Tier nicht durch *weibliche* Auslösehandlungen das Imponiergehaben des ersten Tieres auf das Geleise der Paarungsreaktionen überleitet. Die Entscheidung, ob die Handlungskette ihre Fortsetzung in einem Kampf, oder in einer Liebesszene findet, hängt vom Geschlecht und auch vom physiologischen Zustande des zweiten Tieres ab, denn auch ein Weibchen wird als zu bekämpfender Rivale behandelt, wenn es nicht die Auslösehandlungen der Paarungsbereitschaft bringt. Ein weiterer schwerwiegender Unterschied zwischen dem Verhalten dieser Fische und dem der beschriebenen Reptilien ist in folgendem zu sehen: auch die Weibchen bringen jedem schwächeren, oder besser gesagt, jedem tiefer im Range stehenden Artgenossen gegenüber das *männliche* Imponiergehaben. Umgekehrt kann unter Umständen ein brünstiges Männchen einem stärkeren Geschlechtsgenossen gegenüber weibliche Triebhandlungen beobachten lassen. Bei sehr vielen Vögeln ist dieses geschlechtlich »ambivalente« Verhalten noch deutlicher ausgesprochen, und wir werden noch näher darauf zurückkommen müssen.

Imponiergehaben und Prachtkleid haben also bei den Labyrinthfischen eine andere Funktion als bei den Eidechsen. Wohl dienen sie ebenso wie bei diesen zur Einschüchterung von Rivalen, nicht aber dazu, die Begattung zweier Männchen zu vermindern. Dafür aber haben sie die wichtige Funktion, in den ambivalent reagierenden Weibchen die männlichen Reaktionen zu unterdrücken. Weiter wirken sie als Auslöser jener ersten weiblichen Antworthandlung, die die Kampfreaktionen des Männchens ausschaltet und seine Paarungsreaktionen in Gang bringt.

Über diese letzteren müssen wir hier noch einige Aussagen machen. Vor allem müssen wir betonen, daß unter ihnen Handlungen im Vordergrund stehen, die auf die geschlechtliche Erregung des Weibchens abzielen. Es sind dies »Werbe«-Handlungen, die mit Drohbedeutung nichts zu tun haben. Ihre Bedeutung leugnen und sämtliche geschlechtsgebundenen männlichen Auslösehandlungen als Imponiergehaben auffassen zu wollen, liegt mir gänzlich fern. Die Verschränkungen der Paarbildung bestehen aus einer Unzahl von hochspezialisierten Triebhandlungen beider Geschlechter, und nichts könnte unrichtiger sein, als alle männlichen Auslösehandlungen unter dem Titel »Imponiergehaben« zu vereinigen!

Die erste Antworthandlung, mit der das paarungsbereite Weibchen bei den Labyrinthfischen auf das männliche Imponiergehaben reagiert, ist in jeder Hinsicht das gerade Gegenteil dieses letzteren. Während das prahlende Männchen mit ausgespannten Flossen stets breitseits zu dem anderen Fisch steht, stellt das paarungswillige Weibchen seine Längsachse rechtwinklig zu der des Männchens und legt seine Flossen so eng wie möglich an den Körper. Außerdem nimmt es eine blasse Färbung an, die ihrerseits das Gegenteil der prächtigen satten Farben des imponierenden Männchens sind. Aus dem Bestreben des Männchens, im Weiterschwimmen dem Gegenüber dauernd die Breitseite zuzukehren, und dem des Weibchens, stets im rechten Winkel zum Männchen zu stehen, ergibt sich das jedem Zierfischfreund bekannte Um-einander-Drehen der Labyrinthfischpärchen.

Wir sehen, welch tiefgreifender Unterschied zwischen dem Paarungsverhalten der Eidechsen und dem der Labyrinthfische besteht. Wir haben schon gesagt, daß sich *beide* Verhaltensweisen bei Vögeln wiederfinden und daß wir daher mit der Verallgemeinerung von Regeln, die für eine bestimmte Vogelform zutreffen, äußerst vorsichtig sein müssen. Noble und Bradley treten der Anschauung entgegen, daß die männlichen Prachtkleider irgendeine Wirkung auf die Weibchen ausüben und ihre Entstehung daher vielleicht durch geschlechtliche Zuchtwahl zu erklären sei. Sie sagen: »Diese wunderschöne Theorie ist auf die Eidechsen angewendet reiner Unsinn, und wenn die für Eidechsen gilt, warum nicht auch für Vögel?« Diese letzte Frage enthält einen grundsätzlichen Irrtum. Was für die Eidechsen blanker Irrtum ist, kann deshalb doch für die Vögel vollste Gültigkeit haben, ja, es ist verlockend, auf diese Frage die Antwort zu geben: »Weil die meisten Vögel keinen funktionsfähigen Penis haben und daher bei ihnen die Paarung ohne Zutun des Weibchens nicht möglich ist«, eine Antwort, an der nur die kausale Fassung zu beanstanden wäre.

Ein Punkt, in dem die Paarbildung der Labyrinthfische mit der der Eidechsen übereinstimmt, betrifft das Rangordnungsverhältnis zwischen Männchen und Weibchen: Bei beiden ist es Voraussetzung der Paarbildung, daß das Weibchen rangordnungsmäßig unter dem Männchen steht. Daß bei der Herstellung dieses Verhältnisses das Prachtkleid des Männchens eine Rolle spielt, haben wir S. 126 gesehen, und insofern ist auch etwas Richtiges an der Hypothese von Hingston, der die Anschauung vertritt, daß alle bunten Farben und auffallenden Formen der gesamten Tierreihe ausschließlich der Einschüchterung anderer Lebewesen dienten. Im übrigen ist diese Hypothese eine vorschnelle Verallgemeinerung von an sich weitgehend richtigen Tatsachen.

Nicht einmal die vorsichtigere Fassung derselben Erscheinungen, die Schjelderup-Ebbe gibt, ist bedingungslos richtig. Wenn auch bei der Mehrzahl der Vögel zwischen den Geschlechtern ein Kampf um die Rangordnungsstellung wenigstens virtualiter stattfindet, so gibt es doch genug Arten, bei denen *kein* Rangordnungsverhältnis zwischen den Gatten eines Paares besteht. Bei solchen Formen spielt daher auch das Merkmal des verhältnismäßigen Ranges keine Rolle bei der Geschlechtsbestimmung.

Nach denjenigen *Fischen*, bei denen dieses Verhalten am deutlichsten ausgesprochen ist, haben wir diesen Typus der Paarbildung oben als *Chromiden-Typus* bezeichnet. Bei den von mir beobachteten Chromiden, *Aequidens pulcher* und *Hemichromis bimaculatus*, behält während der ganzen Fortpflanzungsvorgänge *das Weibchen sein Imponiergehaben dem Männchen gegenüber dauernd bei*. Setzt man zwei einander unbekannte *Hemichromis bimaculatus* zueinander, so umschwimmen sich zunächst beide mit aufs äußerste gespreizten Flossen, wobei sie in den schönsten Farben erstrahlen. Dabei stehen beide stets parallel zueinander, d. h. jeder kehrt dem anderen stets die Breitseite zu, genau wie es zwei männliche, oder besser gesagt, zwei sich bedrohende

Labyrinthfische tun. Wenn der Beobachter nun nur den Paarungskomment der Labyrinthfische kennt, so wartet er manchmal vergeblich auf das Sich-Kleinmachen und Rechtwinklig-Stehen des Weibchens. Er erwartet daher, auch wenn er ein gleichgestimmtes Chromidenpärchen vor sich hat, zunächst irrtümlicherweise jeden Augenblick den Ausbruch des Kampfes. Es erfolgen aber, *ohne* Aufhören des Imponiergehabens von seiten des Weibchens, bestimmte, nach den Geschlechtern verschiedene Auslösehandlungen, unter denen bei *Hemichromis* augenscheinlich das Annehmen sehr verschiedener Färbungen eine Rolle spielt. *Diese* Auslöser verhindern den Ausbruch eines Rangordnungskampfes, *ohne*, wie das männliche Imponiergehaben der Labyrinthfische es tut, das Weibchen kampflos unterwürfig zu machen.

Wenn bei diesen Fischen das Imponiergehaben des Weibchens vor dem des Männchens zusammenbricht, so ist damit die Paarbildung unmöglich geworden: Das Männchen reagiert dann unspezifisch mit Verfolgung und womöglich mit Umbringen des Weibchens. Daher ist es kaum je möglich, Chromiden miteinander zu paaren, die sehr verschieden groß sind. Insbesondere gelingt es fast nie, ein kleineres Weibchen dazu zu bringen, daß es den Imponierreaktionen eines sehr viel größeren Männchens standhält, ohne sein Gegen-Imponieren aufzugeben und zu fliehen. Das normale gegenseitige »Sich-Anprahlen«, das die Einleitung der Chromiden-Paarbildung darstellt, ist ein typischer Fall dessen, was die englischsprechenden Tierpsychologen als »mutual display« zu bezeichnen pflegen.

Wir wollen nun untersuchen, inwieweit wir bei Vögeln die besprochenen drei Typen der Paarbildung wiederfinden.

Ein dem *Eidechsen-Typus* entsprechendes Verhalten finden wir unter den Vögeln am reinsten bei der Türkenente, *Cairina moschata*, und vielleicht bei einigen verwandten Formen (*Plectropterus*, *Sarcidiornis*). Doch ist selbst bei *Cairina* der Beginn einer Ausbildung von weiblichen Auslösern nachweisbar. Erstens ist das dicht vor dem Legen stehende, befruchtungsbedürftige Weibchen für die Männchen irgendwie kenntlich, denn man kann feststellen, daß solche Enten von den Erpeln besonders heftig verfolgt werden. Das auslösende Zeichen dürfte ein besonders leuchtendes Rot an den Gesichtswarzen der brünstigen Ente sein (Heinroth). Zweitens aber zeigen die Weibchen auf der Höhe ihrer Brunst nauch auslösende *Handlungen*. Besonders wenn man mehr Enten als Erpel hat, kann man oft feststellen, daß das von dem Erpel gehetzte Weibchen plötzlich einen Augenblick lang in Begattungsstellung verharrend liegenbleibt, um gleich darauf die Flucht vor dem Erpel fortzusetzen. Wenn der Erpel nicht ganz bei der Sache ist, kann es vorkommen, daß die Ente überhaupt liegenbleibt und auf ihn wartet. Etwas Ähnliches findet sich noch innerhalb der Klasse der Reptilien. M. C. Peracca fand bei *Iguana tuberculata*, daß die Weibchen vor den verfolgenden Männchen davonlaufen, gleichzeitig aber durch Heben des Schwanzes und Vordrängen der Kloake eine weibliche Auslösehandlung beobachten lassen. Bei der Nilgans, *Alopochen aegyptiaca*, ist das Verfolgen des Männchens sowie das Fliehen des Weibchens zur reinen »Zeremonie« geworden. Heinroth sagt, die Paarung dieser Art wirke wie eine »verabredete Scheinvergewaltigung«. Ich glaube, daß wir in sehr vielen Fällen, wo wir bei der Paarbildung der Vögel eine sogenannte »Sprödigkeit« des Weibchens beobachten, solche zur instinktmäßigen Zeremonie gewordenen Reste von ursprünglich ernst gemeinten Fluchthandlungen vor uns haben. Dies würde darauf hindeuten, daß der Typus der Eidechsenpaarung auch für manche Vögel ein »primitives« Verhalten darstelle.

Manche Enten, insbesondere die Stockenten, haben außer ihrer eigentlichen, auf hochentwickelten verschränkten Auslöse-Zeremonien aufgebauten Form der Paarbildung noch eine sehr eigentümliche Verhaltensweise, deren biologischer Sinn schwer zu verstehen ist. Die Männchen suchen während der ganzen Brutzeit *jede* fremde Ente, die ihnen in den Wurf kommt, zu vergewaltigen. Die Ente jedoch flieht, im Gegensatz zur weiblichen *Cairina*, durchaus ernstlich und wird auch normalerweise vom verfolgenden Erpel kaum je eingeholt. Da das Weibchen sich hier nicht die geringste Antworthandlung »zuschulden kommen läßt«, haben wir den einzigen Fall einer Vogelpaarung vor uns, der dem reinen Eidechsen-Typus entspricht. Daher will ich näher auf ihn eingehen. Gegenüber seiner Gattin ist der Stockerpel die Rücksicht selbst. Nie wird er sie ohne ihre ausdrückliche Aufforderung zu treten suchen, manchmal allerdings tut er es selbst dann nicht. Der Erpel verhält sich also nur gegen *fremde* Weibchen in der für die meisten Echsen bezeichnenden Weise. Diese Vergewaltigungsreaktion hat aber noch andere Merkmale mit dem Verhalten der Eidechsen gemein. Vor allem scheint sie, wie die Paarungshandlungen des Echsenmännchens durch jeden Artgenossen, gleichgültig welchen Geschlechtes, ausgelöst zu werden und durch geschlechtsgebunden männliche Merkmale unter Hemmung gesetzt zu werden. Unter diesen Merkmalen steht offenbar das männliche Prachtkleid obenan: Ich hatte 1933 einen reinblütigen männlichen Weißling der wilden Stockente, den ich der Freundlichkeit Frommholds in Essen verdankte. Dieser Vogel wurde interessanterweise von den anderen Erpeln mit Vergewaltigungsversuchen verfolgt. Vor Jahren beobachtete ich an einem wildfarbigen Hauserpel, daß er Geschlechtsgenossen, die noch das weibchenähnliche Jugendkleid trugen, in derselben Weise verfolgte. Wilderpel kommen nie in die Lage, letzteres zu tun, da ihre Brunstzeit abgelaufen ist, bevor Jungvögel ihrer Art erwachsen sind. Es muß aber gesagt werden, daß der erwähnte weiße Erpel damals kränkelte und sich in keiner Weise geschlechtlich betätigte. Das männliche Imponiergehaben scheint das Prachtkleid ersetzen zu können, denn als er im nächsten Jahre voll gesund und geschlechtlich tätig war, wurde der Weißling von Geschlechtsgenossen nie für ein Weibchen gehalten. Es wäre mir wichtig zu wissen, ob kastrierte Weibchen, die das volle Prachtkleid, aber kein männliches Imponiergehaben besitzen, von den Männchen vergewaltigt werden. Wahrscheinlich wirken Prachtkleid und Imponiergehaben in ganz gleicher Weise zur Abwehr der Vergewaltigungsreaktion anderer Erpel, sicher aber gar nicht auf das mit Vergewaltigungsgelüsten verfolgte Weibchen. Dieses hat gar keinen Sinn dafür, ob der Verfolger prächtig ist oder nicht, sondern sucht auf jeden Fall zu entkommen.

All dies gilt aber nur für diese eine Form der Entenpaarung. Bei der Schließung der Dauerehen wirkt das Prachtkleid ganz offensichtlich auch auf die Weibchen und wird auch in unverkennbarer Weise dem Weibchen gezeigt. Die Vermutung Nobles und Bradleys, daß die Prachtkleider der Vogelmännchen im wesentlichen dieselbe Funktion hätten wie die der Männchen der von ihnen untersuchten Reptilienarten, trifft also schon bei diesen Enten nur bedingungsweise zu, noch weniger bei anderen Vogelformen.

Wir gelangen zu denjenigen Vögeln, deren Paarbildung dem *Labyrinthfisch-Typus* entspricht. Sie stellen den größten Teil aller Vogelformen dar. Die Parallelen mit der Paarbildung der Labyrinthfische gehen bis in ganz erstaunliche Einzelheiten, was mir jeder bestätigen wird, der je ein Kampffischmännchen und einen Goldfasan beim Umbalzen des Weibchens beobachtete. Selbstverständlich handelt es sich dabei nur um Konvergenzerscheinungen. Bei den Fischen, wo eine äußere Befruchtung stattfindet, ist die Mitwirkung des Weibchens ebenso notwendig wie bei den Vögeln, bei denen aus anatomischen Gründen eine Vergewaltigung des Weibchens nicht möglich ist. Es ist sicher kein Zufall, daß die wenigen Vögel, von denen eine Paarung vom Eidechsen-Typus bekannt ist, zu den wenigen Formen gehören, bei denen die Männchen ein funktionsfähiges Zeugungsglied besitzen. Während der Paarungstypus der Labyrinthfische bei diesen selbst sicher nicht aus einer eidechsenähnlichen Vergewaltigung des Weibchens hervorgegangen sein kann, erscheint dies bei den sich durchaus ähnlich verhaltenden Vögeln wahrscheinlich, schon aus vergleichend-anatomischen Gründen.

Eine Eigenschaft, die vielleicht allen Wirbeltieren latent zukommt, tritt bei jenen Vögeln zutage, bei denen die Paarbildung nach dem Labyrinthfisch-Typus vor sich geht. Bei ihnen hat jedes Individuum nicht nur die vollständige Ausstattung der arteigenen, geschlechtsgebundenen Triebhandlungen seines eigenen Geschlechtes, sondern dazu noch, normalerweise allerdings latent, die geschlechtlichen Triebhandlungen des anderen Geschlechtes. Es mag widerspruchsvoll erscheinen, bei einer solchen »Ambivalenz« überhaupt von »geschlechtsgebundenen« Verhaltensweisen zu sprechen. Die männliche und die weibliche Triebausstattung bleiben aber innerhalb des einen Individuums streng getrennt. Das Tier kann einem bestimmten Partner gegenüber nur *entweder* weiblich *oder* männlich reagieren. Die Handlungen einer »Instinktgarnitur« hängen untereinander sehr fest zusammen, die beiden Garnituren werden im allgemeinen nicht vermischt. Die Zugehörigkeit einer Teilhandlung zu den männlichen oder zu den weiblichen Verhaltensweisen ist daher ebenso genau feststellbar, wie wenn die ersteren und die letzteren nie von demselben Individuum ausgeführt würden.

Aus den Bedingungen, unter denen im Experiment weibliche Triebhandlungen in einem Männchen und männliche in einem Weibchen ausgelöst werden können, wissen wir einiges über die Faktoren, die im natürlichen Freileben der Art die den Gonaden des Tieres entsprechende Triebausstattung zum Durchbruch bringen, die entgegengesetzte aber unter Hemmung setzen und latent bleiben lassen.

Grundsätzlich ist festzuhalten, daß bei Vögeln mit Labyrinthfisch-Typus der Paarbildung *jedes* Individuum die Neigung hat, die *männlichen* Verhaltensweisen zu entwickeln, und daß es die von dem Geschlechtspartner ausgehenden Reize sind, die beim

Weibchen die männlichen Handlungen unterdrücken und sozusagen erst Platz für die weiblichen schaffen. Das männlicher Gesellschaft beraubte, allein gehaltene Weibchen neigt fast stets zum männlichen Imponiergehaben (vielleicht in analoger Weise, wie das kastrierte Weibchen das männliche Prachtkleid ausbildet). Das wesentliche Merkmal des Geschlechtspartners, das die männlichen Triebe im Weibchen am Durchbruch hindert, ist *das Höherstehen in der Rangordnung*. Ein Weibchen kann nur dann weiblich reagieren, wenn ihm ein gesellschaftlich übergeordneter Artgenosse zur Verfügung steht. Ein Männchen kann männliche Reaktionen zeigen, wenn es ganz allein ist. Merkwürdigerweise kann es das aber augenscheinlich nicht, wenn ihm *nur* übergeordnete Artgenossen beigesellt sind. A. A. Allen hat bei *Bonasa* festgestellt, daß von einer größeren Anzahl in einem Raume zusammenlebender Männchen die in der Rangordnung am tiefsten stehenden Stücke nicht nur jegliches männliche Imponiergehaben vermissen ließen, sondern überhaupt nicht in Brunst traten. Woferne solche untergeordneten Männchen geschlechtliche Triebhandlungen beobachten lassen, sind dies weibliche. Allen bezeichnet diesen ganzen Komplex von Verhaltensweisen kurzweg als »Inferiorism«, was die ausschlaggebende Rolle des Rangordnungsverhältnisses gut zum Ausdruck bringt.

Es kann kaum daran gezweifelt werden, daß auch in einer natürlichen Sozietät einer Vogelart, deren Paarbildung nach dem Labyrinthfisch-Typus vor sich geht, ein an der Spitze stehendes Weibchen nicht weiblich reagieren, ein auf der untersten Stufe der Rangleiter stehendes Männchen kein männliches Verhalten zeigen kann.

Im Frühling 1932 hatte ich vier Kolkraben, ein altes Paar, das eben Anstalten zum Brüten traf, sowie zwei einjährige Weibchen. Diese beiden jungen Weibchen hielt ich aber ebenfalls für ein Paar, da sie heftig balzten, wobei die Rolle des Männchens ständig der älteren und stärkeren der beiden Schwestern zufiel. Durch eine Störung des Ablaufes der Triebhandlungen der Paarbildung kam das ältere Paar nicht zur Brut, und das Männchen vertrieb schließlich durch ständige Verfolgungen das Weibchen für immer. Als ich dann die beiden jungen Raben zu ihm ließ, ging zu meinem Erstaunen sofort die bisher für ein Männchen gehaltene Schwester mit allen weiblichen Kommenthandlungen auf die Annäherungsversuche des zweijährigen Männchens ein, und die beiden wurden ein Paar. Besonders interessant war mir, daß dieses Weibchen nicht sofort aufhörte, seiner Schwester in männlicher Weise den Hof zu machen. Erst als sie mit dem Männchen fest gepaart war, begann sie die Schwester feindlich zu behandeln.

Ein ähnliches Verhalten zeigte mein altes Dohlenweibchen Rotgelb, der einzige überlebende Vogel von der Siedlung zahmer Dohlen, die zu meiner Arbeit ›Beiträge zur Ethologie sozialer Corviden‹[1] das Beobachtungsmaterial geliefert hatte. Als ich zu dieser letzten überlebenden zunächst vier neue Jungdohlen angeschafft hatte, tat sich das alte Weibchen im nächsten Frühjahr, es war 1931, mit einem dieser Vögel zu einem »Paare« zusammen, in welchem Rotgelb die Rolle des *Mannes* spielte. Es wurde ein normales Nest gebaut, aber keine Eier gelegt; die weiblichen Reaktionen der Rotgelben schlummerten also vollständig. Die die weibliche Rolle spielende Dohle war noch nicht reif zum Eierlegen. Im Jahre 1932 bauten die beiden Vögel einen eigentümlichen, an eine Doppelmißbildung erinnernden Bau. Es wurden nämlich auf einem einfachen Unterbau *zwei* Nestmulden angelegt. Nun baut bei *Coloeus*, wie bei der Mehrzahl der Sperlingsvögel, normalerweise der Mann den groben Unterbau des Nestes, die Anfertigung der Mulde gehört zu den spezifisch weiblichen Instinkthandlungen. In diesem Doppelnest wurden beide Mulden mit Eiern belegt, deren Zahl ich nicht genau feststellen konnte, da das Nest in einer sehr unzugänglichen tiefen Höhle lag. Sie waren unbefruchtet, jedenfalls krochen keine Jungen aus. Die Vermutung, daß es sich um ein Weibchenpaar handelte, wurde mir zur Gewißheit. Im Herbst 1932 ereignete sich etwas Unerwartetes: Es stellte sich nämlich nach mehr als zweijähriger Abwesenheit eine längst tot geglaubte Dohle der alten Kolonie wieder ein, benahm sich sofort, als wäre sie nie weggewesen, und erwies sich gleich als Männchen, indem sie sich schon in den ersten Tagen ihrer Anwesenheit mit Rotgelb verlobte. Rotgelb ging sofort auf die Annäherungsversuche des prächtigen alten Männchens ein und bestätigte so meine Annahme, daß hauptsächlich der Mangel an einem gleichwertigen Mann der Anlaß zur Weibchenpaarbildung gewesen sei. Im Jahre 1931 hatte sie überhaupt kein Männchen zur Verfügung, 1932 aber nur 1931 geborene unreife Männchen, denen sie offenbar das 1930 geborene Weibchen als Partner vorzog. Das Auftreten eines vollwertigen Mannes ließ aber sofort wieder

[1] A. a. O.

alle ihre weiblichen Reaktionen ansprechen. Merkwürdigerweise bedeutete dies aber nicht ein Abbrechen aller Beziehungen zwischen Rotgelb und ihrer bisherigen Freundin. Das Männchen war zunächst gegen die letztere sehr abweisend, gewöhnte sich aber mit der Zeit an dieses Anhängsel seiner Frau, und die Vögel bildeten von nun ab ein unzertrennliches Trio. Ob das Männchen auch das zweite Weibchen trat, weiß ich nicht, vermute es aber. Im Frühjahr 1933 bauten die Vögel ein ähnliches Doppelnest wie 1932 und belegten es mit einem so starken Gelege, daß ich, obwohl ich wie im Vorjahre die Eier nicht genau zählen konnte, überzeugt bin, daß beide Weibchen gelegt hatten. Die Eier waren befruchtet, die kleinen Jungen starben jedoch, und zwar deshalb, weil die Instinktverschränkungen der Nestablösung durch die Zweizahl der Weibchen gestört wurden: Die Weibchen brüteten stets gleichzeitig, jedes auf einer Mulde, das Männchen jedoch, das beide Weibchen allein zu vertreten hatte, konnte natürlich nur immer eine der beiden Nestmulden bedecken. Dies hatte zwar den Eiern nichts geschadet, war aber wohl der Grund für das Zugrundegehen der kleinen Jungen.

Dieses Verhalten der weiblichen Kolkraben und Dohlen zeigt deutlich, daß im weiblichen Vogel auch die männlichen Triebhandlungen latent bereitliegen und beim Mangel eines Gattenkumpans von entgegengesetztem Geschlechte zum Durchbruch kommen. Bei diesen wenig äußeren Sexualdimorphismus zeigenden Vögeln, wo nur ein gradueller und kein qualitativer Unterschied in der Ausbildung der beim Imponiergehaben Verwendung findenden Gefiederteile Männchen und Weibchen unterscheidet, reagiert jeder stärkere und prächtigere Vogel einem schwächeren und bescheidener gefärbten gegenüber als Männchen. Trotzdem kommt es im Freileben augenscheinlich nie zur Bildung von gleichgeschlechtlichen Paaren; in der richtigen ungleichgeschlechtlichen Paaren aber *ist das Männchen dem Weibchen stets im Range übergeordnet*. Unter den vielen meiner Beobachtung zugänglichen Dohlen- und Rabenpaaren waren zwar einige, bei denen starke und schöne Männchen unverhältnismäßig schwache, ja geradezu kümmernde Weibchen erwählt hatten, niemals aber geschah das Umgekehrte.

Ein entsprechendes Verhalten beschrieb A. A. Allen für das amerikanische Waldhuhn, *Bonasa umbellus*. Auch hier zeigen starke Weibchen jedem schwächeren Artgenossen gegenüber männliches Imponiergehaben, gleichgültig, welchen Geschlechts letzterer ist. Ebenso können schwächere Männchen sehr überlegenen Rivalen gegenüber ihre männlichen Verhaltensweisen nicht aufrechterhalten, und es kommt dann häufig die weibliche »Instinktgarnitur« zum Durchbruch. Es gelang Allen sogar, ein »verkehrtes Paar« zusammenzustellen, indem er ein schwaches, oft verprügeltes Männchen zu einem sehr starken und männliches Imponiergehaben zeigenden Weibchen brachte. Es kam tatsächlich zu einer Paarung mit vertauschten Rollen. Leider bringt Allen in der Zusammenfassung der Ergebnisse seiner ungemein wertvollen Arbeit diese in Form von nicht ganz richtigen Verallgemeinerungen, indem er stets »die Vögel« anstatt »*Bonasa umbellus*« schreibt. Der Satz »Birds are not sex-conscious« (Vögel besitzen kein Bewußtsein des eigenen Geschlechtes) gilt nur für solche Formen, deren Paarbildung nach dem »Labyrinthfisch-Typus« verläuft, was ja allerdings bei der großen Mehrzahl aller Vögel zutrifft, aber nicht bei allen. Außerdem erscheint das Heranziehen des Bewußtseins unnötig und irreführend.

Wallace Craig hat schon im Jahre 1908 über die Erscheinungen der geschlechtlichen Umstellbarkeit der Vögel gearbeitet und mit Tauben sehr eindrucksvolle Versuche angestellt. Er hielt die Versuchstiere in Einzelkäfigen und studierte die gegenseitige Beeinflussung des geschlechtlichen Verhaltens der Vögel, indem er je zwei Behälter dicht nebeneinander brachte, ohne aber die Vögel je wirklich zusammenzulassen. Da zeigte es sich nun, daß ein körperliches Besiegen des Gegners gar nicht nötig ist, um das hervorzurufen, was Allen später als »Inferiorism« bezeichnet hat: Wenn Craig einem balzenden Lachtauber, *Streptopelia risoria*, von durchschnittlicher Stärke und gewöhnlichem Temperament einen besonders starken und temperamentvollen alten Artgenossen zum Nachbarn gab, stellte der schwächere Vogel sein Balzruksen und überhaupt sein Imponiergehaben ein und zeigte bald nach diesem Zusammenbrechen der männlichen Reaktionen *weibliche* Auslösehandlungen. Die Tatsache, daß in diesem Fall das *bloße* Imponiergehaben, ohne die geringste Möglichkeit zum Tätlichwerden, den Rivalen so vollkommen auszuschalten vermag, erscheint recht wichtig. Es kommt einem ja zunächst recht unwahrscheinlich vor, daß bloße Prahlbewegungen im Verein mit bunten Farben und lauten Tönen auf den Nebenbuhler einen nachdrücklicheren Eindruck machen sollten als spitze Krallen und scharfer Schnabel. Craigs Versuche beweisen aber, daß dem so ist. Bei Rivalitätskämpfen von Tiermännchen entscheidet nie die körperliche

Stärke allein, ebensowenig die Waffen. Der Sieg hängt zum allergrößten Teil von der Entschlossenheit des Kämpfers ab, besser gesagt, von der *Intensität* seiner Kampfreaktionen. Eben diesen Intensitätsgrad aber kann der Gegner aus dem Imponiergehaben sehr genau entnehmen. Im Falle eines wesentlichen Intensitätsunterschiedes zwischen zwei sich anprahlenden Tieren entwickelt das weniger intensiv reagierende einen Inferiorismus, auch wenn es gar nicht zum Kampfe kommen kann.

Die Umstellbarkeit der geschlechtlichen Reaktionen bei den Vögeln, deren Paarbildung nach dem Labyrinthfisch-Typus verläuft, drängt uns die Frage auf, wie bei ihnen das Zustandekommen gleichgeschlechtlicher Paare verhindert werde. Insbesondere müssen wir uns die Frage bei denjenigen Formen vorlegen, bei denen äußere Geschlechtsunterschiede nicht bestehen. Es erscheint nach dem bisher Gesagten durchaus möglich, daß auch in freier Wildbahn ein stärkeres Männchen in einem schwächeren das männliche Verhalten ausschalten und das weibliche hervorrufen kann. Daß dies, allem Anscheine nach, nie geschieht, hängt wahrscheinlich eng mit dem Vorgang der individuellen Wahl des Partners zusammen oder, wie wir in wirklicher Analogie mit dem menschlichen Verhalten sagen können, mit den Reaktionen des Sich-Verliebens. Sie spielen bei einer Paarbildung vom Eidechsen-Typus überhaupt keine Rolle. Bei den später zu besprechenden, nach Chromidenweise sich verpaarenden Vögeln findet man zwar manchmal ähnliche Erscheinungen, aber bei diesen steht es schon vor der Wahl des Partners fest, ob sich das Tier im folgenden als Männchen oder als Weibchen gebärden wird. Bei den nach dem Typus der Labyrinthfische sich paarenden Vögeln hängt es aber von der individuellen Wahl des Liebesobjektes ab, ob das Tier männlich oder weiblich reagiert. Die Wahl des Partners stellt, wie erwähnt, den einzigen hormonal gebundenen Unterschied im Verhalten der Geschlechter dar: Männchen verlieben sich nur in rangmäßig untergeordnete, Weibchen nur in übergeordnete Individuen. Wenn ein Gegenüber des anderen Geschlechtes mangelt, nehmen die Vögel mit einem gleichgeschlechtlichen Liebesobjekt vorlieb, und zugleich beginnt das Tier die Reaktionen des anderen Geschlechtes zu zeigen. Die persönliche Bindung an ein solches kann so stark sein, daß sie durch späteres Hinzukommen eines andersgeschlechtlichen paarungsbereiten Tieres nicht gebrochen werden kann. Dies gilt z. B. für Tauben, bei denen überhaupt die Bevorzugung des entgegengesetzten Geschlechtes nicht sehr ausgesprochen zu sein scheint. Bilden sich bei ihnen doch auch dann Männchen- und Weibchenpaare, wenn überzählige Tiere beiderlei Geschlechtes vorhanden sind. Dieses Überwiegen persönlicher Beziehungen über geschlechtliche ist aber doch wohl als Domestikationserscheinung anzusehen. Bei Dohlen und Raben werden, wie wir gesehen haben, Liebesbeziehungen zu einem gleichgeschlechtlichen Artgenossen sofort abgebrochen, wenn ein passender Geschlechtspartner auf der Bildfläche erscheint, der im richtigen Rangordnungsverhältnis zu dem betreffenden Vogel steht.

Da die Paarbildung nur bei gegenseitigem Einverständnis, genauer gesagt, bei gegenseitigem Sich-Verlieben zustande kommen kann, so genügt im normalen Freileben der beschriebene geringe, wirklich geschlechtsbedingte Unterschied der Reaktionsweisen, um die Bildung gleichgeschlechtlicher Paare zu verhindern. Insbesondere ist folgendes zu betonen: Wenn wir in der Gefangenschaft ausschließlich gleichgeschlechtliche Vögel einer Art zusammen halten, so erfolgen die Reaktionen des Sich-Verliebens am Ersatzobjekt, indem sich gleichgeschlechtliche Liebespaare bilden. Wenn aber beispielsweise unter einer großen Überzahl von Weibchen einige wenige Männchen vorhanden sind, so verlieben sich sämtliche Weibchen so fest in diese, daß die ranglich übergeordneten unter ihnen nicht auf die weiblichen Paarungsaufforderungen ihrer untergebenen Schwestern reagieren. Das starre Festhalten am einmal gewählten Liebesobjekt, das Heinrich Heine in seinem Gedicht ›Ein Jüngling liebt' ein Mädchen‹ in klassisch einfacher Weise dargestellt hat, findet man bei Stockenten, Graugänsen und Dohlen auch dann, wenn überzählige Stücke des anderen Geschlechtes vorhanden sind. Man stößt aber bei Fernerstehenden stets auf Unglauben, wenn man behauptet, daß ein brünstiger Vogel die Paarung mit einem ebenso brünstigen Artgenossen des entgegengesetzten Geschlechtes nur deshalb verweigere, weil er in ein anderes Individuum verliebt sei. Ich neige zu der Ansicht, daß dieses »Ritter-Toggenburg-Verhalten« bei sehr vielen, insbesondere bei sozialen Vogelformen, der einzige Faktor ist, der verhindert, daß alle überzähligen Tiere eines Geschlechtes sich untereinander paaren.

Diese Darstellung der Faktoren, die das Zustandekommen gleichgeschlechtlicher Paare verhindern, enthält gewiß eine grobe Vereinfachung der in Wirklichkeit bestehenden Verhältnisse. Immerhin trifft das Gesagte für Dohlen und viele Hühnervögel recht genau zu.

Wir gelangen jetzt zu jenen Vogelformen, bei denen *kein Rangordnungsverhältnis* zwischen den Gatten eines Paares besteht, bei denen also auch, entgegen der Ansicht Schjelderup-Ebbes, zwischen den Geschlechtern keinerlei Wettstreit um die Vorherrschaft zu beobachten ist. Wir haben diese Art der Paarbildung oben als den *Chromiden-Typus* bezeichnet. Als Merkmal dieses Typus haben wir das Erhaltenbleiben des Imponiergehabens beim Weibchen kennengelernt. Dieses bedingt nur in sehr vielen Fällen das Zustandekommen von Zeremonien, in denen sich die Geschlechter gegenüberstehen und nahezu gleich verhalten. Als Analogon zu dem früher geschilderten Parallel-Schwimmen der Chromidenpaare möchte ich etwa die Klapperzeremonie des weißen Storches in Erinnerung rufen. Bei Reihern, Scharben, Sturmvogelartigen und auch bei den Steißfüßen findet man ähnliches. In der englischen Fachliteratur ist über dieses beiderseitige Imponiergehaben viel diskutiert worden. Es wird dort als »mutual display« bezeichnet.

Bei sehr vielen Vögeln tritt die Rangordnung innerhalb der Paare deshalb nie in Erscheinung, weil die Gatten niemals Meinungsverschiedenheiten auszutragen haben. Dies allein berechtigt uns aber keineswegs, die betreffende Art dem »Chromiden-Typus« zuzurechnen. In sehr vielen derartigen Fällen war bei der *Bildung* der Paare eine Rangordnung nicht nur vorhanden, sondern zu dieser auch prinzipiell notwendig. Sie tritt dann auch bei jeder Störung des Einverständnisses dadurch zutage, daß das Weibchen flieht, ohne daß es vorher zum Kampfe gekommen wäre.

Ganz anders bei den rangordnungslosen Paaren des reinen Chromiden-Typus wie bei vielen Reihern. Bei der Paarbildung dieser Tiere nähern sich die beiden potentiellen Brautleute einander ganz allmählich unter ganz bestimmten, die gewöhnliche Abwehrreaktion unter Hemmung setzenden Zeremonien. Immer und immer wieder aber bricht zwischen diesen Friedenszeichen das Droh- und Imponiergehaben *beider* Tiere durch. Die Gatten vertrauen sich auch späterhin nie so vollständig wie diejenigen von Tauben- oder Anatidenpaaren. Eine einzige jähe Bewegung des einen Vogels, etwa durch ein kleines Stolpern oder einen sonstigen Gleichgewichtsverlust bedingt, genügt, um den anderen mit gesträubtem Imponiergefieder des Nackens abwehrbereit emporfahren zu lassen. Im nächsten Augenblick stehen sich die Gatten mit dem vollen Drohgehaben ihrer Art kampfbereit gegenüber. Oft kommt es tatsächlich zum Kampfe, und dieser sowie seine Beendigung muß näher beschrieben werden. Verwey beschreibt von Fischreiherpaaren kleinere Reibereien, die er als das »Schnabelfechten« bezeichnet. Er stellt fest, daß er ursprünglich glaubte, es mit einer bloßen Zeremonie zu tun zu haben, später aber zu dem Ergebnis kam, daß da doch ernstliche Kämpfe ausgetragen würden. Beim Nachtreiher liegen die Dinge nun so, daß ein der Beschreibung Verweys genau entsprechendes Schnabelfechten stets in vollem Ernste beginnt, aber sofort in eine Versöhnungszeremonie ausklingt. Die Tiere fahren gegeneinander in die Höhe und stechen einen Augenblick lang mit offenen Schnäbeln gegeneinander. In den nächsten Sekunden geht das Schnabelstechen in fließendem Übergange in ein immer schneller werdendes Schnabelklappern über, indem sich die beiden Vögel »beruhigend« gegenseitig den Schnabel beknabbern. Heinroth beschreibt dieses knabbernde Schnabelklappern als Ausdruck der Zärtlichkeit von seinem allein aufgezogenen Nachtreiher. In der Tat wird es auch von gepaarten Vögeln oft in diesem Sinne, *ohne* vorhergehendes Schnabelfechten, gebraucht. Nach dem Gesagten erscheint es sehr wahrscheinlich, daß das Klappern der Zärtlichkeit aus einem ursprünglich ernsten Schnabelfechten hervorgegangen ist. Wir haben es hier mit der typischen Entstehung einer Zeremonie aus einer ursprünglich in ganz anderer Weise bedeutungsvollen Handlung zu tun. Ich vermute aus den Zweifeln und dem Meinungswechsel Verweys, daß beim Fischreiher der Vorgang des Zeremoniell-Werdens der Reaktion eben angedeutet sein dürfte, glaube jedenfalls, daß dieser Autor beim Anblick des entsprechenden Verhaltens des Nachtreihers meiner Ansicht beistimmen würde.

Ich habe dieses Verhalten der Reiher deshalb so genau beschrieben, weil allem Anscheine nach bei Tieren mit rangordnungsloser Paarbildung *sehr viele* Zeremonien der Zärtlichkeit aus drohendem Imponiergehaben hervorgegangen sind. Immer stellt dieses Zeremoniell den Rest eines Friedensschlusses ohne Sieg des einen oder des anderen Teiles dar. Es ist kennzeichnend für diese Friedenszeremonien, daß sie sich aus der Stellung und dem Gehaben des Drohens heraus entwickeln, noch bevor es überhaupt zum Kampfe gekommen ist, bevor sich die Frage entschieden hat, wer der Stärkere ist. Das Verhalten der beiden Partner eines Paares beim Sich-Kennenlernen erinnert daher stets an das Verhalten zweier Hunde bei demselben Vorgang: die Spannung, die Drohstellung, der Ausdruck bewaffneter

Neutralität und schließlich das erlösende Friedenszeichen, bei dem Hund also das Schwanzwedeln. Dies ist ein grundsätzlicher Unterschied gegenüber den Labyrinthfischen und den meisten anderen Vögeln, wo immer beim Zusammenkommen ein Kampf stattfindet, der mit dem zumindest »moralischen« Siege des einen Tieres endet.

Ein weiterer wichtiger Unterschied gegenüber dem Labyrinthfisch-Typus besteht darin, daß die Individuen nicht von vornherein geschlechtlich ambivalent sind. Wären sie das, so würden alle Stücke samt und sonders männlich reagieren, da keiner der beiden Partner eines Paares Gelegenheit hat, einen »Inferiorismus« (A. A. Allen) zu erwerben. Das Nachtreihermännchen beginnt, ohne jede Beziehung zu einem Weibchen, mit seinem Fortpflanzungszyklus, das Weibchen zeigt nie auch nur andeutungsweise das männliche Verhalten.

Die Reaktionen des persönlichen Sich-Verliebens spielen beim Chromiden-Typus augenscheinlich keine große Rolle. Auch sind in den Paaren die einzelnen Gatten jederzeit durch Individuen desselben Geschlechtes und physiologischen Zustandes *ersetzbar*, auch bei solchen Formen, die in Dauerehe leben. Schüz hat dies für den weißen Storch nachgewiesen, nach F. H. Herrick ist es beim amerikanischen Seeadler, *Haliaetus leucocephalus*, ebenso. Umgekehrt vermute ich eine Paarbildung vom Chromiden-Typus bei allen jenen Vögeln, bei denen einerseits keine geschlechtliche Verschiedenheit der Imponierorgane, andererseits keine vom Fortpflanzungszyklus unabhängigen Beziehungen zwischen den Gatten bestehen.

Die Aufstellung dieser drei Typen der Paarbildung maßt sich keineswegs an, sämtliche Formen der Paarbildung, die bei Vögeln vorkommen, einreihen zu können. Sie soll nur zeigen, wie grundsätzlich verschieden die Paarbildung sein kann und wie gefährlich vorschnelle Verallgemeinerungen sein können. Übergänge zwischen den Typen gibt es mehr als genug. Innerhalb der Anatiden allein läßt sich eine Typenreihe vom Eidechsen-Typus (*Cairina*) über den Labyrinthfisch-Typus (Nilgans, Enten) zum Chromiden-Typus (Gänse, Schwäne) aufstellen.

Sehr wichtig und interessant wäre es, Genauestes über die Paarbildung der Steißfüße zu erfahren, die ein höchst merkwürdiges geschlechtliches Verhalten zeigen (Huxley, Selous). Diese Tiere treten sich gegenseitig, wobei beide gleich oft die Rolle des Männchens spielen. Es wäre wichtig zu wissen, wie bei diesen wenig sexuell dimorphen Tieren, bei denen außerdem ein

Rangordnungsverhältnis kaum eine Rolle spielen dürfte, das Zustandekommen ungleichgeschlechtlicher Paare gesichert wird. Ansätze zu einem ähnlichen Verhalten finden sich bei manchen Tauben (*Streptopelia*), bei denen nach der Begattung das Männchen sich flach hinduckt und vom Weibchen getreten wird.

b. Die zeitliche Gleichstimmung der Fortpflanzungszyklen
Nicht alle Handlungen der sogenannten Balz dienen dazu, dem sie ausführenden Vogel einen Geschlechtspartner zu verschaffen. Viele Vögel umbalzen ja auch ihr Weibchen dauernd, lange nachdem sie mit ihm einig geworden sind und seiner sicher sein könnten. Ich erinnere an das andauernde Balzen des männlichen Goldfasanes, an die vielen, dauernd fortgesetzten Liebeszeremonien bei Tauben, Papageien, Finkenvögeln u. a.

A. A. Allen hat gezeigt, daß bei sehr vielen, ja vielleicht bei allen undomestizierten Vögeln die Männchen nicht, wie man früher meinte, dauernd begattungsfähig sind, daß sie vielmehr eine ganz kurze, der Empfängnisbereitschaft des brünstigen Weibchens ziemlich genau entsprechende Periode der Fruchtbarkeit haben. Es kommt nun alles darauf an, daß bei dem Paar die Empfängnisbereitschaft des Weibchens und die Begattungsbereitschaft des Männchens zeitlich zusammenfallen. Die »Synchronisation der Fortpflanzungszyklen«, wie Allen diesen Vorgang nennt, spielt nun unter den Instinktverschränkungen der Paarbildung eine sehr große Rolle. Eine ganze Reihe von allgemein als Werbehandlungen angesehenen Verhaltensweisen dient ausschließlich diesem einen Zwecke.

Bei Vögeln, bei denen die Geschlechter zur Begattung nur auf ganz kurze Zeit zusammenkommen, wie beim Birkhuhn und dem von Allen untersuchten amerikanischen Waldhuhn, *Bonasa umbellus*, finden die Männchen sicher schon durch ihre »unpersönliche« Werbung gerade die zu ihnen gleichgestimmten Weibchen. Allen vernachlässigt jedoch die Möglichkeit einer nachträglichen Gleichstimmung der physiologischen Fortpflanzungszyklen zweier Vögel und glaubt, daß nur von vornherein »synchrone« Vögel sich zu einem Paare vereinigen können. Dies trifft zwar sicher für die Waldhühner zu und ebenso für viele Kleinvögel, die sich nur zu einer einzigen Brut vereinigen. Bei Vögeln aber, die in jahrelanger Dauerehe leben, erscheint es recht unwahrscheinlich, daß die Chronometer der beiden Gatten keiner nachträglichen Regulation bedürfen. Craig stellte schon 1908 für Tauben den Satz auf: »Immer wenn ein Gatte früher zur

Paarung bereit ist als der andere, wird der erste durch den Einfluß des zweiten verlangsamt, der zweite durch den Einfluß des ersten beschleunigt.« (Übers.) Leider kann man die Zeit der Paarungsbereitschaft des Männchens nicht immer so genau feststellen, wie Allen es bei *Bonasa*männchen durch Vorhalten eines in Begattungsstellung montierten ausgestopften Weibchens tun konnte. Wie genau die zeitliche Gleichstimmung durch gegenseitige Beeinflussung arbeitet, zeigt eine Beobachtung Heinroths: Zwei weibliche Chilipfeifenten, *Mareca sibilatrix*, die sich wie ein verheiratetes Paar betrugen, legten Jahr für Jahr an 11 Tagen 22 Eier in ein gemeinsames Nest.

Eine genaue zeitliche Gleichstimmung der Gatten ist bei vielen Arten auch deshalb notwendig, weil die Triebhandlungen der Brutpflege in genauer zeitlicher Ordnung aufeinanderfolgen; ich erinnere an die Tatsache, daß z. B. bei den Tauben auch das Männchen nach genau 14tägiger Brutzeit die zum Ernähren der Jungen dienende Kropfmilch sezernieren muß, wenn die Jungen groß werden sollen. Selbst wenn die Taubenmännchen dauernd begattungsfähig sein sollten (was recht unwahrscheinlich ist), müßten ihre physiologischen Innenvorgänge zwecks rechtzeitiger Kropfmilchproduktion mit denen des Weibchens gleichgestimmt werden.

Außer dieser von A. A. Allen nicht gewürdigten Möglichkeit der nachträglichen Gleichstimmung möchte ich außerdem noch betonen, daß es doch durch Allens Versuche durchaus nicht unwahrscheinlicher geworden ist, daß bei anderen Vogelarten die Männchen während der ganzen Brutzeit begattungsfähig sind. Ich halte einen Rückschluß von den immerhin wenigen von Allen untersuchten Arten auf die Gesamtheit der Klasse für durchaus unzulässig. Insbesondere scheinen mir die Fischreiherbeobachtungen Verweys den Schluß zu erlauben, daß die Männchen dieser Art während der gesamten Fortpflanzungsperiode begattungsfähig sind, zumindest dann, wenn sie weibchenlos geblieben sind. Verwey betont nämlich, daß die Tretbereitschaft unverheiratet gebliebener Männchen einen konstanten Anstieg zeigte. Je länger ein solcher Vogel auf ein Weibchen warten mußte, desto schneller schritt er nach der Ankunft eines solchen zur Begattung. Im extremen Fall kam es unter Fortlassung des ganzen »Verlobungs«-Zeremoniells zur sofortigen Paarung mit einem fremden Weibchen. Dies entspricht genau dem Verhalten der dauernd begattungsfähigen Säugetiere und des Menschen, was Verwey auch hervorhebt. Der

Anstieg der Bereitschaft zu einer Handlung, mit anderen Worten, die Herabsetzung der Schwelle des sie auslösenden Reizes, ist eine grundlegende Eigenschaft der Instinkthandlung, die nicht durch physiologische Vorgänge an bestimmte Zyklen gebunden ist.

c. Die Instinktverschränkungen des gemeinsamen Nestbauens
Es gibt nur verhältnismäßig wenige Vögel, bei denen nur ein Geschlecht am Nestbau beteiligt ist. Bei den Tetraoniden kümmert sich der Hahn nicht im geringsten um die Henne, also auch nicht um den Nestbau; bei den Webervögeln baut das Männchen das Nest fast vollkommen allein, das Weibchen beschränkt sich auf ein geringes Auspolstern der Mulde; ebenso verhält sich nach Steinfatt die Beutelmeise.

Bei der großen Mehrzahl aller Vögel sind jedoch beide Geschlechter am Nestbau beteiligt. Bei sehr vielen Vögeln, von denen man gewöhnlich liest, daß die Männchen sich nicht um den Bau des Nestes kömmern, findet dennoch die Wahl des Nestplatzes durch das Männchen statt. Es ist dann sozusagen so, als wäre von der gesamten Bautätigkeit des Männchens nur noch diese eine, spezifisch männliche Tätigkeit übriggeblieben. Bei Stockenten beginnt die Nestersuche der Männer oft schon lange, bevor die Weibchen richtig bei der Sache sind oder gar wirklich schon ans Legen denken; andeutungsweise erwacht der Trieb dazu in den Erpeln oft schon im Herbst, zu Beginn der Verlobungszeit. Auch von der Eiderente konnte Heinroth ein sehr ausgeprägtes Nestsuchen von seiten des Erpels feststellen, obwohl es in der Literatur ausdrücklich geleugnet zu werden pflegt. Den Einwurf, daß die Beobachtungen Heinroths an Gefangenschaftstieren erfolgt und daher nicht maßgebend seien, weise ich mit der Begründung zurück, daß die durch Gefangenschaftserscheinungen bedingten Veränderungen von Triebhandlungen immer nur in einer Verringerung, einem Minus, bestehen können, niemals aber zur Bildung eines neuen Verhaltens Anlaß geben können. Wenn Heinroths Eidererpel *nicht* Nestsuche betrieben hätten, wäre das noch lange kein Beweis, daß sie das in der Freiheit nicht täten; das umgekehrte Verhalten halte ich jedoch für unbedingt beweisend. Nach Beobachtungen an Haushähnen scheint auch das männliche Bankivahuhn den Ort des Nestes zu bestimmen. Ob dies auch beim Goldfasan so ist, wage ich nicht zu entscheiden, da die Tiere am Nest anfänglich so außerordentlich heimlich sind, daß ich auch die Henne kaum je auf der Nistplatzsuche beobachten konnte.

Den weiblichen Vögeln dieser Arten scheint das Bestimmen des Nestplatzes durch das Männchen jedoch durchaus entbehrlich zu sein; jedenfalls bemerkt man kein Zögern, keine Störung in der Platzwahl, wenn eine Stockente, die keinen Ehemann gefunden hat, einen Ort sucht, an dem sie ihre unehelichen Eier legen kann. Hier begegnet uns die Erscheinung, daß ein Geschlecht bei Ausfall der Leistung des Partners eine eigentlich dem anderen Geschlecht zukommende Triebhandlung kompensatorisch auszuführen vermag.

Etwas anders verläuft die Festlegung des Nestortes beim Nachtreiher, wo zwar das Männchen die Wahl des Nistplatzes durchführt und auch allein zu bauen beginnt, wo aber die Nestanlage doch erst ihre richtige Gestalt erhält, wenn sich ein Weibchen eingefunden hat und nun dauernd in der Mulde sitzenbleibt und die vom Männchen herangetragenen Zweige ordnet. Besonders wichtig scheint dabei der Umstand zu sein, daß das Weibchen durch sein bloßes Sitzenbleiben den Nestmittelpunkt markiert. Beim anfänglichen Alleinbauen arbeiten die Männchen nämlich zunächst in gänzlich einsichtsloser Weise an verschiedenen, wenn auch ganz nahe aneinanderliegenden Stellen, so daß der Mangel eines festen Mittelpunktes das Zustandekommen der kreisförmigen Anordnung der Baustoffe verhindert. Dieser Nestmittelpunkt wurde in den von mir beobachteten Fällen durch das Hinzukommen des Weibchens festgelegt, worauf innerhalb verhältnismäßig sehr kurzer Zeit eine schattenhafte Kreisfigur aus den herangeschleppten Zweigen herauszulesen war. Ich glaube zwar, daß auch ein alleinbleibendes *Nysticorax*männchen mit der Zeit eine runde Nestanlage zustande bringen würde, sicher aber ist es, daß es eine wichtige Funktion des Weibchens ist, schon beim Anfang des Bauens den Mittelpunkt festzulegen.

Beim Zutragen der Niststoffe ist die Rollenverteilung der Geschlechter von Art zu Art ganz verschieden. Bei manchen Sperlingsvögeln tragen beide Geschlechter zu, und zwar jedes nur die von ihm verwendeten Stoffe, das Männchen also die groben des Unterbaues, das Weibchen die feinen Polsterstoffe. Die Triebhandlungen der beiden Gatten arbeiten dabei sehr unabhängig voneinander. Wenn bei Höhlenbrütern die Höhle so klein ist, daß ein besonderer Unterbau nicht nötig, ja nicht einmal verwendbar ist, da die Mulde allein die gegebene Höhle ausfüllt, so trägt doch häufig das Männchen, dem blinden Plan seiner Instinkte gehorchend, grobes Nistmaterial ein, das das Weibchen erst wieder mühsam entfernen muß, um Raum zu der ihm zukommenden Anlage der Mulde übrig zu behalten. Das Männchen wird also in seinen Bauhandlungen nicht durch die gegebenen räumlichen Verhältnisse beeinflußt, wohl aber das Weibchen. Ein solches Verhalten beobachtete ich bei Dohlen. Seton Thompson erzählt in einer seiner Tiernovellen einen Fall, wo ein Sperlingsmännchen dauernd Holzstückchen in die Nisthöhle trug, aus der sie vom Weibchen, das seinerseits Federn eintrug, regelmäßig wieder hinausgeworfen wurden. Thompson gibt für den Vorgang eine durchaus vermenschlichende und sicher falsche Deutung, da er aber in bezug auf die von ihm beobachteten Tatsachen in seinen Novellen bei der Wahrheit bleibt, bin ich überzeugt, daß die Beobachtung an sich richtig ist und daß derselbe Fall vorlag wie bei meinen Dohlen.

d. Die Auslösung der Begattungsreaktionen

Normalerweise kommt bei den meisten Vögeln die Begattung selbst nur im Zusammenhang mit den anderen Einzelhandlungen der Fortpflanzung als ein Glied dieser Kette zur Auslösung. Nur unter ganz bestimmten Umständen erfolgt sie außerhalb dieses Zusammenhanges. Das kann vorkommen, wenn ein langes Hinausschieben der Reaktion die Schwelle des sie auslösenden Reizes erniedrigt, wie wir schon S. 144 vom Fischreiher gehört haben. Ob Entsprechendes auch bei weiblichen Vögeln vorkommt, steht noch dahin. Bengt Berg berichtet, daß Grauganseweibchen, die mit zeugungsunfähigen männlichen Bastarden von Graugans und Kanadagans verheiratet waren, dennoch befruchtete Eier legten, doch geht aus dem Bericht nicht hervor, ob sich der Autor der Tragweite seiner Angaben bewußt war. Eine nur die Begattung selbst betreffende eheliche Untreue bei der Graugans wäre hochinteressant! Männliche Vögel ehiger Arten reagieren in vielen Fällen prompt auf die Begattungsaufforderung fremder Weibchen. Die unmittelbare Aufforderung zur Begattung geht so gut wie immer vom Weibchen aus. Die Hauptmerkmale dieser Aufforderung sind flaches Hinducken und unbewegliches Sitzenbleiben. Im Experiment kann jedes dieser beiden Zeichen für sich die Begattungsreaktionen eines Männchens auslösen. Der schon S. 116 erwähnte Lachtauber, *Streptopelia risoria*, der auf den Menschen geprägt war und seine geschlechtlichen Reaktionen stets gegen die Hand des Pflegers richtete, gurrte und verbeugte sich dauernd vor der Hand, ohne zunächst Begattungsversuche mit ihr anzustellen, auch wenn die Hand ruhig vor ihm auf dem Tische lag. Sowie man aber den Handrücken flach ausstreckte und ihm in der richtigen Höhe vorhielt, ging er zur Begattungsreaktion über. A. A. Allen hat zur Feststellung der Dauer der männlichen Begattungsbereitschaft in freier Wildbahn mit ausgestopften Vögeln experimentiert, die er im Gebiete der zu untersuchenden Männchen so an Bäumen anbrachte, daß sie die Aufmerksamkeit der Tiere erregen mußten. Da zeigte es sich, daß die Vogelmännchen, sofern sie überhaupt in Brunst waren, die ausgestopften Artgenossen ohne weitere Vorbereitung zu treten versuchten, selbst dann, wenn die ausgestopften Tiere Männchen waren und nicht in Begattungsstellung montiert waren; Heinroth berichtet von einem Rotkehlchen, daß es ein frisch getötetes Stück seiner Art ebenfalls unverzüglich zu begatten versuchte. Man muß sich nun vor Augen halten, daß dieselben Vogelmännchen auf ein *lebendes* Weibchen *anders* reagiert hätten. Zunächst hätten sie es angesungen, gejagt oder in sonst einer Weise dazu zu bringen gesucht, daß es sie zur Begattung aufforderte. Das sofortige Eintreten der Begattungsreaktionen ist so aufzufassen, daß die Tiere auf die Unbeweglichkeit der Stopfpräparate und des toten Vogels so ansprachen, wie normalerweise auf das Stillehalten des begattungsbereiten Weibchens. Bei einem Tier, das in wachem Zustande so gut wie nie absolut stillhält, kann eben auch eine vollkommene Unbeweglichkeit als »Auslösehandlung« wirken.

Bei sehr vielen Vögeln gehen dem stillen Hinducken des Weibchens zwangsläufig gewisse Zeremonien voraus, bei der Felsentaube z. B. verlangt das Weibchen zuerst vom Männchen gefüttert zu werden, hierauf putzen sich die beiden Vögel in eigentümlich hastiger Weise hinter den Ellenbogenfedern und schreiten unmittelbar darauf zur Begattung. Alle diese verschiedenen Paarungseinleitungen, insbesondere der Anatiden, sind von Heinroth in systematischer Weise bearbeitet worden.

e. Die Instinktverschränkungen des abwechselnden Brütens
Bei sehr vielen Vogelarten brüten die beiden Gatten abwechselnd, und die Ablösung des einen Gatten durch den anderen geht stets mit einer Reihe von Triebhandlungen einher, die, in die Kategorie der Auslöser gehörig, für uns hier von Interesse sind.

Bei Tauben findet die Ablösung in einfacher Weise statt, indem der ankommende Vogel sich zu dem brütenden ins Nest setzt und ihn dann, sozusagen gleichzeitig mit ihm brütend, von den Eiern verdrängt. Entfernt sich jedoch ein Gatte vom Nest aus irgendeinem anderen Grunde, so wirkt sein Anblick auf den anderen als Reiz, der ihn veranlaßt, das Nest aufzusuchen. Letzteres ist bei sehr vielen brutablösenden Vögeln ebenso, z. B. beim Nachtreiher.

Die Brutablösung findet bei Tauben zu einer ganz bestimmten Stunde des Tages statt. Bei den meisten bekannten Arten brütet das Weibchen von den späten Nachmittagsstunden bis zum nächsten Vormittag, das Männchen die übrige Zeit. Daß die Zeit allein zum Reize werden kann, der die Ablösung bestimmt, ohne daß der Anblick des Ehegatten eine auslösende Rolle spielt, bewies mir ein Haustauber, dessen Gattin vor meinen Augen von einer Katze geraubt wurde. Da ich wußte, daß das Paar kleine Junge hatte, so beobachtete ich den Tauber nach dem Unglücksfall genau. Er brütete nicht wesentlich länger als bis zur Stunde, da er normalerweise von der Gattin abgelöst worden wäre, stand dann auf und ging auf Futtersuche, ganz als wäre er ordnungsgemäß abgelöst worden. Abends setzte er sich nicht etwa auf das Nest, sondern nahm seinen gewöhnlichen Schlafplatz *neben* dem Neste ein. Da eine kalte Nacht folgte, waren die Jungen am Morgen tot. Trotzdem setzte sich der Tauber ungefähr um 10 Uhr vormittags aufs Nest, genau zur Stunde, da er seine Gattin hätte ablösen sollen, und brütete auf den Leichen der erfrorenen Jungen bis zum späten Nachmittag. Dieses Verhalten setzte er durch zwei Tage fort.

Während also bei Tauben der Ablauf einer gewissen Zeitspanne an sich schon als ein Reiz wirkt, der die Reaktion der Brutablösung in Gang bringt, finden wir bei anderen Vögeln eine andere »Mechanik« in Gestalt einer Instinktverschränkung. Bei meinen Nachtreihern genügte es, daß der gerade nicht brütende Vogel dem Neste und dem brütenden Gatten zufällig in die Nähe kam, um in ihm den Trieb wachzurufen, den Brütenden abzulösen. Im Freileben braucht der abgelöste Brutreiher viele Stunden, bis er sein Nahrungsbedürfnis befriedigt hat und zum Neste zurückkehrt. Diese Zeitspanne ist durch die Verhältnisse der Umgebung gegeben und braucht nicht triebmäßig festgelegt zu sein. Durch die Fütterung von seiten des Menschen wurde nun die Uhr meiner Nachtreiher verstellt: Wenn man einen Brutreiher fütterte, wollte er regelmäßig gleich darauf seinen Ehegatten ablösen, auch wenn dieser ganz kurz zuvor ebenfalls gefressen hatte. Letzterer wollte auch oft durchaus nicht vom Neste aufstehen, wurde aber dann regelmäßig von dem ablösungsbegierigen Gatten in ganz bestimmter Weise dazu veranlaßt. Der sich auf ein leeres Nest niederlassende Reiher ordnet regelmäßig ein wenig an den Zweigen des vor ihm liegenden Nestrandes, man kann sagen, er *kann* sich gar nicht aufs Nest setzen, *ohne* es zu tun. Wenn nun der abzulösende Gatte dem ablösenden nicht Platz machen will, so tritt dennoch bei letzterem die beschriebene Reaktion ein. Er beugt sich über den Brütenden weg zum gegenüberliegenden Nestrand nieder und beginnt dort Baubewegungen zu vollführen. Dabei drückt er etwas auf den Rücken des sitzenden Vogels, und da fast alle Vögel Berührungen von oben tunlichst vermeiden, so steht letzterer »belästigt« auf und macht dem anderen Platz. Ich bin überzeugt, daß meine Nachtreiher sich um ein Vielfaches öfter beim Brüten ablösten, als es im Freileben der Fall ist. Ein ähnliches Verhalten, bei dem ein zeitlicher Rhythmus nur durch äußere Umstände und nicht durch einen im Innenleben des Tieres festgelegten Zeitsinn bestimmt wird, finden wir bei den schon einmal zu einer Analogie herangezogenen Fischen, den Chromiden. Bei diesen hält ein Elterntier dauernd über der Nestgrube Wache und wird von Zeit zu Zeit von dem anderen abgelöst. Der Anblick des herankommenden Gatten löst im Wachehabenden eine Triebhandlung aus, die ihrerseits wieder ein Auslöser ist, ein Musterbeispiel einer Instinktverschränkung. Der bisher das Nest bewachende Fisch schwimmt nämlich mit einer eigentümlich überbetonten Schwimmbewegung davon, und zwar stets dicht an dem herankommenden Gatten vorbei, gleichsam als wolle er den optischen Eindruck seines Wegschwimmens verstärken. Der ankommende Fisch übernimmt dann sofort die Betreuung des Nestes. In großen Becken findet diese Ablösung in größeren Zeiträumen statt, in sehr kleinen jedoch wechseln die Fische fast ununterbrochen in der Betreuung des Nestes ab, weil nämlich der nicht wachehabende Gatte beim Umherschwimmen in dem kleinen Behälter nicht umhin kann, dem Nest in die Nähe zu kommen. Da aber sein bloßer Anblick das beschriebene, zum Einnehmen des Wachpostens auffordernde, »betonte« Wegschwimmen zur Folge hat, kommen die Fische nie zur Ruhe, worunter die Aufzucht der Jungen sehr leidet, weil die Reaktionen ermüden und ihre Genauigkeit verlieren. Daß der Leistungsplan der die Nestablösung bestimmenden Triebe durch unnormale Bedingungen bei diesen Fischen in so durchaus analoger Weise gestört wurde wie bei meinen Nachtreihern, erscheint immerhin bemerkenswert.

f. Das Verschwinden des Geschlechtskumpans

Auf das Abhandenkommen des Gatten reagieren manche Vögel in sehr eindrucksvoller Weise. Als ich einst einen Hauserpel schlachten ließ, der mit einer reinblütigen Stockente verheiratet war, ließ die Witwe ein ausgesprochenes Suchen nach dem verlorenen Gatten beobachten. Sie lief hintereinander alle Orte ab, an denen die beiden sich sonst aufzuhalten pflegten, und fuhr mehrere Stunden darin fort. Dann flog sie donauwärts davon und wurde nie wieder gesehen. Es sei betont, daß Entenmütter, die ihre Küken verloren haben, nie in derart sinnvoller Weise nach ihnen suchen. Genau dieselbe Reaktion zeigte ein Brauterpel, *Lampronessa sponsa*, im Dezember 1933. Wegen plötzlich eintretender Kälte ließ ich damals die Herde der Türkenenten in einen Stall treiben, und durch einen unglücklichen Zufall geriet das Weibchen des seit vielen Monaten freifliegenden Brautentenpaares unter diese Tiere. Ich bemerkte dies erst nach Einbruch der Nacht und wollte wegen der Gefahr einer großen Nachtpanik das Brautentenweib erst am nächsten Morgen wieder freilassen. Als ich mich jedoch in der ersten Dämmerung des nächsten Morgens hierzu anschicken wollte, war der Brauterpel bereits weggeflogen. Zwei Tage später wurde er in Heiligenstadt, 20 km donauabwärts, gefangen und nach Rossitten gemeldet, so daß ich ihn heimholen konnte. Fast genau dasselbe erlebte ich 1934 mit einem Stockerpel.

Recht interessant war das Verhalten des Brautentenpaares beim Wiedersehen. Als ich den Erpel aus der Transportkiste freiließ und er auf eine Wiese geflogen war und dort rief, kam das Weibchen aus einer ganz anderen Ecke des Gartens angeflogen und fiel bei ihm ein. Hierauf schüttelten sich beide und begannen sich zu putzen. Das Sich-Schütteln tritt ja häufig als Zeichen einer inneren Entspannung auf; ein Tier ohne Begrüßungsreaktion hat eben keine Möglichkeit, auf die Situation eines noch so bedeutungsvollen Wiedersehens in irgendeiner Weise zu antworten. Man beobachtet an solchen getrennt gewesenen Kumpanen nur ein besonders intensives Ablaufen der gemeinsamen Funktionskreise, die eben während der Trennung abgeschnitten waren und deren Handlungen nun mit Macht hervorbrechen. So hetzte das Brautentenweib im Laufe jenes Nachmittages ihren Mann fast ununterbrochen auf alle anderen Enten, und er tat »der Feier der Stunde« insofern Ehre an, als er sich tatsächlich auf Kämpfe mit den überlegensten Gegnern einließ, was ich sonst nie an ihm gesehen hatte.

4. Die Trennbarkeit der Funktionskreise

Die wenigen mir bekannten Fälle von Teilung der einzelnen Funktionskreise des Geschlechtskumpans seien hier einzeln angeführt.

Eine im Sommer 1932 geborene reinblütige weibliche Stockente umwarb im Winter 1932/33 einen Kreuzungserpel, Hochbrutente × Stockente, der auf ihr Hetzen besonders eifrig reagierte.[2] Zugleich bewarb sich ein reinblütiger Stockerpel um die Ente, in der schüchternen, passiven Art, die den Männchen derjenigen Anatiden eigen ist, bei denen die aktive Werbung in Gestalt des Hetzens vom Weibchen ausgeht. Der Kreuzungserpel, der auf die Rivalität des Stockerpels sehr wohl ansprach, verfolgte diesen mit ganz besonderer Wut, oft sogar im Fluge, zu dem er sich entsprechend seinen Haustier-Erbmassen sonst nicht so leicht entschloß. Gerade die verminderte Fluglust des halben Haustieres war es nun, was zu einem sehr interessanten Verhalten der Stockente Anlaß gab. Im Frühling zeigen nämlich reinblütige Stockenten eine ausgesprochene Flugunruhe, die möglicherweise mit der Nestsuche etwas zu tun hat. Jedenfalls fliegen die Paare dann weit umher, und zwar immer die Frau voraus, der Mann hinten nach. Auch beim Auffliegen kann man meist beobachten, daß die Aufforderung zum Abfliegen vom Weibchen ausgeht. Zu der Zeit, als meine Stockente mit dem Frühlingsfliegen begann, zeigte es sich, daß der Kreuzungserpel auf ihre Flugstimmung machenden Intentionsbewegungen nicht richtig ansprach und nicht mit hochflog oder zum mindesten nach einer sehr kurzen Strecke kehrtmachte und wieder einfiel. Anfangs sah sich dann die Ente sofort nach ihm um, begann zu kreisen und fiel ebenfalls bald wieder ein. Der reinblütige Stockerpel merkte sehr bald, daß hier ein Fall vorlag, in dem er dem gefürchteten Rivalen über war, und stets, wenn die Ente aufflog, erhob sich irgendwo im Hintergrunde der Erpel, holte sie rasch ein, und nun kehrte sie nicht mehr zu

---

[2] Über das »Hetzen« vgl. Heinroths *Beiträge*, bei der Stockente.

ihrem eigentlichen Verlobten um, sondern flog mit dem Reinblüter davon. Von nun an *flog* die Ente dauernd mit dem einen Erpel aus, hielt sich aber zu Hause nach wie vor zu dem anderen. Obwohl sie dann auch zu Hause manchmal mit dem Reinblüter herumging, sah ich nie, daß sie ihn da als ihren Gatten behandelte, d. h. ihn auf andere Vögel hetzte: Dies tat sie immer nur mit dem Kreuzungserpel, mit dem ich sie sich auch wiederholt paaren sah. Der Stockerpel war ihr nur für den einen Funktionskreis des »Frühlingsfliegens« Kumpan.

Einen fast genau gleichen Fall schildert Bengt Berg in einem seiner Bücher. Eine reinblütige Graugans, *Anser anser*, hatte sich mit einem flugunfähigen Canadaganter, *Branta canadensis*, zusammengefunden und gepaart, obwohl Graugansmännchen vorhanden waren. Es hat sicher auch da die größere Kampfesstärke des Amerikaners eine Rolle gespielt, genau wie die meines Kreuzungserpels. Als Flugkumpan diente dieser Graugans jedoch ein Artgenosse, der auch, wie man zwischen den Zeilen lesen kann, den Nistplatz bestimmte, was ja, wie S. 145 erwähnt, eine Funktion des Männchens ist. Beim Brüten stand nun dieser flugfähige Grauganter bei der Gans in artgemäßer Weise Wache, nach dem Schlüpfen der Jungen jedoch begab sich diese zu dem Vater der Jungen zurück und führte gemeinsam mit diesem die Jungen, aber nur so lange, bis sie fliegen konnten. Von dann an trat wieder der flugfähige Grauganter in Funktion, der sie wie seine eigenen Jungen behandelte und z. B. artgemäßerweise die Angriffe von Seeadlern von den Jungen ablenkte und auf sich zog. Diese Funktion kommt offenbar den Männern sehr vieler Gänsearten zu, die eben deshalb immer als letzte in der Reihe schwimmen und fliegen.

Es erhebt sich nun die Frage, ob diese Stockente und diese Graugans »wußten«, daß in der Luft und auf dem Boden immer ein ganz anderer Mann ihr Geselle war, ob umgekehrt die Enten und Gänse, bei denen diese beiden Rollen in normaler Weise von *einem* Männchen gespielt werden, dieses Männchen in der Luft und zu Hause »als dasselbe empfinden«. Wir können diese Frage auf Grund unserer gegenwärtigen Kenntnisse nicht beantworten und nur sagen, daß wir kein Recht zu der Annahme haben, daß der Kumpan dieser verschiedenen Leistungskreise eine Einheit bildet, wenn man auch geneigt wäre, dies zumindest bei der Graugans anzunehmen.

VIII. Der soziale Kumpan

Bei sehr vielen Vögeln finden wir eine Scharbildung, die weit mehr ist als eine bloße Ansammlung von Individuen. Wir finden richtige, organisierte Sozietäten, deren überindividuelle Funktion durch bestimmte soziale Triebhandlungen und Triebhandlungsverschränkungen ihrer Mitglieder zustande kommt. Diese Funktion kann bei einigen in Siedlungen brütenden Formen einen so verwickelten Aufbau zeigen und im Sinne des Allgemeinwohles der Siedlung so zweckentsprechend erscheinen, daß man geradezu an das soziale Verhalten staatenbildender Insekten gemahnt wird. Ein solches Zusammenarbeiten von Individuen der Siedlung beruht aber bei Vögeln, ganz wie bei den Insekten, ausschließlich auf angeborenen Triebhandlungen und nirgends auf traditionell erworbenen Verhaltensweisen oder gar auf der Einsicht, daß die Zusammenarbeit zur Förderung der Allgemeinheit auch für das Einzelwesen nutzbringend sei. Bei genauerer Analyse der Triebhandlungen, die das koordinierte Zusammenarbeiten der Mitglieder einer solchen hochorganisierten Vogelsozietät bewirken, stellt sich heraus, daß ein scheinbar sehr hochkompliziertes Verhalten der Gesamtheit durch *merkwürdig wenige und einfache* Reaktionen der Individuen zustande kommt.

1. Das angeborene Schema des sozialen Kumpans

Das angeborene Schema des Kameraden ist so gut wie immer *weit*, d. h. arm an angeborenen Zeichen, so daß der Objektprägung ein weiter Spielraum bleibt. Es ist auch tatsächlich bisher keine einzige ausgesprochen soziale Vogelform bekannt geworden, deren gesellige Triebe beim jungaufgezogenen Vogel *nicht* auf den Menschen prägbar gewesen wären. Daß jungaufgezogene Vögel geselliger Arten im Gegensatz zu denen einzelgehender auch nach Erlöschen der Kindestriebhandlungen zahm und dem Menschen anhänglich bleiben, ist eine allen Vogelliebhabern geläufige Tatsache. In der Umwelt des Einzelgängers ist für einen »Freund« kein Platz vorgesehen, und für die Nachtigall oder das Rotkehlchen ist der Pfleger im besten Falle ein brauchbarer Futterautomat, für den aufgezogenen Gimpel oder Zeisig jedoch ein Mitgimpel oder Mitzeisig. Daher hat die Anhänglichkeit solcher geselligkeitszahmer Vögel mit der Erwartung von Futter nicht das mindeste zu tun.

Die wenigen, im angeborenen Schema gegebenen Zeichen des sozialen Kumpans liegen besonders oft auf dem Gebiete des Akustischen und stellen Auslöser oder Signale dar. Soweit es sich um mehr die Außenwelt betreffende Ausdruckslaute, wie z. B. den Warnlaut, handelt, sind diese angeborenen Zeichen entbehrlich, d. h. sie machen sich bei Ausfüllung des angeborenen Schemas durch ein nicht artgemäßes Objekt, z. B. den Menschen, nicht störend bemerkbar. Der Lockton geht dagegen dem jungaufgezogenen Vogel an einem menschlichen Kumpan in vielen Fällen ab. Wenigstens zeigt sich da häufig ein positives Reagieren auf Menschen, die den arteigenen Lockton gut *nachahmen* können, bzw. eine deutliche Beeinflussung des Prägungsvorganges durch den nachgeahmten Lockton.

Es mag sein, daß es soziale Arten mit einem komplizierten angeborenen Schema des Gesellschaftskumpans gibt; leider wissen wir über das Verhalten der kleineren und wohl auch geistig weniger hochstehenden Siedlungsbrüter, wie z. B. der Siedelweber, so gut wie nichts.

2. *Das individuelle Erkennen des sozialen Kumpans*

Wenn wir oben gesagt haben, die auf Triebverschränkungen beruhende Zusammenarbeit der Individuen einer hochorganisierten Vogelsozietät erinnere an die der staatenbildenden Insekten, so müssen wir hier einen großen Unterschied diesen gegenüber hervorheben: Ganz wie bei den hochstehenden Säugetieren und auch beim Menschen ist bei den Vögeln ein Großteil der sozialen Reaktionen an das *persönliche Sich-Kennen* der Individuen gebunden. Daß ein Vogel eine ganze Anzahl von Artgenossen persönlich kennen kann, wissen wir ja schon aus den Arbeiten von D. Katz, Schjelderup-Ebbe und anderen, die an Haushühnern ihre Versuche angestellt haben. Ich möchte hinzufügen, daß diese Fähigkeit und insbesondere auch das Personen-*Gedächtnis* bei Vögeln mit höher spezialisierten sozialen Reaktionen, als das Haushuhn sie hat, noch *ganz wesentlich höher* entwickelt ist. So erkennen Dohlen ein zur Brutsiedlung zurückkehrendes Mitglied nach vielen Monaten sofort wieder, und zwar, im Gegensatz zu mir selbst, ganz sicher nicht an dem Rossittener Ring, den der Rückkömmling am Beine trägt. Eindeutig ist die Reaktion des Wiedererkennens nur, wenn die Vögel am Brutplatze und in Fortpflanzungsstimmung sind: Dann wird nämlich jeder Fremdling von *allen* Siedlungsmitgliedern in gemeinsamem Angriff weggejagt. Zur Nichtbrutzeit und insbesondere auf der Wanderung scheint die Aufnahme neuer Genossen leicht vonstatten zu gehen; jedenfalls brachten meine Dohlen wiederholt Fremdlinge mit heim, die hier ohne weiteres als Siedlungsgenossen behandelt wurden.

Über die Frage, *woran* und wie sich die Vögel persönlich erkennen, haben wir schon S. 117 gesprochen und verweisen auf das dort Gesagte.

3. Die Leistungen des sozialen Kumpans

a. Das Übertragen von Stimmungen

Während wir bei dem Auf-einander-Reagieren von Eltern und Kindern und von den Gatten eines Paares so gut wie immer Triebverschränkungen vor uns hatten, bei denen eine Triebhandlung des einen Vogels eine *andere* Triebhandlung des anderen zur Folge hatte, sehen wir hier zwischen den Gliedern einer Sozietät besonders typisch einen andersartigen Fall der Triebauslösung: Es wird hier bezeichnenderweise eine Triebhandlung des einen Tieres durch die *gleiche* Triebhandlung des Kumpans ausgelöst. Bei Beobachtung dieses Verhaltens müssen wir eingedenk bleiben, daß dies *keine Nachahmung* ist. Zur Nachahmung einer zweckmäßigen Verhaltensweise ist kein Vogel befähigt. Selbst ganz einfache Handlungen, etwa das Durchschlüpfen durch ein im Gitterversuch gebotenes Loch, werden auch von den klügsten Vögeln nicht nachgeahmt. Sie finden das Loch höchstens dann leichter, wenn sie dem Führer, der ihnen das Durchkriechen vormachen soll, zufällig gerade im entscheidenden Augenblick dicht aufgeschlossen nachfolgen. In jedem anderen Fall jedoch sind sie nicht imstande, aus der Tatsache, daß ein anderer Vogel gerade an einer bestimmten Stelle durch das Gitter kann, zu entnehmen, daß sie selbst es dort auch können. Es ist gänzlich falsch, von Nachahmung zu reden, wenn ein Individuum einer Vogelschar mit der Ausführung einer Handlung beginnt und die anderen Tiere dadurch zu gleicher Tätigkeit veranlaßt werden. Diese Art von scheinbarer Nachahmung beruht auf der bei Vögeln sehr weitverbreiteten Erscheinung, daß der Anblick des Artgenossen in bestimmten

Stimmungen, die sich durch Ausdrucksbewegungen und -laute äußern können, im Vogel selbst eine ähnliche Stimmung hervorruft. Dazu sind die Ausdrucksbewegungen ja eben da. Wenn man schon durchaus eine Analogie mit menschlichem Verhalten heranziehen will, so kann man sagen, die betreffende Reaktion »wirke ansteckend« wie bei uns das Gähnen.

Man darf sich nun die Wirkung dieser Stimmungsübertragung nicht zu tiefgreifend vorstellen. Eine eben müde heimkehrende Stockente kann durch die Flugstimmungsausdrücke einer anderen nicht gleich wieder in Flugstimmung gebracht werden, wohl aber kann ein Vogel, der eben gebadet hat, durch einen anderen zu erneutem Baden angeregt werden. D. Katz hat aber in seiner Arbeit ›Hunger und Appetit‹[1] gezeigt, daß ein Huhn, das sich eben allein vollfraß, bis es in Anwesenheit von restlichem Futter von selbst zu fressen aufhörte, durch Hinzusetzen eines hungrigen und gierig fressenden Artgenossen sofort zum Weiterfressen veranlaßt werden kann. Umgekehrt zeigten meine Seidenreiher folgendes Verhalten: Um die Tiere zu Beginn der Zugzeit in den Käfig zu locken, ließ ich sie zunächst sehr hungrig werden und bot dann gutes Futter in dem Käfig, der zum Zwecke dieses Einfangens einige reusenartig gestaltete Eingänge besitzt. Wenn nun ein Teil der Vögel durch die Reuse geschlüpft war, sich im Käfig satt gefressen hatte und faul und aufgeplustert auf den Sitzstangen herumsaß, flaute bei den noch außen befindlichen die Hunger-Erregung so sehr ab, daß sie ihr Bestreben, in den Käufig zu gelangen, aufgaben und sich in der nächsten Umgebung des Käfigs in der gleichen Weise wie die wirklich gesättigten Artgenossen zur Ruhe setzten. Ich fing sie dann gewöhnlich erst, wenn die bereits eingefangenen Seidenreiher wieder hungrig geworden waren und neuerdings im Käfig zu fressen begannen.

Solche Sonderfälle treten aber in einer freilebenden Sozietät selten ein. Vögel der gleichen *undomestizierten* Arten reagieren ja im allgemeinen ungemein gleichartig, entgegen der immer wieder auftretenden Behauptung, daß die Tiere individuell so verschieden reagierten. Diese Behauptung stammt entweder aus der Beobachtung mißdeuteter Gefangenschaftserscheinungen oder aus einer unzulässigen Verallgemeinerung aus dem Verhalten der in ihren Triebhandlungen recht regellos variierenden domestizierten Arten. Es ist klar, daß sich frischgefangene

---

[1] Leipzig 1931.

Vögel den Schädigungen der Gefangennahme gegenüber je nach ihrem gegenwärtigen physiologischen Zustande sehr verschieden verhalten können, ebenso, daß der verschiedenartige Knacks, den ihre Verhaltensweisen durch diese Schädigungen bekommen, sich für ihr ganzes späteres Käfigleben auswirken kann und sie dann individuell recht verschieden erscheinen läßt. Als einigermaßen erfahrener Tiergärtner lernt man aber diese Dinge sehr wohl zu beurteilen und diese Pseudovariationen aus seinen Beobachtungen auszuschließen. Auf einer geradezu meisterhaften Ausbildung dieser Fähigkeit beruht der Wert und die große Richtigkeit aller Heinrothschen Beobachtungen.

Im allgemeinen reagieren die Glieder einer Vogelsozietät auf die sie alle treffenden Reize so gleichartig, weil sie meist sowieso alle in der gleichen Stimmung sind und das Gleiche vorhaben. Auch wenn sie sich gegenseitig nicht sehen würden, würden sie ungefähr zu gleicher Zeit fressen, baden oder schlafen gehen. Die Ausdrucksbewegungen und Ausdruckslaute, die die Stimmung von einem auf das andere Individuum übertragen, haben also nur die Aufgabe, diese *ungefähre* Gleichzeitigkeit in eine etwas *genauere* Gleichzeitigkeit zu verwandeln. Dabei ist es auch bei Handlungsweisen, die an sich nicht notwendigerweise gleichzeitig ausgeführt werden müßten, wie etwa das Sich-Putzen oder das Baden, doch sehr vorteilhaft, wenn sie von den Gliedern der Sozietät gleichzeitig ausgeführt werden, weil so der gemeinsame Lebensrhythmus der Gesamtheit im gleichen Takte bleibt. Wenn die Tiere nicht *alles* gleichzeitig täten, wäre stets die Gefahr vorhanden, daß ein Stück gerade unbeweglich vollgefressen zurückbliebe, wenn die anderen in Flugstimmung geraten. Daher sehen wir nun eben die Glieder einer dauernd zusammenhaltenden Vogelsozietät immer alles gleichzeitig tun, baden, sich putzen, Futter suchen oder schlafen.

b. Die Auslösung des Anschlußtriebes

Es gibt Fälle, in denen die ungefähre Gleichzeitigkeit der Reaktionen der Scharmitglieder, wie sie durch das Übertragen der allgemeinen Stimmung gewährleistet wird, nicht genügt, Reaktionen, bei denen es von größter biologischer Bedeutung ist, daß sie von allen Individuen der Schar *genau* gleichzeitig ausgeführt werden. Dies gilt in besonderem Maße für das Auffliegen einer Vogelschar.

Die Bewegungsgeschwindigkeit eines Vogels in der Luft ist

um so vieles größer als auf dem Boden, daß bei sozialen Formen bestimmte »Vorkehrungen« getroffen werden mußten, damit sich die Tiere im Fluge und vor allem beim Übergang vom Laufen oder Schwimmen zum Fliegen nicht verlieren. Ebenso, wie wir es S. 82 vom Nachfolgetrieb von Jungvögeln bei Dohlen u. a. beschrieben haben, ist auch der Anschlußtrieb erwachsener Gesellschaftsvögel im Fluge wesentlich intensiver als beim Zufußgehen. Heinroth beschreibt von seinen Kranichen, daß sie zu gewissen Jahreszeiten auf dem Erdboden überhaupt kein Anschlußbedürfnis aneinander hatten, im Fluge jedoch dicht zusammenhielten. Alle Vögel, bei denen eine solche Verschiedenheit des Anschlußtriebes bei verschiedener Fortbewegungsart beobachtet wurde, zeigen ein merkwürdig fein differenziertes Reagieren auf das Auffliegen des Kumpans, der ihren Anschlußtrieb auslöst. Nehmen wir an, aus einer am Boden Futter suchenden Dohlenschar fliege ein Vogel auf, um sich 10 m weiter weg wieder niederzulassen. In diesem Fall wird keine der anderen Dohlen durch ihn zum Auffliegen veranlaßt. Fliegt aber einer der Vögel in der Absicht hoch, eine größere Strecke zurückzulegen, so regt sich der Anschlußtrieb der Schargenossen schon, wenn er noch lange nicht 10 m weit weg ist. Die Tiere sehen einander den Entschluß, weiter oder weniger weit zu fliegen, schon beim Abfliegen an, sie entnehmen ihm sogar bis zu einem gewissen Grade, wodurch der Kumpan zum Auffliegen veranlaßt wurde. Während nämlich der plötzliche Fluchtstart eines einzelnen Schargenossen, auch ohne Ausstoßen des Warnlautes, regelmäßig die ganze Schar mitreißt, ist dies bei einem Auffliegen in weniger dringender Angelegenheit nicht der Fall. Daß aber ein sehr entschlossenes Auffliegen die Schargenossen auch dann mitreißt, wenn es durch einen positiv beantworteten Reiz ausgelöst wurde, beweist folgende Beobachtung: Wenn die schon mehrfach erwähnte, teils auf Nebelkrähen, teils auf den Menschen umgestellte Dohle schon längere Zeit in Gesellschaft der Krähen zugebracht hatte, pflegte sie besonders heftig auf meinen Lockruf zu reagieren, sie hatte dann eben »Sehnsucht« nach menschlicher Gesellschaft. Besonders galt dies dann, wenn die Krähen längere Zeit auf der Erde oder auf Bäumen sich aufgehalten hatten. Sie waren der Dohle ja nur in der Luft als Flugkumpane interessant, im Sitzen aber gleichgültig (S. 47). Wenn ich die Dohle in einem solchen Falle rief und sie sofort eifrig in der Richtung nach mir hin aufflog, so kam regelmäßig die ganze Schar der Nebelkrähen hinter ihr her, um erst dicht vor mir erschreckt abzuschwenken. Das Befolgen des Beispiels des einen, der »weiß«, was er tut, gibt recht viel zu denken. Da diese geistig hochstehenden Rabenvögel mit zunehmendem Alter sehr viele Erfahrungen sammeln und zugleich in allen Bewegungen zielsicherer und entschlossener werden, so glaube ich, daß bei ihnen der erfahrene alte Führer eine biologisch sehr bedeutsame Rolle spielt.

Bei der großen Wichtigkeit der Reaktionen des Mitfliegens mit der Schar ist es nicht weiter verwunderlich, daß für sie in sehr vielen Fällen besondere Auslöser entwickelt wurden. Wir finden da als Auslöser, die vor dem Auffliegen zu beobachten sind, ebensowohl Bewegungen als auch auffallende Gefiederzeichnungen, die im Augenblicke des Auffliegens plötzlich sichtbar werden.

Ausdrucksbewegungen, die schon geraume Zeit vor dem Abflug die Flugstimmung des Vogels verraten und seine Schargenossen in dieselbe Stimmung versetzen, finden wir ganz besonders bei solchen Vögeln, denen der Entschluß zum Auffliegen ziemlich schwerfällt. Wir haben im VI. Kapitel über das Stimmungmachen der Stockentenpaare vor dem Auffliegen gehört und müssen hier nur hinzufügen, daß sich größere Scharen dieser Vögel ebenso verhalten. Die Flugstimmung auslösenden Handlungen sind zweifellos ursprünglich Intentionsbewegungen. Es wird aus einer wie zum Absprung vom Boden geduckten Körperhaltung der Kopf und zum Teil auch der Vorderkörper kurz nach oben gestoßen, sehr ähnlich, aber doch etwas anders, als wenn der Vogel wirklich zum Abflug ansetzt, seinen Entschluß jedoch im letzten Augenblick zurücknimmt. Diese Bewegungen lösen nun bei jedem Artgenossen ebenfalls Flugstimmung aus. Sie erniedrigen durch eine längere Summation der Reize die »Auffliegeschwelle« des anderen Vogels so weit, daß er durch den letzten und sehr starken Reiz, der durch das wirkliche Auffliegen des Kumpans gesetzt wird, unfehlbar mit in die Höhe gerissen wird. In ganz ähnlicher Weise wie die Stockenten müssen sich auch Gänse vor dem Auffliegen gegenseitig in die nötige Erregung »hineinreden«, indem sie immer lauter rufen und gleichzeitig die ihnen eigentümliche Abflug-Ausdrucksbewegung, ein kurzes seitliches Schnabelschütteln, immer heftiger ausführen. Die Kopfbewegung der Stockente ist ohne weiteres als ein Abkömmling der Bewegungen des wirklichen Auffliegens zu erkennen. Sie enstand zweifellos aus einem Ansatz zu einem im letzten Augenblick nicht zur

Durchführung gelangenden Auffliegen. Sie sagt auch dem Vogelkenner, der ihre Bedeutung als Auslöse-Zeremonie nicht kennt, daß der Vogel auffliegen wird. Ihr Zusammenhang mit der Reaktion des Auffliegens ist viel deutlicher als ihre Funktion als Auslöser. Bei der Gattung *Anser* dagegen würde niemand, der den Auffliegekomment dieser Vögel nicht kennt, einen Zusammenhang mit den Bewegungen des In-die-Höhe-Springens vermuten. Dennoch dürfte ein solcher vorhanden sein, denn es gibt andere Anatiden, die ein intermediäres Verhalten zwischen *Anas* und *Anser* zeigen: Bei der Nilgans, *Alopochen*, ist die in Rede stehende Bewegung wie bei den echten Gänsen auf Kopf und Schnabel beschränkt und verläuft ebenso ruckartig. Der Kopf bewegt sich dabei aber wie bei den Enten von unten nach oben und nicht wie bei den Gänsen seitlich. Die Reihenbildung der drei Bewegungsarten ist ungemein eindrucksvoll. Ein Kenner des Verhaltens der Enten würde die Bewegung einer Gans nicht unmittelbar verstehen, wohl aber würde der mit der Auffliegebewegung von *Alopochen* Vertraute ebensowohl die Ausdrucksbewegung von *Anas* als auch die von *Anser* als dasselbe erkennen. Auch hier haben wir aller Wahrscheinlichkeit nach das Entstehen einer auslösenden Zeremonie aus einer ursprünglich ganz anderen Zwecken dienenden Bewegungsweise vor uns. Dabei möchte ich vermuten, daß der ursprüngliche Anlaß zum Entstehen der Zeremonie in einer einfachen Stimmungsübertragung gelegen ist. Ursprünglich spricht wohl der Artgenosse mit einer »Resonanz« auf die Intentionsbewegungen des Kameraden an, wie S. 156 besprochen, und dieses »Verstehen« mag dann der Intentionsbewegung eine neue biologische Bedeutung verleihen und zu ihrer weiteren Ausbildung führen.

Während des Auffliegens selbst geben manche Vögel noch akustische Signale von sich. Kakadus schreien dabei markerschütternd, Haus- und Felsentauben klatschen laut mit den Flügeln. Dabei zeigt das Klatschen sehr genau an, wie weit der Vogel zu fliegen beabsichtigt. Es unterbleibt, wenn nur kurze Strecken durchmessen werden. Wenn aber eine größere Reise bevorsteht, klatscht der Vogel nicht nur bei den allerersten Flügelschlägen, sondern noch länger und auch lauter. Man könnte von Intensitätsunterschieden der Abfliegereaktionen sprechen und sagen, daß die mitreißende Wirkung des Abfluges eines Vogels in geradem Verhältnis zur Intensität seiner eigenen Reaktion stehe.

Körperliche Auslöser des Mitfliegens finden sich in Gestalt

auffallender Gefiederzeichnungen, die im Augenblick des Auffliegens sichtbar werden. Immer sind sie so angeordnet, daß sie von hinten her am besten sichtbar sind. Im übrigen finden sich alle nur möglichen Anordnungen und Verteilungen der Farben bei verschiedenen Arten verwirklicht. Ich kann nur einige besonders oft wiederkehrende herausgreifen. So finden sich z. B. bei den verschiedensten Vogelgruppen die äußersten Steuerfedern weiß gefärbt, ebenso häufig ein weißer oder auffallend hell gefärbter Unterrücken und Bürzel. Ein im Sitzen einfarbig grau erscheinender Vogel, wie z. B. eine Saatgans, verändert sich beim Auffliegen durch das Sichtbarwerden des weißen Rückens und Entfalten des dunkelgrau und weiß gezeichneten Steuers in erstaunlichem Maße. Besonders schöne Beispiele für körperliche Auslöser des Mitfliegens sind die verschiedenen Flügelzeichnungen der Entenvögel. Kaum irgendwo anders tritt die für die Auslöser im allgemeinen kennzeichnende Vereinigung von Einfachheit und genereller Unwahrscheinlichkeit so eindrucksvoll zutage wie hier. Die Heinrothschen Zusammenstellungen verschiedener Anatidenflügel wirken tatsächlich wie eine Tafel aus einem Marine-Flaggbuch. Wichtig ist in diesem Zusammenhang folgende Beobachtung Heinroths: Bei zufälliger Gleichheit der Flügelzeichnung löst das Vorüberfliegen einer Anatidenform die Mitfliegereaktion der anderen aus, auch wenn beide in keiner Weise miteinander verwandt sind. Die nordosteuropäische Kasarka, *Casarca ferruginea*, hat die gleiche einfache schwarz-weiße Flügelzeichnung wie die südamerikanische Türkenente, *Cairina moschata*. Sitzende Kasarkas reagieren auf fliegende Türkenenten wie auf fliegende Artgenossen, während sie ihnen sonst keinerlei Interesse entgegenbringen.

c. Das Warnen

Das Warnen als eine Funktion des sozialen Kumpans läßt sich noch besser als das des Elternkumpans in zwei getrennte Auslöseleistungen zergliedern, nämlich in eine Auslösung des *Sicherns* und in eine Auslösung der *Fluchthandlungen*. Immerhin sind diese beiden Verhaltensweisen auch hier so innig miteinander verflochten, daß wir das Warnen als einheitliche Funktion besprechen müssen.

Die urtümlichste und zugleich eindringlichste Warnung ist hier die eigene Flucht. Ihre Bedeutung wird vom Artgenossen sofort verstanden und entsprechend beantwortet. Während bei den Jungen vieler Nestflüchter der Warnton des Elterntieres allein genügt, um eine Fluchtreaktion auszulösen, kenne ich keinen Fall, wo eine Flucht eines erwachsenen Vogels bloß durch den Warnton des sozialen Kumpans ausgelöst wurde. Hierzu scheint der Anblick der Flucht des anderen unumgänglich nötig zu sein. Kolkraben verhalten sich auch gegenüber dem Warnen des Elternkumpans ebenso (S. 84).

Der vom sozialen Kumpan ausgestoßene Warnton löst also, wenn er nicht von einer Fluchthandlung begleitet wird, immer nur die Sicherreaktion aus, im Gegensatz zum Warnen des Elterntieres, das in vielen Fällen imstande ist, die Jungen zur Flucht zu veranlassen, *ohne* daß die Eltern selbst fliehen. Natürlich kann das Sichern seinerseits auch durch die Fluchtreaktion des Artgenossen ausgelöst werden, ebensogut durch den Anblick des sichernden Kumpans. Allgemein gefaßt: Von den einer und derselben Erregungsart entspringenden Reaktionen verschiedener Intensität löst normalerweise jede einzelne beim Kumpan nur eine solche von einer geringeren Intensität aus, als sie selber hat. Bleibt dieses Verhältnis nicht gewahrt, so ist ein lawinenartiges Anschwellen der Reaktion bei ihrem Überspringen von Tier zu Tier die unausbleibliche Folge. Bei Formen, bei denen schon normalerweise die Reaktion des Gewarnten derjenigen des Warners an Intensität sehr nahe kommt, tritt eine solche Störung leicht ein; über die so zustande kommenden Paniken führerloser Jungdohlen haben wir schon S. 90 gehört. Sehr ähnliche Vorgänge scheinen den verhängnisvollen Paniken zugrunde zu liegen, die manchmal die Herden verschiedener Huftiere ergreifen.

Im Gegensatz zu Dohlen reagieren Reiher auch auf die überstürzte Flucht eines Artgenossen nur mit Sichern; sie fliehen erst dann, wenn sie selbst das die Flucht des Kumpans auslösende Schrecknis erblickt haben. Ein 1934 mit einem zahmen Weibchen in meiner Nachtreihersiedlung brütender »wilder« Nachtreiher floh anfangs bei meiner Annäherung jedesmal mit allen Zeichen des Schreckens, worauf sämtliche anwesenden zahmen Artgenossen sich lang machten und sicherten. Niemals aber wurde einer von ihnen zur Flucht veranlaßt, im Gegenteil, sie beruhigten sich, nachdem sie mich erblickt hatten, so schnell, daß geradezu der Eindruck entstand, als wüßten sie, daß der fremde Reiher »nur« vor mir geflohen sei.

Diese verschiedene Beantwortung der Warnung bei Dohle und Nachtreiher bringt es mit sich, daß bei ersterer *ein* scheuer Vogel die ganze Schar scheu macht, während ihm beim Nachtreiher keine derartige Einwirkung möglich ist. Beim Freifliegend-Halten macht sich dieser Unterschied sehr bemerkbar. Es sei anschließend bemerkt, daß *junge* Dohlen eingewöhnte alte *nicht* scheu zu machen imstande sind, sondern sich vielmehr der »Zahmheitstradition« der Siedlung unterordnen. Dies ist deshalb bemerkenswert, weil es zeigt, daß unter Umständen die Person, man könnte fast sagen: die »Autorität« des Warners, für die Reaktion der Artgenossen von Bedeutung sein kann.

d. Die Auslösung des sozialen Angriffes
Ähnlich zwingend wie die Auslösung des Mit-Auffliegens wirken unter sämtlichen gleichstimmenden Ausdrucks-Triebhandlungen nur noch gewisse soziale Angriffsreaktionen verschiedener Vögel. Vielleicht haben wir in ihnen die am wenigsten vom augenblicklichen physiologischen Zustande des Vogels abhängigen Triebhandlungen vor uns. Gerade diese »altruistischen« und an die edelsten menschlichen Verhaltensweisen gemahnenden Erbtriebe der Vögel verhalten sich häufig reflexähnlicher als die meisten anderen ihrer Reaktionsweisen.

Als Angriff wollen wir hier jede Verhaltensweise werten, bei der der Vogel »positiv« auf den Feind reagiert, d. h. also ihn *verfolgt*, auch wenn es nicht zum tätlichen Angriff kommt. Ein solches Verhalten finden wir nämlich bei sehr vielen Vogelformen, und unter den Kleinvögeln aus der Gruppe der Sperlingsvögel stellt es die am weitesten verbreitete Form eines über die Familie hinausreichenden sozialen Verhaltens dar. Außerdem zeichnet es sich häufig dadurch aus, daß die Reaktion an den Artgrenzen nicht haltmacht, so daß ein *soziales Zusammenarbeiten verschiedener Arten* zustande kommt.

Wenn irgendein kleiner Sperlingsvogel am Tage eine Katze oder besser noch eine kleine Eule zu sehen bekommt, so begibt er sich unter Ausstoßung seines Warnlautes zu ihr hin. Es ist nun eigentlich nicht ganz richtig, diesen Laut als Warnlaut zu bezeichnen, da er eigentlich etwas ganz anderes bedeutet als etwa der Warnlaut eines Hühnervogels oder einer Gans. Die diesen letzteren entsprechenden Äußerungen der kleinen Sperlingsvögel werden meist als »Schrecklaut« bezeichnet, um die Bezeichnung »Warnlaut« für die jetzt zu besprechende Reaktion frei zu behalten, was eben, wie gesagt, nicht ganz richtig ist. Der Vogel *warnt* nicht nur vor dem gesichteten Raubtier, sondern seine Tätigkeit zielt, natürlich rein triebmäßig, auf viel mehr ab: der biologische Sinn der Reaktion liegt darin, daß das Raubtier *vertrieben* wird, und zwar dadurch, daß eine ständig zeternde Korona von Kleinvögeln jede seiner Bewegungen verfolgt und ihm dadurch die Jagd unmöglich macht. Die Zusammenarbeit verschiedener Vogelarten bei dieser im gemeinsamen Interesse liegenden Aufgabe wird dadurch gewährleistet, daß *in diesem Sonderfall* häufig eine Art auf die Lautäußerung der anderen reagiert. Ein solches Verstehen andersartlicher Lautäußerungen findet nämlich, im Gegensatz zu immer wiederkehrenden derartigen Angaben, im allgemeinen *nicht* statt, so daß dem Kenner derartiger Dinge diese Ausnahme als etwas sehr Bemerkenswertes imponiert. Es erhebt sich auch die Frage, ob diese Reaktion auf fremde Angriffstöne ererbt oder erworben sei. Bei der Unbedingtheit und Intensität der Handlungen möchte man das erstere annehmen, wenn es nicht auf den ersten Blick so unwahrscheinlich wäre, daß einem Vogel da sozusagen die gesamte Vogelstimmenkunde seines Biotops angeboren sein soll. Andererseits aber finden wir auch in den Warnlauten eine gewisse Anpassung an das Zusammenwirken verschiedener Formen. Es besteht nämlich oft eine deutlich *über die Verwandtschaft der einzelnen Arten hinausgehende Ähnlichkeit der sozialen Angriffsrufe:* Für sehr viele Insektenfresser im weitesten Sinne kann ein »Tick« oder »Teck«, für eine große Zahl von Finkenartigen ein ansteigendes langgezogenes »Sie?« als Grundform des Angriffslautes gelten, in manchen Fällen eine Vereinigung von beidem, man denke an das »Fuid-Tektek« des Gartenrotschwanzes. Auch als Mensch ist man nicht in Verlegenheit, den Laut des Würgers zu verstehen, wenn man den der Grasmücke oder der Nachtigall kennt. Bezeichnenderweise hat der Hausspatz, der ja überhaupt nicht so recht als Mitglied der einheimischen Ornis wirkt, einen gänzlich verschiedenen und nach meinen bisherigen Beobachtungen von den anderen Kleinvögeln auch nicht verstandenen Angriffslaut, das bekannte »Tsereng-Tsereng«, wie es gewöhnlich recht unbefriedigend wiedergegeben wird.

Während es bei kleineren Vögeln dem Raubtier gegenüber bei der Jagdbehinderung durch Lärmen bleibt, steigern sich größere Vögel mit ähnlichen sozialen Angriffstrieben sehr wohl bis zum tätlichen Angriff auf einen weit überlegenen Feind, zumal dann, wenn viele beisammen sind. Es ist nicht unwichtig, daß die Zahl der Angriffskumpane vom Vogel empfunden wird und zur Erhöhung des eigenen Mutes wesentlich beiträgt. Besonders bei Rabenvögeln ist dies sehr ausgesprochen. Bei ihnen finden wir einen sehr ausgesprochenen Trieb, den Feind *von hinten* anzugreifen. Wenn daher mehrere Kolkraben, Krähen oder Elstern sich mit einem einzelnen Raubtier beschäftigen, so wird dieses immer in dem Augenblick, wo es auf einen Vogel losstürzt, von einem anderen in den Schwanz gezwickt. Ich beobachtete einmal 14 Elstern, die dieses Spiel mit einem großen Wiesel trieben. Die Reaktion ist natürlich rein angeboren, und jede gesunde jungaufgezogene Elster bringt sie einem Hunde oder einer Katze gegenüber. Es liegt sehr nahe, die schwarzweiße Färbung der Elster als Warnfarbe aufzufassen. Dabei ist bemerkenswert, daß das *Schema des Objektes durchaus angeboren* ist, d. h. das Raubtier wird triebmäßig sofort als Feind erkannt. Besonders deutlich war diese Tatsache bei einem von mir sehr jung aufgezogenen Haussperling, der einer Zwergohreule gegenüber sofort mit dem bezeichnenden »Tsereng-Tsereng« begann und auch zu ihr hinwollte, während er gegen einen Kuckuck, der ihm als Kontrollversuch gegenübergestellt wurde, reaktionslos blieb. Dabei wirkt ausgesprochen die Form als Reiz, denn die Tiere finden und belästigen auch die völlig stillsitzende Eule oder Katze. Die Frage, woran die Räuber erkannt werden, d. h. welches die wesentlichen Zeichen des dem Vogel angeborenen Schemas sind, wäre einer genauen Untersuchung wert.

Während der Elster die Reaktion auf das Raubtier mit Einschluß der Kenntnis des Objektes angeboren ist, zeigt die jungaufgezogene Dohle keinerlei Antworthandlungen beim Erblicken einer Katze oder eines Hundes. Dagegen reagiert die Dohle mit einer sozialen Angriffshandlung, wenn eine andere Dohle von irgendeinem wie immer gearteten Wesen gepackt und getragen wird. Das diese Reaktion auslösende angeborene Schema »Kumpan, vom Raubtier gepackt« ist aber so erstaunlich arm an Zeichen, daß es »irrtümlicherweise« auf viele falsche Situationen anspricht. Es braucht nämlich nur *irgend etwas* Schwarzes von irgendeinem Lebewesen getragen zu werden, um diese Handlung auszulösen, wobei Person und Art des Trägers gleichgültig sind. Ich sah einmal eine Auslösung dadurch zustande kommen, daß eine Dohle eine Krähenschwungfeder trug. Ebenso kann die Reaktion jederzeit durch Schwenken eines schwarzen Tuches ausgelöst werden. Da ich in einer vorangehenden Arbeit[2] auf die »Schnarr-Reaktion« der Dohlen sehr ausführlich eingegangen bin, genüge das hier Gesagte.

---

[2] Vgl. *Beiträge zur Ethologie sozialer Corviden*, a. a. O.

Bei der Nebelkrähe ist nach den Beobachtungen meines Freundes G. Kramer die Situation »Kumpan in Gefahr« schon dann gegeben, wenn sich eine Krähe überhaupt in der Nähe des Menschen befindet. Freilebende Nebelkrähen brachten auch dann ihre spezifische Angriffsreaktion, wenn Kramer die junge Krähe, mit der er experimentierte, ganz frei auf dem Arm sitzen hatte, während meine Dohlen auf diese Situation nie ansprachen.

Bezeichnend für alle diese sozialen Angriffsreaktionen ist es, daß sie in gänzlich gleicher Weise durch zwei verschiedene Reize ausgelöst werden können. Erstens durch das ursprünglich auslösende Moment, also die Katze, die Eule, die gepackte Dohle oder die in Menschenhand befindliche Krähe, zweitens aber ebenso durch den Angriffston des sozialen Kumpans, der die Gefahr als erster wahrgenommen hat. Es beginnen die Dohlen auch dann zu schnarren, wenn sie nachweislich die Situation nicht erblicken können, die bei der ersten Dohle das Schnarren ausgelöst hat. Die absolute Sicherheit, mit der eine so schwierige und »selbstverleugnende« Handlungsweise durch einen einzigen Laut vollkommen reflexartig ausgelöst wird, wirkt auf den Beobachter immer sehr erstaunlich. Es fragt sich aber, ob ähnliche Reaktionen bei hohen Säugern und beim Menschen nicht ganz ähnlich reflexartig ansprechen. Mag auch die »Situation als Reiz« sehr kompliziert und spezialisiert werden – die Art und Weise, wie der normale Kulturmensch in Zorn gerät, wenn er beispielsweise ein kleines Kind roh mißhandelt sieht, hat noch die volle Reflexmäßigkeit der Schnarr-Reaktion der Dohlen, ebenso wie die einen selbst verblüffende Schnelligkeit und Tätlichkeit des Angriffes. Uexküll erzählt, wie er einst dazukam, als ein italienischer Kutscher ein Kind mit der Peitsche schlug. Da »schlug sein Stock den Kutscher«, ehe er selbst recht wußte, was eigentlich los war!

Eine ganz eigenartige, ja einzig dastehende Form des sozialen Angriffes gibt es bei der Dohle. Diese Angriffsreaktion richtet sich nämlich gegen einen *Artgenossen*, wenn ein solcher den »Frieden« der Siedlung so stark stört, daß sich ein Siedlungsmitglied *an seinem Neste* bedroht fühlt. Der Nestbesitzer hat für diesen Fall einen besonderen, hellklingenden Ruf, in den sämtliche Siedlungsmitglieder einstimmen, um sich um den Rufer zu versammeln. Mehr durch dieses Zusammenströmen als durch einen tätlichen Angriff auf den Ruhestörer wird das kämpfende Paar getrennt und dem Bedrängten Hilfe gebracht. Tätlich wird meist nur der zum Nest gehörige Ehegatte. Bezeichnenderweise beteiligt sich auch der ursprüngliche Ruhestörer an dem Geschrei, d. h. er hat keine Ahnung von der Tatsache, daß er selbst ursprünglich die auslösende Ursache war, sondern gerät durch das Rufen der Kumpane in dieselbe Stimmung wie jene. So einfach diese Verhaltensweise ist, so wirksam beschützt sie die Dohlensiedlung vor der Tyrannis eines einzelnen Vogels, die unbedingt entstehen würde, wollte man eine gleiche Anzahl von Vögeln *ohne* diese Reaktion zwingen, auf ähnlich beschränktem Raum nebeneinander zu brüten, wie die Dohlen es tun. G. K. Yeates beobachtete an Saatkrähen, daß einzelne Männchen Versuche machen, fremde brütende Weibchen zu vergewaltigen, und daß sie daran regelmäßig von einer Anzahl anderer Männchen, die von allen Seiten herbeieilen, daran gehindert werden.

e. Die Instinktverschränkungen der Rangordnung und des Nestschutzes

Daß sich in der Gemeinschaft eines Flugkäfigs, eines Hühnerhofes eine ganz bestimmte Rangordnung der Individuen ausbildet, eine Reihenfolge, in der der eine Vogel vor dem anderen Angst hat, ist eine längst bekannte und genau beschriebene Tatsache. Ich möchte hier nur darauf hinweisen, daß diese Rangordnung nicht in jeder Sozietät in Erscheinung tritt, andererseits aber auch in künstlichen Anhäufungen von Individuen zu beobachten ist, in »Assoziationen« (Alverdes), die keineswegs als Sozietäten aufgefaßt werden dürfen.

Wenn wir eine Anzahl beliebig ungeselliger Vögel zusammen in einen Käfig sperren, entsteht unter ihnen eine ganz ähnliche Rangordnung, wie sie unter freilebenden und durch ihre geselligen Triebe zusammengehaltenen Vögeln herrscht. Deshalb erscheint es vielleicht überflüssig, hinter der Rangordnung der letzteren eine biologische Zweckmäßigkeit suchen zu wollen. Wenn wir aber das diesbezügliche Verhalten einer solchen Flugkäfig-Assoziation mit dem einer freifliegenden Dohlensozietät vergleichen, so finden wir da *zwei wesentliche Unterschiede*, die uns bedenklich machen.

Erstens fällt uns auf, daß in der Sozietät die Randordnung viel zäher beibehalten wird als in der künstlich geschaffenen Assoziation. Daher sehen wir auch zwischen den Dohlen noch weniger Reibereien. Die Dohle hat die Tendenz, das Ergebnis der die Rangordnung bestimmenden Kämpfe auf große Zeiträume hinaus festzuhalten, ihre Kumpane ein für allemal als über- oder untergeordnet zu buchen. Ich möchte in diesem kampfsparenden Eingeordnetbleiben in die bestehende Rangordnung ein »nationalökonomisch« sinnvolles Verhalten erblicken, zumal der Einzelvogel ja durch die oben geschilderte »Polizeireaktion«, die an keiner Rangordnungsgrenze haltmacht, gegen Übergriffe seitens der Spitzentiere biologisch ausreichend geschützt ist.

Zweitens aber sehen wir bei der organisierten Sozietät dauernd eine gewisse Spannung zwischen den sich in der Rangordnung *nahe* stehenden Stücken, insbesondere solchen, die als »Kronprätendenten« der Stellung des Spitzentieres nahestehen. Dagegen sind solche *hoch im Range stehenden Stücke gegen die tiefstehenden gutmütig*. Beides ist in der künstlichen Assoziation im allgemeinen gerade umgekehrt. Hier hacken gerade die Spitzentiere mit besonderer Wut auf die schwächsten Käfiginsassen los. Auch dieser Unterschied zwischen Sozietät und Assoziation läßt sich im Sinne eines biologisch sinnvollen Verhaltens in der ersteren deuten.

Eine eigentümliche Art Umgruppierung einer bisher bestehenden Rangordnung finden wir bei Dohlen, Gänsen und anderen Vogelarten, bei denen die Gatten eines Paares im Kampfe füreinander eintreten: Bei diesen überträgt sich durch jede Verlobung der Rangtitel des in der Assoziation oder auch Sozietät höherstehenden Gatten auf den anderen. Bei der Dohle ist es nun ganz erstaunlich, wie schnell sich der Kunde einer solchen umschichtenden Verlobung in der Sozietät »herumspricht«. Im Herbst 1931 beobachtete ich folgendes Vorkommnis, dessen Regelmäßigkeit ich später noch bestätigt fand: Es kam ein während nahezu des ganzen Sommers von der Siedlung abwesender Dohlenmann frisch gemausert und durch sein langes Herumstreichen offenbar auch körperlich sehr gestärkt zurück und entthronte nach kurzen erbitterten Kämpfen das bisherige Spitzenmännchen, was schon etwas heißen will, da er ja auch die Gattin dieses Mannes gegen sich hatte, allerdings war die Reaktion dieser letzteren nicht so heftig, wie sie gewesen wäre, wenn die Kämpfe im Frühjahr stattgefunden hätten. Am nächsten Tage sah ich bei der Fütterung zu meinem Erstaunen eine kleine, schon früher von mir für ein Weibchen gehaltene Dohle, die bisher in der Rangordnung eine ganz untergeordnete Stellung eingenommen hatte, drohend auf den bisherigen Spitzenmann losmarschieren und diesen widerspruchslos weichen. Zunächst dachte ich, die Kleine hätte vielleicht den entthronten Dohlenmann geprügelt, als er noch von den Kämpfen mit dem zurückgekommenen Männchen erschöpft und verschüchtert gewesen war, oder auch, daß durch eine solche Palastrevolution überhaupt die ganze bisherige Rangordnung verlorenginge. Die Erklärung war aber eine ganz andere: Der zurückgekommene neue Herrscher hatte sich sofort mit eben jener kleinen Dohlenfrau verlobt! Wenn man nun das Verhalten anderer Rangordnungen kennt, so wundert einen an diesem Verhalten weniger die Tatsache, daß alle anderen Mitglieder innerhalb eines Tages davon Kenntnis genommen haben, ein bisher Untergeordneter sei von nun an nicht mehr verprügelbar, als der Umstand, daß dieser *letztere* sich verhält, als ob er sich seiner hohen Protektion bewußt wäre und seine bisherigen Despoten nun ganz plötzlich nicht mehr fürchtet. Man denke daran, daß Schwäne, die bisher von einem artgleichen Despoten unterdrückt und von diesem vom Teiche verjagt wurden, bei Entfernung dieses Tyrannen viele Tage brauchen, bis sie seine Abwesenheit überhaupt merken und sich wieder aufs Wasser wagen (Heinroth).

Schließlich sei noch der Vögel gedacht, die überhaupt keine eigentliche Rangordnung ausbilden, wie die siedlungsbrütenden *Reiher*. In ähnlicher Weise wie wir in der Rangordnung der Dohlensozietät sozusagen nur eine höher entwickelte Verhaltensweise vor uns haben, die auch unsozialen Vögeln zukommt, wenn man sie gewaltsam beisammen hält, so finden wir auch in dem Prinzip, das das Zusammenleben der sozialen Reiher beherrscht, eine Erscheinung wieder, die in undeutlicherer Ausbildung fast allen Vögeln eigen ist. Wenn wir zu irgendeinem Käfigvogel, der seinen Käfig bereits gewohnt ist, einen neuen setzen und sich dann ein Kampf entspinnt, so siegt mit fast absoluter Sicherheit der eingewöhnte Vogel selbst dann, wenn sein Gegner sehr viel stärker ist als er selbst. Dasselbe gilt in weniger ausgesprochenem Maße im Freien zwischen Vögeln einer Art, bei der die Paare sich bestimmte Gebiete gegeneinander abgrenzen. Da siegt im allgemeinen immer der Gebietsinhaber. E. Howard hat über die Erscheinung der Gebietsabgrenzungen sehr ausführliche Beobachtungen angestellt.

Sehr schön kann man Gebietsstreitigkeiten an dem überall häufigen Gartenrotschwanz beobachten. Bei diesen Vögeln sieht man öfters ganz typisch, wie an der Grenze zweier Gebiete zwischen zwei Männchen sich ein Kampf entspinnt und der Sieger den in sein eigenes Gebiet flüchtenden Besiegten verfolgt, dort von jenem Prügel bekommt, in sein eigenes Gebiet flieht, vom Gegner bis dorthin verfolgt wird, dort wiederum diesen besiegt usw., bis die Vögel allmählich ausgependelt haben und der Kampf annähernd an der ursprünglichen Grenze ausklingt.

Dieses Verhalten ist für Platztiere typisch und findet sich beispielsweise in klassischer Ausbildung beim Stichling, wo das gegenseitige Hin- und Herverfolgen über eine festliegende Grenze dauernd zu beobachten ist.

J. S. Huxley vergleicht durchaus treffend die die Territorien gebietsabgrenzenden Vögel mit *elastischen Scheibchen*, die sich an den Stellen, wo zwei zusammenstoßen, gegeneinander abplatten und die einen um so stärkeren Gegendruck erzeugen, je stärker ein von außen wirkender Druck ihre Form verändert. Das »elastische Verhalten« der Gebiete kommt dadurch zustande, daß der Besitzer eines Territoriums durchaus nicht alle zu diesem gehörigen Punkte mit gleicher Wut verteidigt, vielmehr den weitaus größten Wert auf ein ganz bestimmtes Aktionszentrum legt; in geradem Verhältnis zur Entfernung von diesem Zentrum nimmt die Intensität der Reaktionen der Gebietsverteidigung ab.

Das Gebietsabgrenzen fehlt einer Anzahl von Vogelarten, so beispielsweise dem Haussperling, der wegen dieser merkwürdigen Verträglichkeit der Brutpaare ein Übergangsglied zu Siedlungsbrütern mit ähnlicher Zusammensetzung der Sozietät darstellt, wie wir sie bei Dohlen finden. Aber nicht allen Siedlungsbrütern fehlt das Gebietsabgrenzen: bei ihnen fehlt es entweder ganz, wie bei den eben besprochenen Formen, oder aber es ist auf die Spitze getrieben wie bei den Reihern. Wenn wir das Gebietsabgrenzen, wie ich unbedingt annehmen möchte, als eine primitive Verhaltensweise der Vögel ansehen, so gibt es zwei Wege der Entwicklung, die dazu führen, daß die Paare ganz nahe beieinander wohnen können und dadurch die Vorteile gewisser gegenseitiger sozialer Hilfen genießen: Entweder der Trieb zur Gebietsabgrenzung wird aufgelöst, wie beim Sperling, und jedes Paar duldet andere gleichartige in seinem Gebiete, oder aber das Gebiet jedes einzelnen Paares wird immer kleiner, so daß die Nester schließlich dicht beieinanderstehen, jedes innerhalb der streng gewahrten Grenzen eines winzigen Gebietes. Dieser letztere Weg wurde von den Reihern beschritten.

f. Das Verschwinden des sozialen Kumpans

Es wurde beim Gattenkumpan S. 151 bereits über eine Reaktion gesprochen, wie wir sie hier vor uns haben. Wahrscheinlich ist ein solches Verhalten in der Klasse der Vögel sehr verbreitet. Ein deutliches Reagieren auf das Verschwinden eines sozialen Kumpans kenne ich nur von der Dohle. Die Reaktion an sich ist ähnlich, wie beim Verschwinden des Gattenkumpans geschildert, nur tritt bei der ausdrucksreicheren Dohle das Suchen und die Beunruhigung deutlicher zutage als bei den Enten.

Der Anblick des Gefangenwerdens oder überhaupt des Schicksals der verschwundenen Kumpane hat mit dem besprochenen Verhalten gar nichts zu tun. Als einmal zwei Dohlen meiner Kolonie vor den Augen aller mit fremden Dohlen wegflogen, zeigten die Zurückgebliebenen die bezeichnende Fahrigkeit genauso, wie wenn Kumpane ungesehen von Katzen geraubt wurden.

Wichtig erscheint es, daß die Reaktion vollkommen ausbleibt, wenn ein Siedlungsmitglied allmählich krank wird und stirbt. Es verschwindet dann für seine Kumpane sozusagen langsam, unter einem »Einschleichen des Reizes«, welches keine Reaktion auslöst.

4. Die Trennbarkeit der Funktionskreise

Die einzelnen Leistungskreise des sozialen Kumpans sind im Experiment fast vollkommen unabhängig voneinander. Da ferner die gegenleistenden Objekte der auf den sozialen Kumpan gemünzten Triebhandlungen meistens ein aus wenigen Zeichen bestehendes angeborenes Schema besitzen, das durch Prägung auf alle möglichen anderen Objekte gepreßt werden kann, so ist beim Experimentieren mit jungaufgezogenen Vögeln tatsächlich die Möglichkeit gegeben, sehr verschiedene Objekte als gegenleistende Kumpane in die einzelnen Leistungskreise eintreten zu lassen. Nur dürfen wir nicht vergessen, daß eben diese im Versuch auftretende große Trennbarkeit der Funktionskreise ein Zeichen dessen ist, daß der Prägung eine besonders *große* Rolle bei der Bildung des Kumpanschemas zukommt, daß das angeborene Schema verhältnismäßig stark in den Hintergrund rückt. Bei artgemäßem Verlauf der Objektprägung bewirkt ein derartiges Überwiegen des erworbenen Schemas eine verhältnismäßig große Einheitlichkeit des Kumpans (S. 51). Bei Ausbleiben der artgemäßen Prägung erweisen sich die einzelnen angeborenen Auslöse-Schemata der einzelnen Funktionskreise als besonders unabhängig voneinander.

Oft bedarf es durchaus keiner besonderen sorgfältigen Versuchsanordnung, um ein solches Ergebnis zu erzielen. Da die verschiedenen Auslöse-Schemata sehr verschieden zeichenreich sind und jedes von ihnen *andere* dem Artgenossen zukommende Merkmale enthält, so ist es nicht weiter verwunderlich, daß sie beim allein aufgezogenen Jungvogel auf ganz verschiedene Lebewesen, die sich in seiner Umgebung befinden, ansprechen. So erleben wir es recht häufig, daß sich, wie bei der S. 47 besprochenen Dohle, gerade der Mitfliegetrieb eines sonst nur den Menschen als sozialen Kumpan behandelnden Vogels gegen Artgenossen oder wenigstens, wie eben bei jener Dohle, gegen verwandte Tiere richtet. Es scheint eben das Schema des Flugkumpans bei sehr vielen geselligen Vogelarten um einige Zeichen reicher zu sein als das jedes anderen sozialen Kumpans. Daher erlebt man es häufig, daß wenige miteinander jungaufgezogene Vögel zwar in jeder Hinsicht Menschenvögel werden, sich nur für die Menschen interessieren und miteinander nichts zu tun haben wollen, in der Luft jedoch sich genauso an Artgenossen halten, wie normal aufgewachsene und freilebende Vögel es tun. So verhielten sich Heinroths Kraniche und Kolkraben, bei mir sehr viele Dohlen, ein einzeln aufgezogener Mönchssittich und andere.

Besonders unabhängig von allen anderen Leistungskreisen sind diejenigen, deren Auslösung wenig »bedingt«, d. h. wenig an bestimmte physiologische Zustände gebunden ist, wie z. B. die Reaktionen des Mitauffliegens, des sozialen Angriffs und die Reaktion auf den Warnton oder sonstige Gefahrsignale, die vom sozialen Kumpan ausgehen. Die wenigen und einfachen Zeichen, die diese unbedingt zwingende Wirkung auf den Vogel ausüben, sind rein angeboren und beeinflussen den auf den Menschen umgestellten Vogel genauso wie den normalen, freilebenden. Insbesondere gilt dies für die Reaktionen des sozialen Angriffs. Besonders schön trat die Triebhaftigkeit dieser Verhaltensweisen bei der schon mehrfach erwähnten Dohle zutage. Dieser Vogel haßte seine Artgenossen, mit denen er den Dachboden unseres Hauses teilen mußte, geradezu grimmig, und da er stärker und älter war als alle anderen, mußte ich sie häufig vor ihm schützen. Gegen mich jedoch, der ich seinen sozialen Kumpan darstellte, war diese Dohle die Zärtlichkeit und Anhänglichkeit selbst und erinnerte darin geradezu an einen treuen Hund. Ich brauchte aber nur durch Ergreifen einer der anderen Dohlen den sozialen Angriff bei ihr auszulösen, um die zahme alte Dohle zu veranlassen, mich, ihren Freund, in Verteidigung der anderen Dohle bis aufs Blut zu bekämpfen, obwohl sonst ihr ganzer Sinn darauf gerichtet war, diese andere Dohle zu bekämpfen und womöglich zu töten.

IX. Der Geschwisterkumpan

Wenn wir das Verhalten des Jungvogels zu seinen Geschwistern und die Rolle, die diesem letzteren in seiner Umwelt zukommt, nicht im Anschluß an das Verhalten zu den Eltern, sondern hier im Anschluß an das Kapitel über den sozialen Kumpan besprechen, so hat das seinen Grund darin, daß das Verhalten der Geschwister zueinander bei Arten, deren Junge längere Zeit beieinander bleiben und ein »Sympädium« bilden, viele Ähnlichkeiten mit demjenigen hat, das wir an den Mitgliedern einer Sozietät erwachsener Gesellschaftsvögel beobachten können.

1. Das angeborene Schema des Geschwisterkumpans

Bei solchen Vögeln, die nach dem Verlassen des Nestes noch lange mit den Geschwistern zusammenbleiben, also insbesondere bei den Nestflüchtern, scheint das angeborene Schema merkwürdig spezifisch, d. h. reich an Zeichen zu sein, so daß für einen Prägungsvorgang nicht viel Raum bleibt. So nimmt zwar eine junge Graugans ohne weiteres den Menschen als Elternkumpan, nicht aber eine junge Pekingente als Geschwisterkumpan an (Heinroth). Eine etwas jüngere Graugans wird zuerst bekämpft, was höchstwahrscheinlich an sich schon ein Reagieren auf angeborene Auslöse-Schemata bedeutet (die Pekingente wurde nicht bekämpft!), dann aber als Geschwister angenommen. Das Anschlußbedürfnis der Anatidenküken an ihre Geschwister ist unbeschadet des gleichzeitig bestehenden Anschlußbedürfnisses an die Eltern ungemein intensiv. Davon gibt ja auch das Bild jeder Schar von Hausgansküken eine gute Vorstellung, die in enggeschlossenem Haufen hinter der Mutter herziehen. Es bildet bei ihnen *nicht* das Elterntier den Kernpunkt der Schar, sondern die Jungen halten in erster Linie unter sich zusammen und erst in zweiter mit den Eltern. Durch diese eindeutige Reaktion auf den Geschwisterkumpan wird die oben geschilderte Beobachtung Heinroths sehr bedeutungsvoll. Auch bei jungen Enten scheint das Geschwisterkumpan-Schema in einer größeren Anzahl von Zeichen festgelegt zu sein, als dies bei ihrem Elternkumpan-Schema der Fall ist. Selbst junge Hausenten schließen sich nie an junge Hühner oder Gänse als Geschwisterkumpan an, während sie auf eine der genannten Arten als Elternkumpan ohne weiteres ansprechen. Umgekehrt nahmen meine aus dem Ei aufgezogenen Stockenten gleichaltrige *Cairina*küken als Geschwisterkumpane glatt an und unterschieden in keiner Weise zwischen ihnen und ihren wirklichen Geschwistern. Nun haben wir S. 56 gesehen, daß junge Stockenten eine *Cairina*-Amme nicht als Elternkumpan annehmen. Trotzdem ist aber damit nicht gesagt, daß bei ihnen im Gegensatz zur Graugans und den Hausenten das angeborene Geschwisterschema weiter sei als das Mutterschema. Vielmehr ist dieses Verhalten dadurch zu erklären, daß eine junge *Cairina* sich eben von einer jungen Stockente unvergleichlich viel weniger unterscheidet als eine *Cairina*-Mutter von einer alten Stockente. Vor allem sind die Verkehrsformen und Töne der Küken beider Arten so gut wie gleich. Bei jungen flüggen Rabenvögeln spielt wohl der Geschwisterkumpan keine wesentlich andere Rolle und hat keine anderen angeborenen Schemata als später der soziale Kumpan.

2. *Das individuelle Erkennen des Geschwisterkumpans*

Bei nestjungen Sperlingsvögeln werden wir für die Zeit, die sie im Neste zubringen, wohl mit Sicherheit annehmen dürfen, daß ein persönliches Erkennen der Geschwister nicht stattfindet. Mit Ausnahme der oben erwähnten merkwürdigen Fälle herrscht bei allen Nesthockern zwischen den Jungen eines Nestes meist eine absolute, rangordnungslose Verträglichkeit.

Sehr ausgeprägt ist diese unbedingte Verträglichkeit bei Sperlingsvogel-Nestlingen. Bei ihnen hat man geradezu den Eindruck, als wären die Sinne der Jungvögel für sämtliche von den Geschwistern ausgehenden Reize verschlossen. Sie wehren sich auch dann nicht, wenn ein Geschwister auf sie drauftritt oder sie sonstwie gröblich belästigt.

Die oben beschriebene »unbedingte Verträglichkeit« mancher Nestjungen erstreckt sich häufig weit über die Grenzen der Art hinaus. Es wäre da eine wundervolle Gelegenheit gegeben, durch Versuche festzustellen, was für andersartige Jungvögel man zu der untersuchten Art ins Nest setzen kann, ohne daß die Jungvögel anders reagieren. Gerade die absolute Reizlosigkeit der Geschwister würde es uns ermöglichen, die Merkzeichen an die dieses Nicht-Reagieren gebunden ist, herauszufinden.

Für kleine Sperlingsvögel kann ich sicher sagen, daß die

unbedingte Verträglichkeit keine Ausnahme erfährt, wenn man fremde artgleiche oder auch nur verwandte Junge zusammen in ein Nest setzt. Bei Reihern scheint die unbedingte Verträglichkeit an persönliche Momente gebunden: Wenn man heranwachsende Junge eines Nestes auch nur für kurze Zeit trennt und wieder zusammensetzt, so bekämpfen sie sich, wie sie auch fremde gleichaltrige Artgenossen bekämpfen.

Nach dem Ausfliegen erkennen sich sehr viele Nesthockerjunge persönlich. Zwei junge Dohlen, die ich unter einem Schwarm von 14 gleichaltrigen Jungvögeln für gewisse Versuche bevorzugte, bei denen sie stets zusammen und ohne die 12 anderen mit mir größere Ausflüge in die Umgebung machten, hielten sehr bald auch unter dem Schwarm der Artgenossen treu zusammen. Vier eben flügge Nachtreiher waren nicht nur gegeneinander verträglich, sondern zeigten auch gegen eine ältere, schon lange flügge Nachtreiherbrut soziale, oder besser »sympädiale« Abwehrreaktionen. Wurden sie von einem der Älteren angegriffen, dann liefen sie zielbewußt und aus größerer Entfernung aufeinander zu, drängten sich dicht mit den Rücken gegeneinander und drohten mit den Schnäbeln nach außen.

Bei Nestflüchtern scheint bei manchen Arten sehr früh ein persönliches Erkennen der Geschwister untereinander stattzufinden. Bei Hochbrutenten, also bei einer halbdomestizierten Form, kennen sich die Jungen *früher* gegenseitig persönlich als die Mutter die Jungen: Ich habe es erlebt, daß die einer Hochbrutenten-Mutter untergeschobenen etwa 8tägigen Jungen von ihr ohne weiteres angenommen wurden, während ihre rechtmäßigen Kinder wie *ein* Mann auf die Fremdlinge stürzten, die ihrerseits auch nicht faul waren, so daß sich nach allen Regeln des Entenkampfkomments eine echte Schlacht entspann, die allerdings durchaus harmlos verlief. Anfangs standen sich tatsächlich immer ein Küken der einen und eines der anderen Brut gegenüber und hatten sich gegenseitig am Vorderhalsgefieder gepackt und schoben mit aller Macht gegeneinander, wie es kämpfende alte Erpel tun. Interessanterweise kam es bei diesen Küken auch zu der den alten Enten eigenen Kampfreaktion des Schlagens mit dem Flügelbug, obwohl Küken dieses Alters noch gar keine gebrauchsfähigen Flügel haben. Der zentrale Ablauf der Reaktion ist also früher ausgebildet als das Organ, das durch ihn betätigt wird! Interessant war auch der Fortgang des Massenkampfes: Sehr bald nämlich sah ich zwei Küken der alten Brut *gegeneinander* kämpfen, gleich darauf auch zwei der Untergeschobenen. Bald häuften sich die Verwechslungen, und damit kam es dann allmählich zum Friedensschluß. Die alte Ente hatte ohne jede Anteilnahme zugesehen. Sie hatte keine Reaktion auf das normalerweise nicht vorkommende Ereignis eines Küken-Massenstreites, und so war dieser auch in ihrer Welt einfach nicht vorhanden.

Bei Enten ist der Aufbau der Geschwistergemeinschaft ganz anders als bei Hühnervögeln. Der Zusammenhalt der Küken untereinander bei den Anatiden, gegenüber der bei den Hühnervögeln in den Vordergrund tretenden Zentrierung um die Mutter, bringt es mit sich, daß der Geschwisterkumpan schon am ersten Lebenstage bei den Anatiden eine viel größere Rolle spielt. Ich glaube, daß bei den meisten Hühnervögeln ein persönliches Erkennen der einzelnen Geschwister erst zu jener Zeit eintritt, wo eine Rangordnung innerhalb der Geschwistergemeinschaft sich auszubilden beginnt.

Über das Verhalten anderer Nestflüchter ist bis jetzt nicht viel bekannt, obwohl das Verhalten von Rallenjungen, wo die älteren Kinder die jüngeren Geschwister füttern helfen, sehr untersuchenswert wäre. Leider schlugen bisher meine Versuche, Teichhühnchen auszubrüten, durch unglückliche Zufälle fehl.

3. Die Leistungen des Geschwisterkumpans

a. Die Auslösung des Anschlußtriebes

Wenn man flügge junge Dohlen elternlos hält, so zeigen sie einen ungemein starken Trieb, sich aneinander anzuschließen, besonders im Fluge. Sie kleben geradezu aneinander und rufen kläglich, wenn sie einander verloren haben. Wenn man aber ihr Verhalten näher betrachtet, so sieht man, vor allem wieder im Fluge, daß ihr Verhalten zueinander eigentlich dem Verhalten jedes einzelnen zum Elterntier entspricht, d. h. der Anblick des fliegenden Geschwisters löst in den jungen Dohlen einen Anschlußtrieb aus, der eigentlich auf das Elterntier gemünzt ist. Solche führerlosen jungen Dohlen suchen vergeblich eine bei der anderen die zielbewußte Führung des Elternkumpans, und da, vermenschlicht gesprochen, jede von *der anderen* »glaubt«, diese »wisse«, wohin die Reise geht, so verirrt sich eine solche führerlose Dohlen-Geschwistergemeinschaft noch viel leichter als ein einzelner Jungvogel. Im artgemäßen Familienverbande zeigen sich die Dohlengeschwister so ausgesprochen um die

Eltern zentriert, daß man von ihrem Zusammenhalten untereinander nicht sehr viel merkt. Die oben besprochenen, auch unter der Schar der Artgenossen zusammenhaltenden beiden Versuchsdohlen zeigen aber doch wohl, daß auch ein engerer Zusammenhalt der Geschwister vorhanden ist.

Es scheint bei Nesthockern nur selten vorzukommen, daß der Anschluß der Jungen untereinander länger erhalten bleibt als die Beziehungen der Jungen zu den Eltern. Eine Ausnahme scheint der Seidenreiher zu sein, denn jungaufgezogene und völlig frei gehaltene Vögel dieser Art zeigen bis tief in den Herbst hinein engstes Zusammenhalten und unbedingte Verträglichkeit der Nestgeschwister, während gegen fremde Seidenreiher äußerste Feindseligkeit besteht. Da die jungen Seidenreiher wohl nicht so lange bei den Eltern bleiben, dürften sie in der Freiheit während dieser ganzen Zeit in einer von den Eltern unabhängigen Geschwistergemeinschaft leben.

Während der geschwisterliche Anschlußtrieb aller dieser Nesthocker ganz ähnlichen Gesetzen gehorcht wie der soziale Anschlußtrieb allgemein geselliger Vögel und auch seine Auslösung in ganz ähnlicher Weise zustande kommt (S. 82, S. 158), hat das Zusammenhalten der Nestflüchter-Küken einige Züge, die besonders hervorgehoben werden müssen. Es ist klar, daß dem Beisammenbleiben der Nestflüchter-Jungen eine viel größere biologische Bedeutung zukommt als dem der flüggen Nesthocker. Vor allem reagiert ja, wie wir S. 111 gesehen haben, der führende Elternvogel nicht auf das Fehlen eines einzelnen Jungen, dieses muß selbst sehen, wie es bei den Geschwistern bleibt. Nur die Gesamtheit der Küken wird von der Mutter vermißt und in gewissem Sinne »gesucht«. Auch bei den Hühnern, wo die Küken untereinander verhältnismäßig wenig Zusammenhalt zeigen, sehen wir dennoch in sehr interessanter Weise ein Küken auf ein anderes reagieren und ihm nachlaufen. Dies findet dann statt, wenn ein Küken aus der Bewegung eines anderen entnimmt, daß dieses auf eine Bewegung der Mutter reagiert. In ähnlicher Weise, wie ein geselliger Vogel dem Kumpan ansieht, warum er auffliegt und wohin er zu fliegen beabsichtigt (S. 159), sieht auch ein Küken dem anderen an, ob es nur zufällig aus eigenem Antrieb ein Stückchen dahinläuft, oder ob es in ängstlicher Eile der schon weit entfernten Mutter nacheilt. Dieses ungemein feine Verstehen der Bewegungen jedes Geschwisters erlaubt es den Küken, sich verhältnismäßig weit von der Mutter zu entfernen, da es nichts ausmacht, wenn sie selbst diese aus dem Auge verlieren, solange nur jedes ein Geschwister sieht, »das eins sieht, das sie sieht«. Es scheint sogar, daß der Anblick eines zur Mutter eilenden Geschwisters bei Hühnervögeln eine dringendere Auslösung des Anschlußtriebes bedeutet als der Anblick der hinwegschreitenden Mutter selbst. Besonders deutlich wird dies bei dem offensichtlich biologisch sinnvollen Verhalten von Kükenscharen beim Überschreiten offener und daher sonst als gefährlich gemiedener Plätze. Wenn die führende Henne einen solchen überschreitet, so folgen ihr zunächst meist nur die gerade dicht hinter ihr befindlichen Küken; die anderen bleiben zurück, und erst wenn die Mutter jenseits des freien Platzes ist, rennt oder fliegt eines zu ihr hin, und darauf folgen in regelmäßigen Abständen, eines nach dem anderen, die noch Zurückgebliebenen. An nicht hochgezüchteten Landhühnern kann man dieses Verhalten beim Überschreiten freier Plätze häufig beobachten, beim Goldfasan ist es sogar innerhalb eines geschlossenen Flugkäfigs deutlich, wie denn überhaupt der Goldfasan eine die Deckung liebende Form ist, der das Überschreiten freier Flächen besonders schwerfällt.

Auch bei Anatiden, bei denen die Küken untereinander viel fester zusammenhalten als bei Hühnervögeln, entnimmt ein Küken aus der Bewegung des anderen den Weg, den die Mutter gegangen ist. Da die Küken sich in der ersten Zeit ihres Lebens meist zu einem dichten Haufen zusammendrängen, der als geschlossenes Ganzes der Mutter oder den Eltern nachfolgt, kommt dies erst etwas später zum Ausdruck, wenn die Jungen den typischen »Gänsemarsch« bilden. Bei kopfreichen Kükenscharen kann dann die Mutter schon um die nächste Ecke verschwunden sein und dennoch folgen die Küken, die sie gar nicht mehr sehen können, genau ihren Spuren. Die Fähigkeit, aus dem Gehaben der Geschwister einen Weg zu entnehmen, bringt es mit sich, daß in bestimmten Lagen die Küken tatsächlich eines das andere *nachahmen*, ein sonst bei Vögeln unerhörter Fall. Wenn man mit einer auf den Menschen als Führerkumpan eingestellten Stockenten-Geschwistergemeinschaft an ein Hindernis kommt, welches nur an einer bestimmten Stelle für die Küken überwindbar ist, so dauert es oft geraume Zeit, bis eines der sich ängstlich piepend vor dem Hindernis stauenden Küken diese Überwindungsmöglichkeit gefunden hat. Im Augenblick aber, wo ein einzelnes dies tut, bemerkt es sein nächster Nachbar sofort und schließt sich ihm eilig an. Dann drängen die Geschwister von allen Seiten her nach der Lücke im Hindernis, sei es nun ein Loch einer Buchsbaumhecke oder eine ausgebröckelte Stelle in einer hohen Stufe, was meine beiden Versuchshindernisse waren. Ein solches Nachahmen des Auswegfindens gibt es weder bei den allerklügsten erwachsenen Vögeln noch, soviel ich weiß, bei den sonst sehr aufeinander achthabenden Hühnervogel-Küken. Wahrscheinlich liegt darin die hauptsächliche biologische Bedeutung des engen Zusammenhaltens der Anatidenküken.

b. Das Übertragen von Stimmungen
Wie im geselligen Verbande erwachsener Vögel, so spielt auch in der Geschwistergemeinschaft der Jungen die Übertragung der Stimmungen von einem Individuum auf das andere eine große Rolle und geht auch schon während der ersten Lebensstunden mancher junger Nestflüchter vor sich. Es ist eine bekannte Tatsache, daß schon bei ihrem ersten Freßakt manche Küken durch das Fressen ihrer Geschwister selbst dazu angeregt werden. Daß es sich dabei nicht um eine Nachahmung handelt, haben wir schon erwähnt. Man kann aber sagen, das Fressen der kleinen Küken wirkt ansteckend wie bei uns das Gähnen.

Im übrigen können wir uns kurz fassen. Es ist klar, daß die Parallelschaltung sämtlicher Lebensvorgänge durch die Übertragung von Stimmungen bei einer von den Eltern oder der Mutter betreuten Geschwistergemeinschaft eine noch viel wichtigere biologische Rolle spielt als bei der Gemeinschaft erwachsener Vögel. Was sollte denn eine Gluckhenne anfangen, wenn nicht alle ihre Kinder gleichzeitig müde würden und nach Gehudertwerden verlangten! Bei älteren und von den Elterntieren unabhängig gewordenen Geschwistergemeinschaften verhält sich die Stimmungsübertragung genauso wie bei dauernd gesellig lebenden Formen.

c. Das Warnen
Das gegenseitige Warnen möchte ich nur deshalb anführen, um der merkwürdigen Tatsache zu gedenken, daß bei manchen Arten ganz kleine Küken, trotz ihrer hochspezifischen Reaktion auf den Warnruf der Mutter, auf die Notschreie ihrer Geschwister so gut wie nicht reagieren. Wenigstens beim Haushuhn ist das so, beim Goldfasan konnte ich es nicht nachprüfen, da ich Küken dieser Art nie getrennt von der Mutter aufzog. Bei Stockenten hingegen konnte ich beobachten, daß schon in sehr frühem Alter sämtliche Küken unruhig

und scheu wurden, wenn ich eines von ihnen griff und zum Notschreien veranlaßte.

d. Die Auslösung der gemeinschaftlichen Abwehr

Ein Zusammenhalten der Geschwister gegen einen gemeinsamen Feind kenne ich nur von Reihern. Ich habe es im Abschnitt über das persönliche Erkennen des Geschwisterkumpans schon erwähnt. Das an derselben Stelle beschriebene Bekämpfen fremder gleichaltriger Artgenossen durch junge Stockenten gehört nicht hierher, da bei diesen jeder einzelne Jungvogel zwar gleich wie sein Geschwister, aber ohne jede Beziehung auf dieses reagiert. Die nun zu besprechende Reaktion der jungen Reiher besteht vor allem darin, daß der einzelne angegriffene Jungvogel *eilig* und sehr zielstrebig zu seinen Geschwistern hinläuft und *hinter* diesen gegen seinen Verfolger Deckung nimmt. Die in Ruhe befindlichen und bisher unverprügelten Geschwister stellen sich dann regelmäßig dem Angreifer mutiger entgegen, als der bereits besiegte Vogel es tun könnte.

Im Frühling 1931 beobachtete ich diese gemeinsame Abwehr seitens einer Geschwistergemeinschaft von vier eben flüggen Nachtreihern, die in einen Flugkäfig gesetzt wurden, in dem seit längerer Zeit zwei etwa um einen Monat ältere Artgenossen wohnten. Die alteingesessenen Reiher gingen sofort auf eines der Jungen los, das es wagte, vom Boden auf eine Sitzstange zu fliegen. Es flog daraufhin von der Stange wieder zu Boden und lief, verfolgt von einem der beiden Älteren, zu seinen Geschwistern zurück, die gegen den Verfolger Front machten.

Diese Reaktion der jungen Nachtreiher hielt sich nur sehr kurze Zeit; sehr bald nach dem Ausfliegen verhalten sich auch die Nestgeschwister vollständig unverträglich gegeneinander, und zwar interessanterweise nur deshalb, weil sie sich nicht mehr erkennen. Sperrt man sie nämlich gewaltsam eng zusammen, so daß sie keine Gelegenheit haben, einander zu vergessen, so erhält sich die geschwisterliche Verträglichkeit bis zum Winter hin. Da die Vögel aber wenig Anschlußtrieb zueinander haben, so geraten sie im Freien bald weit auseinander und behandeln sich bei zufälligem Wiedersehen als Fremde. Anders ist dies bei dem Seidenreiher. Flügge Seidenreiher haben einen sehr starken Anschlußtrieb an ihre Geschwister und bleiben bis tief in den Herbst von ihnen unzertrennlich. Besonders im Fluge halten sie im Gegensatz zu Nachtreihern dicht zusammen. Dieser Anschlußtrieb bringt es mit sich, daß sich die Seidenreiher unter den normalen Bedingungen der Freiheit ebenso verhalten, wie wir es bei Nachtreihern durch künstliches enges Zusammenhalten erzielen können. Daher bleibt auch beim Seidenreiher die beschriebene gemeinsame Abwehr der Geschwister viel länger erhalten.

e. Das Verschwinden des Geschwisterkumpans

Eine ausgesprochene Reaktion auf das Verschwinden eines Geschwisterkumpans kenne ich von Anatidenküken, die, wie schon mehrfach erwähnt, unter sämtlichen Jungvögeln die innigsten Beziehungen zueinander haben.

Bei der Stockenten-Kükenschar, die ich im Sommer 1933 aufzog und führte, machte ich einmal den Versuch, auf den täglichen Ausgang nur die reinblütigen Küken mitzunehmen und die anderen, an deren Beobachtung mir weit weniger gelegen war, daheimzulassen. Dies erwies sich als vollkommen unmöglich. Auch als ich die Stockenten so weit vom Hause fortgetragen hatte, daß sie die Kreuzungsküken nicht mehr hören konnten, liefen sie mir nicht nach, sondern blieben unter dem Pfeifen des Verlassenseins stehen. Auch nach längerer Zeit beruhigten sie sich noch nicht, so daß ich gezwungen war, die restlichen Entenküken zu holen. Merkwürdigerweise ergaben aber weitere Zurücklaßversuche, daß das Fehlen von nur einem oder zwei Geschwistern *nicht* bemerkt wird, daß also die Erfassung des Geschwisterkumpans *keine persönliche*, sondern eine *quantitative* ist, im Gegensatz zu der Reaktion, die viele Vögel auf das Verschwinden des sozialen oder des Gattenkumpans zeigen (S. 149, 171 f.), obwohl sich doch die Küken, wie wir S. 176 gesehen haben, ganz sicherlich persönlich kennen.

f. Die Instinkverschränkungen der Rangordnung

In vielen Geschwistergemeinschaften gibt es keine Rangordnung. Es sind das diejenigen, wo die S. 175 besprochene »unbedingte Verträglichkeit« jeden Streit innerhalb der Gemeinschaft ausschließt. Bei Anatiden, insbesondere bei den Gänsen, bleibt diese ranglose Verträglichkeit bis tief in den Herbst hinein bestehen, um dann erst mit dem Verschwinden des geschwisterlichen Zusammenhaltens allmählich einer Rangordnung Platz zu machen.

Bei Hühnervögeln wird die unbedingte Verträglichkeit schon zu einer Zeit von Rangordnungsstreitigkeiten gestört, wo die Küken noch mit der Mutter zusammenhalten. Jeder kennt ja diese in einem ganz bestimmten Alter auftretenden Kämpfe der jungen Haushühner, die durchaus nicht nur von den Hähnchen ausgefochten werden, wie manchmal von Fernerstehenden angenommen wird. Goldfasane bleiben viel länger verträglich; es mag ja auch sein, daß die Haushuhnküken gegenüber der Wildform besonders frühreif sind. Entgegen manchen Angaben, die von der durchaus irrigen Annahme ausgehen, das Junge der Wildform müsse sich früher allein durchschlagen als das der domestizierten Form, zeigen gerade die Hausformen häufig eine abgekürzte, nie eine verzögerte Jugendentwicklung. Man denke an die schon im ersten Jahre fortpflanzungsfähige Hausgans mit ihrer erst nach zwei Jahren reifen Wildform, an das von Brückner beschriebene gewaltsame Auflösen der Familie durch die schon früh wieder legelustige Henne gegenüber dem langen Erhaltenbleiben der Verteidigungsreaktionen der Goldfasan- und *Cairina*-Mütter.

Wenn einmal eine Rangordnung ausgebildet wurde, so unterscheidet sich das diesbezügliche Verhalten der Mitglieder der geordneten Geschwistergemeinschaft in nichts von dem der Mitglieder einer Sozietät geselliger, erwachsener Vögel. Bei Hühnervögeln erscheint nur merkwürdig, daß anscheinend in vielen Fällen die Mutter zu einer Zeit, wo unter ihren Küken schon eine feste Rangordnung besteht, der Gemeinschaft der Kinder rangordnungslos und in unbedingter Verträglichkeit gegenübersteht.

4. Die Trennbarkeit der Funktionskreise

Eine Trennbarkeit der Leistungskreise des Geschwisterkumpans ist im Gegensatz zu denen aller anderen Kumpane eines Vogels bis jetzt nirgends nachgewiesen. Die auf die Geschwister gemünzten Triebhandlungen sind auch die einzigen artgenossenbezüglichen Reaktionen, von denen bei keinem einzigen Vogel eine Umstellung auf den menschlichen Pfleger zur Beobachtung kam, was ja sicher auch mit darin begründet ist, daß der Vogel in dem letzteren eben das Elterntier sieht.

X. Zusammenfassung und Ergebnis

Die vorliegende Abhandlung ist keine einheitliche, auf ein scharf umschreibbares Forschungsziel gerichtete Untersuchung. Sie ist vielmehr ein Versuch, Ordnung und System in eine große Zahl von Erscheinungen zu bringen, die sich bisher recht beziehungslos gegenüberstanden. Es liegt in der Natur einer solchen Arbeit, daß sie im wesentlichen programmatischen Charakters ist, und es liegt in der Art unserer Fragestellung, daß die wenigen Antworten, die uns jetzt schon werden, nur schwer in kurzer Form zusammenzufassen sind. Ich will versuchen, dieser Schwierigkeit dadurch zu begegnen, daß ich die Zusammenfassung abschnittweise vornehme und die wenigen wirklichen Ergebnisse in der Reihenfolge behandle, in der sie uns dabei unterkommen. Oft werden wir neuen Fragen begegnen, und ich betrachte es als ein Verdienst meiner Arbeit, daß sie auf ein weites Feld experimenteller Forschung hinweist, das bis jetzt noch fast vollkommen brachliegt.

A. Kurze Rekapitulation

I. Kapitel. Die Begriffe des Kumpans und des Auslösers

Unter den vielen Reizen, die von einem Tiere ausgehen und die Sinnesorgane eines Artgenossen treffen, haben wir diejenigen herauszugreifen versucht, die bei diesem soziale Reaktionen im weitesten Sinne auslösen. Wir haben gefunden, daß die Reize und Reizkombinationen, auf die das Tier *instinktmäßig* mit bestimmten Reaktionen antwortet, einem ganz anderen Typus angehören als jene, deren auslösende Wirkung auf *Erworbenem* beruht.

Das einer auslösenden Reizkombination entsprechende rezeptorische Korrelat, also die Bereitschaft, spezifisch auf eine bestimmte Schlüsselkombination anzusprechen und durch sie eine bestimmte Handlungskette in Gang setzen zu lassen, haben wir in freier Anlehnung an die Terminologie J. v. Uexkülls als das *auslösende* Schema bezeichnet.

Eine besondere Rolle spielen nun bei Vögeln die instinktmäßig *angeborenen* auslösenden Schemata. Wenn das auslösende Schema einer Reaktion instinktmäßig angeboren ist, so entspricht es stets einer verhältnismäßig *einfachen* Kombination von

Einzelreizen, die in ihrer Gesamtheit den Schlüssel zu einer bestimmten instinktmäßigen Reaktion darstellen. Das angeborene auslösende Schema einer Instinkthandlung greift aus der Fülle der Reize eine kleine Auswahl heraus, auf die es selektiv anspricht und damit die Handlung in Gang bringt.

Es ist eine biologische Notwendigkeit, daß diese Schlüsselkombinationen ein Mindestmaß allgemeiner *Unwahrscheinlichkeit* besitzen, das die zufällige Auslösung der Reaktion an biologisch unrichtiger Stelle verhindert (S. 17, 122).

Wenn das auslösende Schema einer Handlungsfolge *nicht angeboren* ist, ist damit nicht gesagt, daß dies auch für den motorischen Anteil der Handlung gelte. Es gibt Handlungen, die in ihrem motorischen Teil instinktmäßig festgelegt sind, deren auslösendes Moment jedoch nicht angeboren ist, sondern erworben werden muß. Solche Verhaltensweisen haben wir allgemein als *Instinkt-Dressurverschränkungen* bezeichnet. Die sie in Gang setzenden, individuell erworbenen auslösenden Schemata entsprechen sehr verwickelten Zusammensetzungen von Reizen, im Gegensatz zu den angeborenen auslösenden Schemata. Sie sprechen im allgemeinen auf »Komplexqualitäten« an, von deren unübersehbar großer Zahl von Merkmalen keines geändert werden kann, ohne die Gesamtqualität zu ändern und damit die Auslösung der Reaktion in Frage zu stellen. Ich betrachte diese Verschiedenheit von angeborenem und erworbenem auslösenden Schema als einen wichtigen Unterschied von Instinkt- und Dressurverhalten (S. 12, 13).

Eine besondere Wichtigkeit erlangt das angeborene Schema bei jenen Reaktionen, die einen Artgenossen zum Objekte haben. Bei Reaktionen, deren Objekt ein *Gegenstand der Außenwelt* ist, kann das angeborene Schema nur jenen Reizen angeglichen werden, die diesem Gegenstand *von vornherein* zu eigen sind. Es ist, um beim Gleichnis vom Schlüssel zu bleiben, die Form des Schlüsselbartes von vornherein gegeben. Die notwendige generelle Unwahrscheinlichkeit des Schemas hat eine obere Grenze, die erreicht ist, wenn das bereitliegende Negativ des Schlosses dem Positiv des Schlüsselbartes möglichst genau entspricht. Dagegen liegt bei den auf den *Artgenossen* gerichteten Reaktionen sowohl die Ausbildung des angeborenen Auslöse-Schemas als auch diejenige des dazugehörigen Reizschlüssels innerhalb des Machtbereiches der *Entwicklung* der Art. *Organe* und *Instinkthandlungen*, die ausschließlich der Aussendung von Schlüsselreizen dienen, erreichen eine hohe Spezialisation, stets parallel mit der Entwicklung entsprechender für sie bereitliegender auslösender Schemata. Wir bezeichneten solche Organe und Instinkthandlungen kurz als *Auslöser*.

Auslöser sind in der Klasse der Vögel ungemein verbreitet. Es ist kaum eine wesentliche Übertreibung, wenn wir sagen, daß *alle* besonders »auffallenden« Farben und Formen des Gefieders mit auslösenden Funktionen in Zusammenhang stehen. Die Art der ausgelösten Reaktion kann aus der Form des Auslösers nicht entnommen werden, es ist gänzlich unzulässig, etwa alle Auslöser auf eine bestimmte Reaktion, wie etwa die Gattenwahl des Weibchens, zu beziehen.

Meines Wissens ist die Auffassung dieser Gebilde und Handlungen als Auslöser die einzige Hypothese, die jene Vereinigung von Einfachheit und Unwahrscheinlichkeit zu erklären vermag, die ihre allgemeinste und wichtigste Eigenschaft ist (S. 17–18).

Die hohe Spezialisation von angeborenem Schema und Auslöser führt bei vielen Vögeln zu einem sehr eigentümlichen Verhalten gegenüber dem Artgenossen. Wenn zwei oder mehrere Triebhandlungen an dem gleichen Objekte zu erfolgen haben, so gibt es zwei Möglichkeiten, diese einheitliche und folgerichtige Behandlung dieses Objektes zu sichern. Die eine besteht im dinghaft-gegenständlichen Erfaßtwerden des Objektes durch das Subjekt. Die zweite liegt in der Bindung der verschiedenen auf ein Objekt bezüglichen Triebhandlungen im *Objekt*. Bei den auf den Artgenossen gerichteten instinktiven Verhaltensweisen besteht die Möglichkeit, die Spezialisation von Auslösern und entsprechenden angeborenen Schemata so auf die Spitze zu treiben, daß im natürlichen Lebensraume der Art eine ebenso folgerichtige Objektbehandlung gesichert wird, wie sie durch ein subjektives Erfassen der Dingidentität des Objektes erreicht werden kann. Unter den Vögeln hat nun eine große Zahl von Formen tatsächlich diesen uns minderwertig erscheinenden Weg beschritten und so die Notwendigkeit subjektiven Erfassens der Dingidentität des Artgenossen *umgangen*. Der Funktionsplan ihrer Instinkte verlegt das vereinheitlichende Moment in das Reize aussendende Objekt anstatt in das diese Reize aufnehmende Subjekt, das Objekt bildet in der Umwelt des Subjektes keine Einheit. J. v. Uexküll hat für einen nur in einem einzigen Funktionskreise als identisch behandelten Artgenossen den Ausdruck *Kumpan* geprägt, dessen ich mich auch in der vorliegenden Arbeit bedient habe.

II. Kapitel. Die Prägung

Als wichtigstes Ergebnis unserer Untersuchung der auf den Artgenossen gerichteten Instinkthandlungen möchte ich die Tatsache hinstellen, daß auf dem Gebiete tierischen Verhaltens *nicht alles Erworbene mit Erfahrung, nicht alles Erwerben mit Lernen gleichgesetzt werden darf*. Wir haben gefunden, daß in vielen Fällen das zu instinktmäßig ererbten Handlungen gehörige Objekt nicht triebmäßig als solches erkannt wird, seine Kenntnis vielmehr durch einen ganz eigenartigen Vorgang erworben wird, *der mit Lernen nichts zu tun hat*.

Bei sehr vielen auf den Artgenossen gerichteten instinktmäßigen Verhaltensweisen ist zwar die Motorik, nicht aber die Kenntnis des Objektes der Handlung angeboren. Dies ist bei vielen anderen Handlungsketten ebenso, bei denen es im Laufe der Entwicklung zur Instinkt-Dressur-Verschränkung kommt. Der Unterschied diesen gegenüber liegt in der *Art der Erwerbung* des auslösenden Momentes.

Die auf den Artgenossen gemünzte, objektlos angeborene Verhaltensweise fixiert sich zu einer ganz bestimmten Zeit, in einem ganz bestimmten Entwicklungsstadium des Jungvogels an ein Objekt seiner Umgebung. Diese Festlegung des Objektes kann Hand in Hand mit dem motorischen Erwachen der Triebhandlung erfolgen, kann ihm aber auch Monate, selbst Jahre vorausgehen. Im normalen Freileben der Art liegen die Verhältnisse stets so, daß die Objektwahl der Instinkthandlungen, deren biologisch richtiges Objekt der Artgenosse ist, mit Sicherheit auf einen solchen gelenkt wird. Ist der Jungvogel in der psychologischen Periode der Objektwahl *nicht* von Artgenossen umgeben, so richtet er die in Rede stehenden Reaktionen auf ein anderes Objekt seiner Umgebung, im allgemeinen auf ein Lebewesen, wofern ihm ein solches zugänglich ist, andernfalls aber auch auf leblose Gegenstände (S. 42, 53).

Der Vorgang der Objekt-Erwerbung wird durch zwei Tatsachen von jedem echten Lernvorgang weit abgerückt und in Parallele zu einem anderen Erwerbungsvorgang gebracht, den wir aus dem Gebiet der Entwicklungsmechanik kennen und dort als induktive Determination bezeichnen. Er ist erstens *irreversibel*, während es zum Begriff des Lernens gehört, daß das Erlernte sowohl vergessen als umgelernt werden kann. Zweitens ist er an scharf umgrenzte, oft nur wenige Stunden hindurch bestehende Entwicklungszustände des Individuums gebunden (S. 45–48).

Wir haben den Vorgang der Erwerbung des Objektes der objektlos angeborenen auf den Artgenossen gerichteten Triebhandlungen als die *Prägung* bezeichnet. Die Prägung trifft unter den Merkmalen des Objektes eine eigentümliche und rätselhafte Auswahl: Sie legt nur *überindividuelle* Merkmale fest. Wenn wir im Experiment die Prägungsvorgänge eines Jungvogels auf ein Tier einer anderen Spezies lenken, so sind nach Vollzug der Prägung die betreffenden Funktionskreise auf die Art eingestellt, der das die Prägung induzierende Tier angehörte (S. 48). Dabei ist es vollständig rätselhaft, wie der Vogel die Art, zu der er sich fälschlich »zugehörig fühlt«, zoologisch zu »bestimmen« imstande ist.

Es sei schließlich darauf hingewiesen, daß in der menschlichen Psychopathologie Fälle bekannt geworden sind, in denen eine irreversible Fixierung des Objektes bestimmter Triebhandlungen beobachtet wurde, die rein symptomatologisch ein durchaus ähnliches Bild bot, wie wir es von Vögeln kennen, deren Objektbildung in nicht artgemäßer Weise erfolgte.

III. Kapitel. Das angeborene Schema des Kumpans
Niemals sind sämtliche Merkmale des Artgenossen, der dem Vogel in einem bestimmten Funktionskreise Kumpan ist, nur durch Prägung erworben. Immer ist für die zu *erwerbenden* auslösenden Schemata ein Rahmen von *angeborenen* gegeben, aus deren Gesamtheit sich ein je nach ihrer Art und Zahl weiter oder enger gefaßtes angeborenes Gesamtschema des Kumpans aufbaut. Auch in Fällen, wo dieses Gesamtschema nur ganz wenige angeborene Auslöse-Schemata enthält, d. h. extrem *weit* ist, hat und erfüllt es im normalen Freileben des Jungvogels die Aufgabe, die Prägungsvorgänge auf das richtige, dem Funktionsplan der Instinkthandlungen entsprechende Objekt zu lenken. Unter den Bedingungen des Versuches lassen sich in manchen Fällen die Schlüsselreize der einzelnen angeborenen Schemata ermitteln, indem man bei Jungvögeln absichtlich Fehlprägungen auf nicht artgemäße Objekte zu erzielen sucht. Aus den Eigenschaften dieser letzteren kann man oft recht gut entnehmen, welche Reize zur Ausfüllung des angeborenen Kumpanschemas unerläßlich sind (S. 52–58).

Das Zusammenspiel zwischen angeborenem Kumpanschema und Objektprägung ist von Art zu Art sehr verschieden. Von Arten, die, wie die Graugans, sehr zeichenarme, weite angeborene Kumpanschemata besitzen, gibt es alle Übergänge zu solchen, bei denen so gut wie alle auslösenden Schemata angeboren sind, so daß der Prägung kein Spielraum verbleibt. Wir dürfen wohl sagen, daß innerhalb der Klasse der Vögel das letztere Verhalten das primitivere ist.

IV. bis VIII. Kapitel. *Eltern-, Kind-, Geschlechtskumpan, sozialer Kumpan, Geschwisterkumpan*

In diesen Abschnitten wurden fünf verschiedene Fälle untersucht, wo ein bestimmter Artgenosse in der Umwelt des Vogels eine besonders wichtige Rolle spielt: Uexküll folgend, wurden diese Kumpane übergeordneter Funktionskreise als Elternkumpan, Kindkumpan usw. bezeichnet, obwohl wir in manchen Fällen, um ganz folgerichtig zu sein, die Auflösung des Umweltbildes des Artgenossen bis in einzelne untergeordnete Funktionskreise hätten weitertreiben müssen.

Soweit ihre Einheitlichkeit dies gestattete, wurden die *angeborenen Schemata* dieser Kumpane übergeordneten »Kreise von Funktionskreisen« untersucht, indem an Hand möglichst vieler Beobachtungen ihre Ausfüllbarkeit durch nicht artgemäße Triebobjekte besprochen wurde.

Anschließend an das angeborene Schema wurde bei jedem der fünf übergeordneten Funktionskreise die *individuelle Kennzeichnung* des Kumpans untersucht.

Hierauf wurden in jedem der fünf Fälle die Gegenleistungen der verschiedenen Kumpane besprochen, die dem Tiere zum Ablaufenlassen seiner einzelnen Teilfunktionen nötig sind. Mit anderen Worten, es wurde die Rolle herausgearbeitet, die dem Kumpan als auslösendem Moment der Reaktionen zukommt, aus denen sich ein einzelner Funktionskreis aufbaut.

Schließlich wurde besprochen, inwieweit die untergeordneten Funktionskreise jedes der fünf Kumpankreise unter sich zusammenhängen, und in gegebenem Falle ihre Trennbarkeit, insbesondere durch Prägung auf verschiedene Einzelobjekte, erörtert.

Da mir die Beobachtungen, die diesen Kapiteln zugrunde liegen, nicht nur als Illustrationen der hier vertretenen Anschauungen, sondern auch an sich wertvoll erscheinen, wurde bei ihrer Mitteilung nicht an Raum gespart. Ich bin von dem Wert dieser Tatsachen viel fester überzeugt als von der Deutung, die ich ihnen gegeben habe. Derjenige aber, dem die Einzelbeobachtung uninteressant ist, mag von den fünf speziellen Kumpankapiteln vier überschlagen, ohne im Verständnis des allgemeinen Teils vorliegender Arbeit gestört zu werden.

B. Ergebnisse zum Instinktproblem

Ich möchte es gerne als ein Ergebnis meiner Arbeit werten, daß sich in ihrem Verlauf die Ansichten über Instinkt, die wir im zweiten Abschnitt (S. 30–39) als eine Arbeitshypothese aufgestellt haben, durchaus bewährt haben. Es muß gesagt werden, daß diese Hypothesen nicht als Richtlinien meiner Arbeit gewirkt haben, sondern nachträglich durch Abstraktion aus einer schon vorher geübten Forschungsweise gewonnen wurden, für die die Priorität unbedingt Heinroth zuzuerkennen ist.

Die Annahme einer fundamentalen Zweiheit von Instinkthandlung auf der einen, Lern- und Intelligenzleistung auf der anderen Seite hat uns nirgends Schwierigkeiten gebracht, sondern hat uns im Gegenteil manche sonst durchaus unverständliche Verhaltensweise verstehen lassen. Wir haben es nie zu bereuen gehabt, daß wir die Veränderlichkeit der Instinkthandlung durch Erfahrung rundweg geleugnet haben und folgerichtig den Instinkt *wie ein Organ* behandelt haben, dessen individuelle Variationsbreite bei allgemeiner biologischer Beschreibung einer Art vernachlässigt werden kann. Diese Auffassung widerspricht nicht der Tatsache, daß manchen Instinkthandlungen eine hohe regulative »Plastizität« zukommen kann. Eine solche haben auch viele Organe. Mit der Auffassung der Instinkthandlung als Kettenreflex soll weder zu einer bahntheoretischen Erklärung noch auch zum mechanistischen Dogma ein Bekenntnis abgelegt sein.

Kaum irgendwo anders ist der *unzertrennliche Zusammenhang zwischen der Ausbildung des Organes und der Ausbildung des Instinktes, der seine Verwendung diktiert*, so augenfällig und unleugbar, wie in der sozialen Ethologie der Vögel. Welche Faktoren es immer sein mögen, die die biologische Zweckmäßigkeit in der Ausbildung der Organe bewirken, sicherlich sind es dieselben, die auch die Ausbildung der Instinkte bewirken. Innerhalb einer scharf umschriebenen Gruppe von Vögeln sehen wir Reihenbildungen, in denen der Zusammenhang einer instinktmäßigen Verhaltensweise mit einem dazugehörigen Organ sehr deutlich ist. In einem bestimmten Sonderfall fanden wir diesen Zusammenhang so eng, daß es uns angezeigt erschien, funktionsgleiche Instinkthandlungen und Organe unter einem übergeordneten Begriff zu vereinigen: Als »Auslöser« haben wir unterschiedlos Organe und Handlungen bezeichnet, die bei einem Artgenossen soziale Reaktionen in Gang bringen helfen (S. 17). Wir finden sehr häufig »*phylogenetische*« *Reihen von Auslösern*, in denen an einem Ende Instinkthandlungen *ohne* ein dazugehöriges unterstützendes Organ stehen, an deren anderem Ende wir hochentwickelte Organe zur Unterstützung fast gleicher und sicher homologer instiktiver Bewegungen vorfinden. Die verschiedenen Formen des Imponiergehabens und der Imponierorgane innerhalb der Familie der Anatiden stellen ein Beispiel solcher Reihenbildung dar (S. 121). Ich möchte betonen, daß wohl nirgends in der gesamten vergleichenden Morphologie Reihenbildungen auftreten, die so unmittelbar überzeugend für genetische Zusammenhänge sprechen wie die hier in Rede stehenden. Dies mag zum großen Teil darauf beruhen, daß Auslöser und Ausgelöstes als sozusagen inneres »Übereinkommen« innerhalb einer Vogelart von Umgebungsfaktoren besonders wenig beeinflußt werden und daß Konvergenzerscheinungen daher von vornherein mit großer Wahrscheinlichkeit auszuschließen sind. Gleichheit bedeutet hier *immer* Homologie, wodurch wir oft genetische Zusammenhänge mit einer Genauigkeit zu erfassen imstande sind, wie sie dem vergleichenden Morphologen fast nie vergönnt ist.

Niemand kann leugnen, daß die phylogenetische Veränderlichkeit einer Instinkthandlung sich so verhält wie diejenige eines Organes und nicht wie diejenige einer psychischen Leistung. Ihre Veränderlichkeit gleicht so sehr derjenigen eines besonders »konservativen« Organes, daß der *Instinkthandlung als taxonomischem Merkmal* sogar ein ganz besonderes Gewicht zukommt, besonders wenn es sich um Auslöser handelt. Niemand kann beweisen, daß die individuelle Veränderlichkeit einer Instinkthandlung mit Faktoren zu tun hat, die bei der individuellen Veränderlichkeit von Organen nicht mitspielen. Wenn man nicht den Begriff des Lernens ganz ungeheuer weit faßt, so daß man etwa auch sagen kann, die Arbeitshypertrophie eines vielbenützten Muskels sei ein Lernvorgang, so hat man durchaus kein Recht, die Beeinflussung des Instinktes durch Erfahrung zu behaupten.

C. Diskussionen

Im Laufe unserer Abhandlung sind wir, insbesondere bei der Wiedergabe von Beobachtungen, wiederholt auf Tatsachen gestoßen, die für die Entscheidung gewisser Streitfragen wichtig erscheinen. Da sie z. T. mit der eigentlichen Fragestellung unserer Arbeit nicht unmittelbar zu tun haben, möchte ich ihnen hier einen gesonderten Abschnitt widmen.

a. Zum Instinktproblem

1. Es ist keineswegs erwiesen, daß die Instinkthandlung durch Erfahrung veränderlich ist; nach allen bisherigen Beobachtungen erscheint das Gegenteil sehr wahrscheinlich. Dies widerspricht den Anschauungen Lloyd Morgans und sehr vieler anderer Autoren, die über Instinkt gearbeitet haben. Eine Instinktdefinition von Driesch stimmt mit dieser meiner Auffassung überein. Sie besagt, daß die Instinkthandlung eine Reaktion sei, »die von Anfang an vollendet ist«. Sie vernachlässigt allerdings die S. 33 und 34 beschriebene Möglichkeit von Reifungsvorgängen, die erst ablaufen, während die Handlung schon in Benützung steht.

2. Zieglers bahntheoretische Instinktdefinition vermag den weitgehenden Regulationsvorgängen nicht gerecht zu werden, die von Bethe und seiner Schule nachgewiesen wurden. Bethe bezeichnet alle Regulationsmöglichkeiten als Plastizität der Instinkthandlung. Gegen diesen Ausdruck ist an sich nichts einzuwenden, aber andere Autoren haben gerade darunter die Möglichkeit adaptiver Modifikation durch Erfahrung verstanden (Alverdes), die ich leugne und die gerade durch Bethes Versuche eher unwahrscheinlicher als wahrscheinlicher geworden ist. Ich halte es auch sonst für nicht sehr glücklich, es als Plastizität einer Verhaltensweise zu bezeichnen, wenn sofort nach einer bestimmten Schädigung eine bestimmte ganzheitliche Regulation in Erscheinung tritt (S. 35–37).

3. Wallace Craig hat in seiner bekannten Arbeit ›Appetites as Constituents of Instincts‹[1] die wichtige Feststellung gemacht, daß sich die Bereitschaft zu einer bestimmten Instinkthandlung erhöht, wenn die Auslösung der Handlung länger als normal unterbleibt. Es kommt nicht nur zu einer Erniedrigung der Schwelle der auslösenden Reize, sondern auch zu einem Verhalten, das als ein Suchen nach diesen Reizen gedeutet werden kann. Diese Erscheinungen faßt Craig als »appetite« zusammen. Bei der weiten Bedeutung dieses Wortes im Englischen ist die Bezeichnung zweifellos glücklich, nur ist es schwer, sie in Deutsche zu übertragen, zumal die von Craig als »appetite

[1] Biological Bulletin 34/2 (1918).

zusammengefaßten Erscheinungen nicht auf »positive« Reaktionen beschränkt sind, was dieser Autor auch betont hat. Gerade bei Flucht- und Warnreaktionen ist uns die Erniedrigung der Schwelle des auslösenden Reizes besonders aufgefallen (S. 37, 88–91). Der theoretisch erreichbare Grenzwert der von Craig beschriebenen Schwellenerniedrigung wird erreicht, wenn das eintritt, was ich S. 38 und schon in meiner früheren Arbeit als »*Leerlaufreaktion*« beschrieben habe; d. h. die Reaktion kommt ohne äußeren Reiz zur Ausführung. Die Leerlaufreaktion ist uns nicht nur deshalb von besonderer Wichtigkeit, weil sie uns die Wirkung des Craigschen Appetitfaktors vor Augen führt, sondern auch, weil sie in überzeugender Weise die Unabhängigkeit der Instinkthandlung von äußeren Zusatzreizen (behaviour supports Tolmans) dartut und den inneren Zusammenhang der Handlungskette zeigt.

4. William McDougall lehrt, daß bestimmten instinktiven Verhaltensweisen bestimmte *Affekte* als subjektive Korrelate zugeordnet seien. (»Affekt« entspricht nicht ganz dem englischen »emotion«, das eigentlich einen Gefühlen und Affekten übergeordneten Begriff bezeichnet.) Im jahrelangen unmittelbaren Umgang mit Tieren bekommt man zwingend den Eindruck, daß die Instinkthandlungen mit subjektiven Erscheinungen einhergehen, die Gefühlen und Affekten entsprechen. Kein wirklicher Tierkenner kann die Homologien übersehen, die zwischen Mensch und Tier bestehen und die zu einem Rückschluß auf die subjektiven Vorgänge im Tiere geradezu zwingen. Kein Beobachter kann sich von solchen Homologieschlüssen freihalten. Daher sind sämtliche wirklichen Tierkenner Parteigänger McDougalls, mögen sie es nun wissen oder nicht. Verwey schreibt: »Wo Reflexe und Instinkte sich überhaupt unterscheiden lassen, verläuft der Reflex mechanisch, während Instinkthandlungen von subjektiven Erscheinungen begleitet werden.« Eine etwas kühne Instinktdefinition, die ich aber durchaus unterschreiben möchte! Heinroth pflegt im Scherze sehr treffend auf den gänzlich ungerechtfertigten Vorwurf zu entworten, daß er Tiere als Reflexmaschinen behandle. Er sagt dann: »Tiere sind Gefühlsmenschen mit äußerst wenig Verstand.« Wie man sieht, steht die Ansicht dieser allerbesten Tierkenner und -versteher in vollkommenem Einklang mit der Lehre McDougalls. Auch ich habe mich zu derselben Meinung bekannt, nur erachte ich es für nicht gut möglich, bei Tieren mit den verhältnismäßig wenigen und eben doch auf den Menschen zugeschnittenen Instinkt-

kategorien McDougalls auszukommen. Auch sehe ich bei Tieren, oder wenigstens bei Vögeln, keine Möglichkeit, zwischen übergeordneten und untergeordneten Instinkten zu unterscheiden, wie McDougall dies tut. Die große Unabhängigkeit, die die einzelnen Teilhandlungen eines Funktionskreises auszeichnet, bringt es mit sich, daß auch die scheinbar unwichtigeren von ihnen als autonome Mosaiksteine für die Funktion der Ganzheit ebenso wichtig sind wie nur irgendwelche anderen. Wenn wir nun über die begleitenden Affekte und Gefühle etwas aussagen wollen, so müssen wir von ihnen folgerichtig so viele voneinander unabhängige Arten annehmen, wie wir autonome Instinkthandlungen feststellen können. Wir müßten also bei einem Tier *viel mehr* gesonderte Gefühle und Affekte annehmen, als wir vom Menschen kennen, von dessen Gefühlsleben wir, um folgerichtig zu bleiben, einen ähnlichen Vereinfachungs- und Entdifferenzierungsvorgang annehmen müßten, wie wir ihn von seinen instinktiven Verhaltensweisen kennen. Daher sind die aus dem menschlichen Sprachgebrauch entlehnten Affektbezeichnungen für die Beschreibung tierischer Innenvorgänge von vornherein ungenügend, d. h. *zu wenige an der Zahl*. Heinroth hat in seinen Werken deshalb sehr richtig neue Affektbezeichnungen geschaffen, die aus der Bezeichnung der instinktiven Handlung und dem deutschen Wort »Stimmung« zusammengesetzt sind. Er redet von Flugstimmung, Fortpflanzungsstimmung usw., und ich habe mich hier (S. 87, 143, 156, 158, 180) derselben Ausdrücke bedient. Als zu einer und derselben Stimmung gehörig müssen wir *Reihen* von Reaktionen betrachten, die einer Stufenleiter von Erregungsintensitäten zugeordnet sind und in einer chromatischen Skala fließend ineinander übergehen. Die S. 85 geschilderte doppelte Warn- und Fluchtreaktion der Hühner sei ein Beispiel dafür, wie bei einem Tier zwei Intensitätsreihen vorhanden sein können, wo wir beim Menschen nur eine entsprechende vorfinden. Der Ausdruck Furcht genügt jedenfalls nicht, um den doppelten Affekt der genannten Vögel zu kennzeichnen; wir müssen eine Bodenfeind- und eine Raubvogel-Furcht annehmen, die qualitativ voneinander verschieden sind. Diese Ansichten beinhalten eine Kritik an neueren amerikanischen Arbeiten, z. B. H. Friedmanns Arbeit ›The Instinctive Emotional Life of Birds‹.[2] Ferner besagen sie das genaue Gegenteil von dem, was H. Werner in seiner

---

[2] In: Quarterly Review of Biology 3/4 (1928).

Entwicklungspsychologie über die primitiven Gefühle und Affekte aussagt.

b. Zur Paarungsbiologie

1. Darwin war der Ansicht, daß gewisse auffallende Farben und Formen im Tierreiche dadurch zur Entwicklung gekommen seien, daß das mit ihnen ausgerüstete Tier bei der Gattenwahl von dem anderen Geschlechte bevorzugt würde. Es waren hauptsächlich die Prachtkleider vieler Vogelmännchen, die Darwin zu dieser Auffassung führten. Wallace hat die Existenz der geschlechtlichen Zuchtwahl in diesem engsten Sinne rundweg geleugnet und alle geschlechtlichen Dimorphismen auf bloße Stoffwechselverschiedenheiten zurückführen wollen. Unsere Erklärungen über Wesen und Funktion der Auslöser (S. 12) haben die Unhaltbarkeit der Wallaceschen Hypothese dargetan. Wenn sie auch in sehr vielen Punkten von den Ansichten Darwins abweichen, so zeigen sie doch wieder einmal, wie Darwins weit vorausschauender Genius den wirklich bestehenden Verhältnissen weit mehr gerecht wurde, als seine Opponenten je vermochten.

2. Die von Noble und Bradley für manche Reptilien erhobenen Befunde (S. 125) dürfen *nicht* auf Vögel verallgemeinert werden, wie diese Autoren andeuten. Die Droh- und Einschüchterungswirkung der männlichen Prachtkleider ist zwar bei sehr vielen Vögeln ebenso vorhanden wie bei den von Noble und Bradley beschriebenen Reptilien, sie ist aber niemals die *einzige* Wirkung dieser Auslöser.

3. A. A. Allen kommt am Ende seiner Arbeit ›Sex Rhythm in the Ruffed Grouse‹[3] zu dem Schlusse, daß Vögel kein Bewußtsein des eigenen Geschlechtes besitzen. Dies gilt nur für ganz bestimmte Formen, allerdings für sehr viele. Den ihnen zukommenden Typus der Paarbildung haben wir S. 127 als den »Labyrinthfisch-Typus« bezeichnet.

4. Der oben genannte Autor sagt in derselben Arbeit, daß Vogelmännchen eine ebenso kurze physiologische Periode der Paarungsbereitschaft hätten wie die Weibchen und daß daher eine befruchtende Paarung nur dann zustande kommen könne, wenn die Fortpflanzungszyklen beider Gatten von vornherein »synchron« seien. Beides ist zweifellos für die von A. A. Allen untersuchten Arten (*Bonasa umbellus*, manche kleine Sperlings-

---

[3] In: The Auk 51 (1934) 2.

vögel) richtig. Beides darf jedoch meiner Ansicht nach nicht ohne weiteres auf andere Vögel verallgemeinert werden. Ich glaube mit Verwey, daß der männliche Fischreiher eine sehr lange dauernde Paarungsbereitschaft hat (S. 144), und ich stimme Wallace Craig vollkommen darin bei, daß es auch eine nachträgliche Synchronisation der Fortpflanzungszyklen gibt (S. 143).

c. Zur allgemeinen Soziologie

1. Die von Schjelderup-Ebbe und anderen Autoren beschriebene Rangordnung ist zwar sehr vielen Vogelsozietäten eigen, aber durchaus nicht allen. Es gibt siedlungsbrütende Vögel mit sehr hochspezialisierten sozialen Reaktionen, in deren Sozietäten keine Rangordnungs-Skalen ausgebildet werden. Hierher gehören Reiher, Kormorane, Tölpel, wahrscheinlich noch sehr viele andere koloniebrütende Seevögel.

2. Es wäre vorzuschlagen, zu Untersuchungen über soziologische Fragen, wenn irgend angängig, *undomestizierte* Vogelformen zu verwenden. Wenn auch, wie Brückner sagt, nichts im Wege steht, auch die veränderten Instinkthandlungen von Haustieren zum Gegenstand unserer Untersuchungen zu machen, so möchte ich doch betonen, daß wir bei unserem Forschen jede Fehlerquelle vermeiden müssen, von der wir Kenntnis haben und die sich vermeiden läßt. Die Ausfälle von Instinkthandlungen bei Haustieren sind eine solche Fehlerquelle. Wir dürfen nicht vergessen, daß gerade die sozialen Verhaltensweisen auch bei den höchsten Tieren zum größten Teile durch Instinkte bestimmt werden.

D. Der Aufbau der Sozietät

Zum Abschluß seien mir einige Worte darüber gestattet, wie sich bei sozialen Formen aus den ineinandergreifenden Leistungen der Individuen, aus dem Auslöser bei dem einen Tiere und dem Ausgelösten bei dem anderen, die Gesamtfunktion der überindividuellen Ganzheit, der Sozietät, ergibt.

Es liegt im Wesen moderner Ganzheitsbetrachtung, daß man das Ganze *vor* den Teilen, das Wesen der Sozietät *vor* dem des Individuums zu erfassen trachtet. H. Werner sagt in seinem Buche ›Einführung in die Entwicklungspsychologie‹:[1] »Es läßt

[1] Leipzig 1933.

sich in jedem Fall zeigen, daß eine Totalität fundiert sein kann auf ganz verschiedene Weise, daß die sogenannten Elemente, die diese Totalität aufbauen, wechseln können, ohne den Gesamtcharakter zu ändern. Darum kann es nicht an den Pünktchen liegen, daß ein Kreis aus ihnen entsteht, und auch nicht an der Zusammenfassung dieser Pünktchen durch Synthese. Aus bestimmten Bausteinen kann so jede beliebige Figur entstehen, wie auch andererseits ganz andere Elemente als Pünktchen, etwa Kreuzchen, die gleiche Figur ergeben können. Ganz ebensowenig liegt es an den einzelnen Menschen-›Pünktchen‹, an den Individuen, daß sie eine so und nicht anders geartete Gesamtheit ergeben. Durch die Synthese von Individuen wird niemals eine überindividuelle Totalität gewonnen.« Anderen Ortes: »Nicht der Begriff der schöpferischen Synthese, sondern der Begriff der schöpferischen Analyse führt fruchtbar weiter.« Alverdes hat gegen Uexküll den Vorwurf ausgesprochen, daß der Ausdruck »Reflexrepublik«, den Uexküll für den Seeigel wegen der eigenartigen Zusammenarbeit der Stacheln, Pedicellarien und Ambulakralfüßchen anwandte, der »Fiktion der Ganzheitlichkeit widerspreche«.

Beiden Anschauungen möchte ich folgendes entgegenhalten: Man mag einer atomistischen Assoziationspsychologie noch so ablehnend gegenüberstehen, man mag die Zentrenlehre noch so bestimmt ablehnen, man darf aber nicht vergessen, daß in diesen Fällen die Berechtigung zur Ganzheitsbetrachtung dem Vorhandensein einer physischen Ganzheit entnommen wird, die in Gestalt eines übergeordneten Integrationsapparates, einer ganzheitlichen Verbundenheit des Zentralnervensystems, gegeben ist. Eine solche ganzheitliche Verbundenheit dort zu suchen, wo sie physisch nicht gegeben ist, betrachte ich bei aller Ablehnung mechanistischer Deutungsweisen als eine Abschweifung ins Metaphysische.

Eine wirkliche ganzheitliche Integration der Teile kann selbstverständlich auch zum Entstehen überindividueller Ganzheiten führen. Nur müssen wir auch in solchen Fällen nach einem realen überindividuellen Integrationsapparat forschen. Die menschliche Sozietät besitzt in ihrer Wortsprache einen solchen Apparat, der eine überindividuelle Stapelung von Erfahrungen, ein überindividuelles Wissen und außerdem eine sehr vollkommene Koordination der Funktionen der Individuen ermöglicht. Bei einer Tiersozietät *erfahren* aber die Individuen sehr wenig über die Existenz und Tätigkeit ihrer Brüder. Sie gleichen darin sehr den Einzelorganen in der Reflexrepublik des Seeigels, die nicht durch ein integrierendes Nervennetz von der Tätigkeit des Nebenmannes Kunde erhalten, sondern auf diesen nur dann reagieren, wenn sie höchst körperlich von ihm beeinflußt werden, ganz wie dies bei den Einzelindividuen der Tiersozietät der Fall ist. Auch bei diesen ist die gegenseitige Beeinflussung durchaus nichts Unkörperliches und Unmerkliches. Davon hoffe ich den Leser dieser Arbeit überzeugt zu haben. Übrigens wüßte ich für die Sozietät einer Vogelart wie die Dohle keine Bezeichnung, die ihrer Struktur so vollkommen und so schlagend gerecht wird, wie der Ausdruck Reflexrepublik.

Bei dem Seeigel ist die Subordination der Teile unter das Ganze so wenig weit fortgeschritten, daß bei bestem Willen zur Ganzheitsbetrachtung und voller Einschätzung ihres Wertes dennoch die Synthese der Funktionen der Teile uns dem Verständnis der Gesamtleistung des Organismus näher bringt, als die von Werner geforderte schöpferische Analyse des Ganzen. Je ganzheitlicher ein Organismus ist, je weiter die Differenzierung und Subordination seiner Teile geht, desto wichtiger wird die Rolle werden, die der Analyse als Forschungsmethode zufällt, desto weniger weit wird uns die Synthese dem Ziele näher. Für den überindividuellen Organismus der Sozietät gilt natürlich dasselbe. Da aber auch bei den am meisten ganzheitlichen Tierstaaten, z. B. bei denen der Termiten, die Differenzierung und Subordination der Individuen niemals weiter oder auch nur annähernd so weit geht, wie die der einzelnen »Reflexpersonen« eines Seeigels, so muß ich den Sätzen Werners widersprechen. Ich betrachte es als eine nicht zulässige Verallgemeinerung von Anschauungen, die auf dem Gebiete der Gestaltpsychologie volle Gültigkeit besitzen mögen, die aber auf das Gebiet der Soziologie in keiner Weise übertragbar sind.

»Wenn ein Hund läuft«, sagt Uexküll, »so bewegt der Hund die Beine, wenn ein Seeigel läuft, so bewegen die Beine ihn.« In eine ähnliche Relation kann man Ganzheit und Teil bei verschieden hoch organisierten Typen von Sozietäten bringen: Wenn junge Menschen heranwachsen, so werden sie weitgehend von der Sozietät geformt, zu der sie gehören. Wenn junge Dohlen heranwachsen, so formen sie ohne jedes Vorbild eine bis in die kleinsten Einzelheiten vollkommene Dohlensozietät.

»Der Mensch«, sagt Werner, »besitzt als Angehöriger einer überindividuellen Einheit Eigenschaften, die ihm zukommen kraft seiner Zuordnung zu dieser Totalität und die nur aus dem

Wesen dieser Totalität heraus verständlich sind.« Ich muß betonen, daß hier zwei gänzlich verschiedene Dinge zusammengeworfen werden. Das Individuum besitzt Eigenschaften, die ihm Kraft seiner Zugehörigkeit zu einer bestimmten, individuellen Sozietät zukommen, gewisse durch Tradition weitergegebene Verhaltensweisen, wie z. B. eine bestimmte Sprache beim Menschen. Diese Eigenschaften kämen dem Individuum nicht in gerade dieser Weise zu, wenn es Mitglied einer anderen Sozietät, eines anderen »Überindividuums« der gleichen Art, wäre. Außerdem aber besitzt das Individuum Eigeschaften, die zwar auch nur aus der Analyse der Sozietät der betreffenden Spezies verständlich werden können, die aber als instinktmäßig ererbtes und nicht traditionell überliefertes Gut dem Individuum kraft seiner Zugehörigkeit zu der betreffenden *Art* zukommen und nicht kraft seiner zufälligen Zugehörigkeit zu einer bestimmten einzelnen Sozietät dieser Art. Diese Eigenschaften werden in ihrer Ausbildung von der Sozietät nicht beeinflußt.

Gerade hier zeigt es sich, daß wir instinktmäßig Ererbtes und durch Überlieferung Erworbenes als zwei fundamental verschiedene Dinge auseinanderhalten müssen. Wenn wir uns klarmachen wollen, wie verschieden die Rollen sind, die sie bei verschiedenen Tierformen spielen, müssen wir das Verhalten von isoliert aufgezogenen Individuen betrachten, bei denen der Einfluß der Überlieferung von vornherein ausgeschaltet war. Ein derartiger Mensch würde sich voraussichtlich von einem normalen Sozietätsmitglied sehr weitgehend unterscheiden, und man könnte auch bei genauestem Studium eines solchen »Elementes« der menschlichen Gesellschaft aus ihm nicht durch Synthese auch nur ein annähernd genaues Bild der Menschensozietät gewinnen. Eine Dohle hat auch dann, wenn sie seit frühester Jugend aus jedem Zusammenhang mit Artgenossen herausgerissen ist, so gut wie alle Eigenschaften und Verhaltensweisen, die ihr im Rahmen der normalen Sozietät zukommen würden. Viele von ihnen werden natürlich in der Einzelhaft nicht regelmäßig in Erscheinung treten, um so eindrucksvoller aber ist es, wenn einige von ihnen doch ziel- und objektlos »auf Leerlauf« abschnurren und damit beweisen, daß sie virtualiter vorhanden sind und nur der Auslösung harren. Im übrigen sind die Abweichungen, die das Verhalten des isoliert aufgezogenen Vogels von dem des normalen Kontrolltieres zeigt, auf Ausfälle im Prägungsvorgang zurückzuführen und nicht auf den Mangel an erlernter Überlieferung. Die durch Tradition weitergegebenen Verhaltensweisen sind so wenig ausschlaggebend, daß man von ihrem Fortfall nur in ganz bestimmten Fällen etwas merkt (S. 88–91).

Jedenfalls stört uns ihr Fortfall nicht in dem Beginnen, aus dem Verhalten des isolierten Tieres nach genauer Analyse seiner oft unvollständigen instinktmäßigen Handlungsabläufe synthetisch den Aufbau der Sozietät seiner Art zu konstruieren. Dieser Versuch gelingt uns manchmal in einer Weise, die dem an ein mehr analytisches Vorgehen gewohnten Biologen immer wieder als etwas ganz Erstaunliches erscheint. Es war mir stets aufs neue eine freudige Überraschung, wenn die Sozietät einer Vogelart tatsächlich das Verhalten zeigte, das ich mit guter Annäherung aus dem Benehmen des einzeln aufgezogenen Jungvogels synthetisch konstruiert hatte.

Nur wenn wir für den Menschen annehmen, daß bei ihm die instinktmäßig ererbten Verhaltensweisen gegenüber den erworbenen ganz in den Hintergrund treten, *nur dann* mag Werners Gleichnis von der aus Kreuzchen oder Pünktchen in gleicher Weise zu bildenden Figur für die menschliche Sozietät zu Recht bestehen. Zu dieser Annahme bin ich ganz und gar nicht bereit, immerhin aber sei zugestanden, daß bei dem Menschen die von der Sozietät ausgehende Beeinflussung der Verhaltensweisen des Individuums weit größer ist als bei irgendeinem Tiere. Die Individuen einer sozialen Tierart sind stets nur zu *einer* eng umschriebenen Form von überindividueller Ganzheit zusammensetzbar! Wenn wir, wie Werner, ein Gleichnis gebrauchen wollen, so müssen wir sagen, sie gleichen vom ersten Augenblicke ihres Lebens den fertig behauenen Steinen eines Torbogens, die sich nur zu der einen Ganzheit vereinigen lassen, deren Bauplan dem des Elementes entspricht. Der spärliche Mörtel der individuell erworbenen Verhaltensweisen vermag an der Form des Bauwerks nichts Wesentliches zu ändern.

Bei dem Vergleich der angeblich zum größten Teile auf individuell erworbenen oder sogar verstandesmäßigen Reaktionen aufgebauten menschlichen Gesellschaft mit der tierischen Sozietät haben wir bis jetzt ein so verschiedenes Verhalten des Teiles zum Ganzen und des Ganzen zum Teile angenommen, daß es angezeigt erschien, mit geradezu entgegengesetzten Forschungsmethoden an diese beiden Formen überindividueller Ganzheit heranzutreten. Eine solche Gegensätzlichkeit zu betonen, liegt durchaus nicht in meiner Absicht. Es ist vielmehr meine Überzeugung, daß die Soziologen, mit Ausnahme

McDougalls, den Anteil des Instinktmäßigen an allen sozialen Reaktionen des Menschen ganz gewaltig unterschätzt haben. Es gehört zu den Eigenschaften instinktmäßiger Verhaltensweisen, daß sie mit zugeordneten Affekten gekoppelt sind. Die mit sozialen Trieben gekoppelten Affekte des Menschen werden aber von ihm als etwas besonders Hohes und Edles empfunden. Es sei fern von mir, leugnen zu wollen, daß sie das wirklich sind, aber die durchaus berechtigte Hochwertung der den sozialen menschlichen Trieben zugeordneten Gefühle und Affekte benimmt vielen Wissenschaftlern die psychische Möglichkeit, dem Tiere auch etwas von diesem Höchsten und Edelsten zuzugestehen, andererseits dem Menschen instinktmäßiges Verhalten zuzuschreiben. Gerade das ist aber vonnöten, wenn wir unser eigenes soziales Verhalten verstehen lernen wollen. Katz schreibt: »In mancher Hinsicht besteht eine überraschende Übereinstimmung im sozialen Verhalten von tierischen und menschlichen Gruppen, so daß man geradezu die Hoffnung hegen darf, die Tierpsychologie einst dazu zu verwenden, um Gesetze aufzufinden, von denen das soziale Verhalten menschlicher Gruppen beherrscht wird.« Diese Hoffnung kann nur dann in Erfüllung gehen, wenn wir den Instinkt als etwas Eigengesetzliches und von dem übrigen psychischen Verhalten fundamental Verschiedenes auch dem Menschen zuschreiben und in ihm zu erforschen trachten.

Literaturverzeichnis

Allen, A. A.: *Sex Rhythm in the Ruffed Grouse (Bonasa umbellus Linn.) and other Birds.* In: The Auk 51 (1934) 2

Allen, F. H.: *The Role of Anger in Evolution, with particular Reference to the Colours and Songs of Birds.* In: The Auk 51 (1934) 4

Alverdes, F.: *Tiersoziologie.* Leipzig 1925.

– *Die Ganzheitsbetrachtung in der Biologie.* In: Sitzungsbericht der Gesellschaft zur Förderung des ges. Naturwesens zu Marburg 67 (1932)

Bethe, A.: *Anpassungsfähigkeit (Plastizität) des Nervensystems.* In: Bethes Handbuch der normalen und pathologischen Physiologie. 15 II. Berlin 1931, S. 1045–1130

– *Plastizität und Zentrenlehre.* Ebd. S. 1175–1222

Bierens de Haan, J. A.: *Der Stieglitz als Schöpfer.* In: Journal für Ornithologie 80 (1933) 1

– *Probleme des tierischen Instinktes.* In: Die Naturwissenschaften 23 (1935) 42, 43

Bingham, H.: *Size and Form in Gallus domesticus.* In: Journal of Animal Behavior (1913)

Bradley, H. T. siehe Noble, G. K.

Brückner, G. H.: *Untersuchungen zur Tiersoziologie, insbesondere zur Auflösung der Familie.* In: Zeitschrift für Psychologie 128 (1933) 1–3

Bühler, C.: *Das Problem des Instinktes.* In: Zeitschrift für Psychologie 103 (1927)

Carmichael, L.: *The Development of Behaviour in Vertebrates experimentally removed from the Influence of external Stimulation.* In: Psychological Review 33 (1926); auch in 34 und 35

Coburn, C. A.: *The Behavior of the Crow.* In: Journal of Animal Behavior 4 (1914)

Craig, W.: *Appetites as Aversions as Constituents of Instincts.* In: Biological Bulletin 34 (1918) 2

– *A Note on Darwin's Work on the Expression of Emotions etc.* In: Journal of Abnormal and Social Psychology (Dezember 1921–März 1922) 5 and 6

– *The Voices of Pigeons regarded as a Means of Social Control.* In: The American Journal of Sociology 14 (1908)

– *The Expression of Emotion in the Pigeons: I. The Blond Ring-Dove (Turtur risorius).* In: The Journal of Comparative Neurology and Psychology 19 (1909) 1

– *Observations on Young Doves learning to drink.* In: The Journal of Animal Behavior 2 (1912) 4

– *Male Doves reared in Isolation.* In: The Journal of Animal Behavior 4 (1914) 2

– *Why do Animals fight?* In: The International Journal of Ethics 31, 1921

Engelmann, W.: *Untersuchungen über die Schallokalisation bei Tieren.* In: Zeitschrift für Psychologie 105 (1928)

Friedmann, H.: *Social Parasitism in Birds.* In: Quarterly Review of Biology 3 (1928) 4

– *The instinctive emotional Life of Birds.* In: The Psychoanalytical Review 21 (1934) 3 und 4

Groos, K.: *Die Spiele der Tiere.* 2. Aufl. 1907

Heinroth, O.: *Beiträge zur Biologie, namentlich Ethologie und Psychologie der Anatiden.* In: Verhandlungen des V. Internationalen Ornithologen-Kongresses, Berlin 1910

– *Reflektorische Bewegungen bei Vögeln.* In: Journal für Ornithologie 66 (1918)

– *Zahme und scheue Vögel.* In: Der Naturforscher 1 (1924)

– *Über bestimmte Bewegungsweisen der Wirbeltiere.* In: Sitzungsbericht der Gesellschaft naturforschender Freunde, Berlin 1930

– und M.: *Die Vögel Mitteleuropas.* Berlin-Lichtenfelde 1924–28

Herrick, F. H.: *Instinct.* In: Western Res. University Bulletin 22/6

– *Wild Birds at Home.* New York and London 1935

Hingston, R. W. G.: *The Meaning of Animal Colour and Adornment.* London 1932

Howard, E.: *An Introduction to Bird Behaviour.* Cambridge 1928

– *The Nature of a Bird's World.* Cambridge 1935

Huxley, J. S.: *The Courtship of the Great Crested Grebe.* In: Proceedings of the Zoological Society, London 1914
- *A Natural Experiment on the Territorial Instinct.* In: British Birds 27 (1934) 10
- and Howard, E.: *Field Studies and Psychology: A further Correlation.* In: Nature 133 (1934)

Katz, D.: *Hunger und Appetit.* Leipzig 1931
- und Revesz, G.: *Experimentell psychologische Untersuchungen an Hühnern.* In: Zeitschrift für Psychologie 50 (1909)

Kirkman, F. B.: *Bird Behaviour.* London 1937

Koehler, O.: *Die Ganzheitsbetrachtung in der modernen Biologie.* In: Verhandlungen der Königsberger gelehrten Gesellschaft, 1933
- und Zagarus, A.: *Beiträge zum Brutverhalten des Halsbrandregenpfeifers (Charadrius hiaticula L.).* In: Beiträge zur Fortpflanzung der Vögel 13 (1937)

Kramer, G.: *Bewegungsstudien an Vögeln des Berliner Zoologischen Gartens.* In: Journal für Ornithologie 78 (1930) 3

Lorenz, K.: *Beobachtungen an Dohlen.* In: Journal für Ornithologie 75 (1927) 4
- *Über den Begriff der Instinkthandlung.* In: Folia Biotheoretica 2 (1937)
- *A Contribution to the Sociology of colony-nesting Birds.* In: Proceedings of the VIIIth International Ornithological Congress, Oxford 1934

McDougall, W.: *An Outline of Psychology.* London 1923
- *An Introduction to Social Psychology.* Boston 1923
- *The Use and Abuse of Instinct in Social Psychology.* In: The Journal of Abnormal and Social Psychology 16 (December 1921–March 1922) 5 and 6

Morgan, Ll.: *Instinkt und Erfahrung.* Berlin 1913

Noble, G. K. and Bradley, H. T.: *The mating Behaviour of the Lizards: It's bearing on the Theory of sexual Selection.* In: Annals of the New York Academy of Sciences 35 (1933) 2
- *Experimenting with the Courtship of Lizards.* In: Natural History 34 (1933) 1

Peckham, G. W. and E. G.: *Observations on sexual Selection in Spiders of the Family Attidae.* In: Occasional Papers of the National History Society of Wisconsin, Milwaukee 1889

Peracca, M. C.: *Osservazioni sulla riproduzione della Iguana tuberculata.* In: Boll. Mus. Zool. Anat. Comparat. Reg. Univ. Torino 6/110

Portielje, J. A.: *Zur Ethologie, beziehungsweise Psychologie von Botaurus stellaris.* 15 (1926) 1 und 2
- *Versuch einer verhaltenspsychologischen Deutung des Balzgebarens der Kampfschnepfe (Philomachus pugnax L.).* In: Proceedings of the VIIth International Ornithological Congress, Amsterdam 1930
- *Zur Ethologie, beziehungsweise Psychologie von Phalacrocorax carbo subcormoranus.* 16 (1927) 2 und 3

Revesz, G. siehe Katz, D.

Russel, E. R.: *The Behaviour of Animals.* London 1934

Schjelderup-Ebbe, Th.: *Zur Sozialpsychologie des Haushuhnes.* In: Zeitschrift für Psychologie 87 (1922/23)
- *Zur Sozialpsychologie der Vögel.* In: Zeitschrift für Psychologie (1924), Psych. Forschung 88 (1923)

Selous, E.: *Observations tending to throw Light on the Question of sexual Selection in Birds, including a Day to Day Diary on the Breeding Habits of the Ruff, Machetes pugnax.* In: The Zoologist, Fourth series, 10 (1905) 114
- *Observational Diary on the nuptual Habits of the Blackcock, Tetrao tetrix.* In: The Zoologist 13 (1909)
- *An observational Diary of the domestic Life of the Little Grebe or Dabchik.* In: Wild Life 7
- *Schaubalz und geschlechtliche Auslese beim Kampfläufer (Philomachus pugnax L.).* In: Journal für Ornithologie 77 (1929) 2

Siewert, H.: *Bilder aus dem Leben eines Sperberpaares zur Brutzeit.* In: Journal für Ornithologie 77 (1930) 2

- *Der Schreiadler*. In: Journal für Ornithologie 80 (1932) 1
- *Beobachtungen am Horst des Schwarzen Storches, Ciconia nigra L.* In: Journal für Ornithologie 80 (1932) 4
- *Die Brutbiologie des Hühnerhabichts*. In: Journal für Ornithologie 81 (1933) 1

Tolman, E. C.: *Purposive Behaviour in Animals and Men*. New York 1932

Uexküll, J. von: *Umwelt und Innenwelt der Tiere*. Berlin 1909
- *Theoretische Biologie*. Berlin 1928
- *Streifzüge durch die Umwelten von Tieren und Menschen*. Berlin 1934

Verwey, J.: *Die Paarungsbiologie des Fischreihers*. In: Zoologische Jahrbücher (Abteilung für allgemeine Zoologie) 48 (1930)

Volkelt, H.: *Die Vorstellungen der Tiere – Arbeiten zur Entwicklungspsychologie*, herausgegeben von F. Krueger. II. 1914
- *Tierpsychologie als genetische Ganzheitspsychologie*. In: Zeitschrift für Tierpsychologie 1 (1937) 1

Werner, H.: *Entwicklungspsychologie*. Leipzig 1933

Yeates, G. K.: *The Book of Rocks*. London 1934

Ziegler, H.: *Der Begriff des Instinktes einst und jetzt*. Jena 1920

Register

Abwehrreaktion 14, 61f., 64
Abwehrstellung 62
Affekt (s. a. Gefühl) 193 ff., 201
Aktionssystem 171
Allen, A. A. 134, 136f., 142ff., 148, 195
Alverdes, F. 118, 168, 192, 197
angeborenes Schema 9, 13f., 40, 48, 50–55, 58–61, 63f., 66, 68, 75, 93, 115f., 154f., 166, 172, 174f., 184ff., 188f.
Angriff 106f., 164–167
Anpassung 9, 75, 98, 165
Antwortverhalten 21, 71
Appetenz 9, 192f.
arterhaltend 13, 17, 88, 93, 104
Assoziation 168f.
Attrappe 15, 40, 54f., 63, 65, 109, 116, 148, 166
Ausfallmutation 28 ff.
Auslöser 13ff., 17, 33, 38, 51f., 56, 60–63, 65f., 71f., 74–78, 81ff., 86, 88, 90, 95, 97–102, 105f., 109ff., 115–119, 121–131, 137, 147–150, 155, 160–166, 172f., 177ff., 181, 184–187, 189–192, 195f., 199
Auslöse-Schema 13–18, 33, 43, 50ff., 172ff., 184ff., 188f.

Bahntheorie 36, 192
Balz 47, 54, 132, 134, 137, 143
bedingter Reflex 13, 30, 33, 38, 43
Begattung 100f., 116, 126, 130, 147f.
Begrüßung 52f., 61f., 64ff., 72f., 103, 151
Berg, B. 147, 153
Bernatzik, H. 113
Bethe, A. 36f., 192
Betteln 65, 72f., 75, 77, 92, 95, 99ff.
Bierens de Haan, J. A. 23
Bingham, H. 12
biologische Bedeutung 14, 17, 109, 164, 180
biologische Zweckmäßigkeit 168, 190
biologischer Zwang 34
Bradley, H. T. 119, 126, 128, 132, 195
Brückner, G. H. 28f., 68, 91, 102, 183, 196
Brunst 132, 134, 143, 148
Brutablösung 148ff.
Brutpflege 66, 107, 114, 144
Brutschmarotzer 98
Bruttrieb 112
Bühler, C. 43

Carmichael, L. 32
Claparède, E. 22
Coburn, C. A. 12
Craig, W. 137, 143, 192f., 196

Darwin, Ch. R. 195
Determination 44–47, 187

Domestikation 27ff., 56, 66, 96, 102, 139, 143, 157f., 196
Dressur 12ff., 23, 30, 39
Driesch, H. 37, 192
Drohen 65, 102, 128, 140f., 195

Eigendressur s. Selbstdressur
Einsicht 13f., 30f., 35, 154
Engelmann, W. 79
Entwicklungsmechanik 187
Erbtrieb 22f., 28, 164
Erfahrung 30f., 36f., 160, 187
Erkennen von Artgenossen 39f., 42, 95f., 99
Ersatzobjekt 98, 139
Ersatzreiz 109
erworbenes Schema 13, 33, 40, 43, 50ff., 69, 116, 172, 184f., 188

Fehlauslösung von Triebhandlungen 17
Feindablenkung 109ff.
Fliegen der Vögel 32, 34
Flucht 14, 25, 46, 83–86, 89ff., 125, 131, 162f., 193f.
Fluchttrieb 70, 90
Flügelzeichnung 160, 162
Fortpflanzungsstimmung 143f., 156, 194
Friedmann, H. 99, 194
Führen der Jungen 68, 78, 91f., 102–106
Führer 159f.
Führungston 57, 103, 112
Funktionskreis 15, 19, 51, 58, 69, 81, 91ff., 97, 114, 151ff., 172, 183, 186, 188f.
Funktionsplan (Bauplan von Körper und Triebhandlung) 14, 17, 36, 50ff., 186, 188
Furcht 24, 71, 194
Füttertrieb 73, 97ff.
Fütterung 18, 72–78, 97–101

Ganzheit 197f.
Gebietsverteidigung 170f.
Gedächtnis 155
Gefühl 193ff., 201
Geschlechtstrieb 115f., 125
Groos, K. 35, 89

Handlungsketten 15, 38
Hautpflege 54
Heinroth, O. 9, 26, 41f., 49, 53, 56, 59, 76, 82f., 86f., 90, 94–97, 111, 116f., 119, 121, 130f., 141, 144f., 148, 158f., 162, 170, 173f., 190, 193f.
Hemmung 61, 89, 102f., 140
Hempelmann, F. 23
Herdentrieb 48
Herrick, F. H. 142
Hingston, R. W. G. 122, 129
Höhlenbrüter 72

205

Homologie 25, 121, 191, 193
Hörraum 11
Howard, E. 170
hudern 67, 94, 105 f.
Huxley, J. S. 142, 171

Imponiergehabe 118–132, 134, 136ff., 140f., 191
individuelles Erkennen 64–71, 95f., 99, 117f., 155f., 175ff., 181f.
Induktion 44ff.
inferiorism 134, 137f., 142
Instinkt 9, 21ff., 25, 36f., 56, 66, 80, 91, 93, 97, 104, 114, 133, 184f., 190–194, 201
Instinkthandlung 23, 30f., 35, 37, 51, 118f., 135, 145, 185–188, 190–194, 196
Instinktverschränkung 72f., 114, 118, 124f., 136, 143, 145, 148ff., 154ff., 168, 182, 185, 187
Intelligenz 22ff., 27, 30, 190
Intentionsbewegung 80, 87, 152, 160f.

Kampf 126, 129f., 140ff., 176
Kampfreaktion 31, 109, 127f., 176
Katz, D. 29, 155, 157, 201
Kettenreflex 190
Koehler, O. 33
Köhler, W. 30
Kommenthandlung 130, 134, 176
Komplexqualität 14, 51, 69f., 185
Konvergenz 80, 125, 132, 191
Kramer, G. 167
Kreuzung (ihre Auswirkung auf Triebhandlungen) 152f.
Kumpan 19, 50ff., 57, 69, 71, 91, 155, 184, 186, 188f.
– Elternkumpan 42, 45, 48f., 51, 53, 58ff., 62f., 66, 68f., 73ff., 78–81, 83f., 92f., 162f., 174f., 177, 189
– Führerkumpan 53, 78, 91, 179
– Gattenkumpan 136, 182
– Geschlechtskumpan 48, 97, 114–118, 151f., 189
– Geschwisterkumpan 49f., 174–177, 182f., 189
– Kindkumpan 48, 71, 73, 92f., 95, 97, 111–114, 189
– Mutterkumpan 51, 68
– sozialer Kumpan 154ff., 162f., 167, 171f., 175, 189
Kumpanschema 50, 52, 54, 63, 66, 97, 172ff., 188

Leerlauf 72, 88ff., 97, 193, 199
Leistungen eines Kumpans 71, 80, 97, 156, 189
Lernen 23, 27, 31f., 34–37, 39, 43, 191
Lernvermögen 22f., 27, 36f., 190
Lissmann, H. 109
Locken 79, 85
Lockruf 42, 47, 56f., 63, 73, 78, 82, 117, 155, 159

mechanistisch 30, 197
McDougall, W. 193f., 201
Modifikation, adaptive 31, 76, 192
Morgan, L. 26, 30ff., 94, 192
Mosaiktypus 45, 51 f.

Nachahmung 40, 54, 84, 92, 155f., 179f.
Nachfliegetrieb 45, 81ff.
Nachfolgetrieb 41, 51, 53, 56, 78, 81ff., 92, 102f., 159
Nachlauftrieb 81, 83
Nahrungsaufnahme 75ff.
Nestbau 18, 135f., 145ff.
Nestflüchter 40, 42, 46, 57, 59f., 63, 67f., 72, 78f., 81ff., 85, 91, 93, 95f., 102f., 105ff., 111–114, 163, 174, 176ff., 180
Nesthocker 46f., 58ff., 64, 68, 72, 78, 80, 84, 96, 105f., 109ff., 113, 175f., 178
Noble, G. K. 119, 126, 128, 132, 195

Oehlert, B. 10
Ontogenese 43

Paarbildung 10, 118f., 124–144, 195
Pathologie 29f., 40, 66
Pawlow, J. P. 33, 38
Peckham, E. G. 123
Peckham, G. W. 123
Peracca, M. C. 131
Pflegetrieb 48, 93ff., 109
Phylogenese 30, 35
phylogenetische Reihe 35f., 121, 191
Plastizität 36, 190, 192
Portielje, J. A. 55, 101
Prachtkleid 118f., 123, 125f., 134, 195
Prägung 9, 39, 42–52, 55, 58f., 63, 78, 93, 97f., 115f., 154f., 172, 174, 187f., 199
prospektive Bedeutung 44f.
prospektive Potenz 44f.
Psychologie 22ff.

Rangordnung 10, 129f., 134, 136, 138ff., 143, 168ff., 175, 177, 182f., 196
Reflex 9, 30f., 33, 37, 75f., 88, 100, 193
Reflex-Dressurverschränkung 33
Reflexrepublik 197f.
Regulation 36, 192
Regulativtypus 45, 51
Reiz 11–16, 49, 55, 59f., 63, 65, 71f., 74, 78, 82, 99, 104, 109, 124, 184
Reizschwelle 38, 88, 91, 145, 147, 192f.
Reizsummation 160
Rivalenkampf 137f.

Schar 79f., 91, 104, 154, 159, 174
Schjelderup-Ebbe, Th. 29, 129, 140, 155, 196
Schlüsselreiz 17, 184f., 188
Schmarotzen 17
Schwarm 176
Schwellenwert s. Reizschwelle
Sehraum 11
Selbstdressur 14, 43
Selous, E. 89, 118, 142
Sexualdimorphismus 136, 195
Sichern 88, 90, 162f.
Siedlungsbrüten 170ff.

Siewert, H. 26, 105
Signal 12, 61ff., 79, 155
soziale Reaktion 184, 190
Sozietät 134, 154–158, 168–171, 174, 183, 196–200
Spemann, H. 44
Sperren 17f., 59f., 73ff., 92, 95, 99
Sperr-Reflex 60
Spiel 35, 89
Sprödigkeit 131
Stimmfühlung 82
Stimmung 157f., 160f., 180, 194

Tastraum 11
Taxonomie 191
Territorium 65, 170f.
Tierpsychologie 23–27, 201
Tolman, E. C. 37f., 193
Transplantation 44, 47
Trieb 35f., 42, 46, 91, 94, 97ff., 106, 110, 173
Triebbefriedigung 98
Trieb-Dressurverschränkung 18, 33f., 38f., 185, 187
Triebhandlung (s. a. Instinkthandlung) 15–18, 22f., 27–30, 36–43, 45–51, 54ff., 61f., 66ff., 72f., 83f., 91, 105, 109ff., 113, 115, 121f., 125, 127f., 133f., 136, 144ff., 183, 186ff.
Triebhandlungskette 126f., 147

Uexküll, J. von 11, 14, 19, 37, 39, 51, 55, 71, 167, 184, 186, 189, 197f.
Umdetermination 45

Variationsbreite 29, 190
Verlobung 169f.
Vermenschlichen 114f.
Verstandeshandlung 23f.
Verteidigung 15, 91, 102, 106–110, 112ff.
Verwey, J. 61, 141, 144, 193, 196
Volkelt, H. 70

Wahrnehmung 11f., 24, 70
Wahrnehmungspsychologie 12, 24
Warnen 84–88, 90ff., 162ff., 180, 193f.
Warnfarbe 166
Warnlaut 42, 63, 78, 84–88, 92, 155, 159, 162–165, 173
Werbung 128
Werner, H. 35, 194, 196, 198, 200

Yeates, G. K. 168

Zentralnervensystem 12, 89, 197
Zentrenlehre 36, 197
Zeremonie 62, 64, 120ff., 124, 131, 140f., 143, 148
Ziegler, H. 36, 192
Zuchtwahl (s. a. Imponiergehabe) 118, 195
Zweckrichtung 37f., 111, 143
Zweckvorstellung 36, 39, 84

Konrad Lorenz

Über tierisches und menschliches Verhalten

Aus dem Werdegang der Verhaltenslehre.
Gesammelte Abhandlungen.

Band I. 15. Aufl., 130. Tsd. piper paperback.
412 Seiten mit 5 Abbildungen. Kartoniert.

Band II. 10. Aufl., 96. Tsd. piper paperback.
398 Seiten mit 63 Abbildungen. Kartoniert.

Die acht Todsünden der zivilisierten Menschheit

2. Aufl., 80. Tsd. Serie Piper 50.
112 Seiten. Kartoniert.

Konrad Lorenz/Paul Leyhausen

Antriebe tierischen und menschlichen Verhaltens

Gesammelte Abhandlungen. 3. Aufl.,
31. Tsd. piper paperback. 472 Seiten
mit 21 Abbildungen. Kartoniert.